PATIENCE DANS L'AZUR

DU MÊME AUTEUR

OUVRAGES

Évolution stellaire et Nucléosynthèse
Gordon and Breach/Dunod, 1968

Nuclear Reactions in Stellar Surfaces
Gordon and Breach, 1972

Soleil, *en collaboration avec J. Véry,*
E. Dauphin-Lemierre et les enfants d'un CES
La Noria, 1977

Patience dans l'azur
Seuil, coll. « Science ouverte », 1981
Seuil, coll. « Points Sciences », 1988

Poussières d'étoiles
Seuil, coll. « Science ouverte », 1984

L'Heure de s'enivrer
Seuil, coll. « Science ouverte », 1986

CASSETTES

La Formation du système solaire et de la Terre
Série « Connaissance de l'univers », France-Culture

Conflits et Tensions du point de vue d'un physicien
Groupe d'études C.G. Jung, 1979

Images d'astrophysique
3 cassettes, France-Culture, 1980

Patience dans l'azur
CBS-Seuil

FILMS

Les étoiles naissent aussi
Centre national de la documentation pédagogique

Le Soleil, notre étoile
Centre national de la documentation pédagogique

Diaporama L'Histoire de l'univers
ADEC, 9, rue des Alouettes, 92000

HUBERT REEVES

PATIENCE DANS L'AZUR

L'ÉVOLUTION COSMIQUE

NOUVELLE ÉDITION

ÉDITIONS DU SEUIL
27, rue Jacob, Paris VIe

Je tiens à remercier Marianne Verga pour son aide précieuse dans la préparation de cette version corrigée et mise à jour de *Patience dans l'azur*.

ISBN 2-02-010170-X
(ISBN édition brochée : 2-02-005924-X)
(ISBN édition de poche : 2-02-009917-9)

Ce livre est dédié à tous ceux
que le monde émerveille.

Table

Deuxième section

Troisième section

Appendices

Préface à la nouvelle édition

Le texte de Patience dans l'azur *a été écrit en 1980. Les connaissances ont passablement évolué depuis cette période. Il convenait de remettre le texte à jour pour la réédition 1988. Les développements nouveaux que j'ai introduits dans le texte sont explicitement signalés par les crochets < ... > qui les encadrent.*

L'avantage pédagogique est l'illustration de la science en marche. La science n'est pas un ensemble figé d'énoncés inaltérables. C'est un processus en devenir. Des observations « intempestives » viennent parfois jeter le doute. Ou remettre en question ce qui, pourtant, paraissait solidement acquis. Les progrès passent souvent par des marches arrière, par des retraites stratégiques.

L'évolution de la situation depuis 1980 est claire. En plusieurs domaines on surestimait le niveau de crédibilité des théories. Il faut parfois accepter de s'enfoncer dans une épaisse confusion avant de voir la lumière au bout du tunnel.

Introduction : la montagne et la souris

Une montagne qui accouche d'une souris... Dans le langage populaire, cette expression a un sens péjoratif. Elle décrit une déception. On a fait beaucoup de bruit et de remue-ménage pour pas grand-chose. Si on considère la quantité de matière en jeu, on peut comprendre cette formule. Si on se place plutôt sur le plan de la richesse d'organisation, la situation s'inverse. Avec ses millions de tonnes de roches, une montagne ne sait rien faire. Elle reste là. Elle attend que le vent et les pluies l'usent et l'effacent. La souris, au contraire, avec ses quelques dizaines de grammes de matière, est une merveille de l'univers. Elle vit, elle court, elle mange et se reproduit. Si un jour une montagne accouchait d'une souris, il faudrait crier au plus extraordinaire des miracles...

L'histoire de l'univers, c'est, en gros, l'histoire d'une montagne qui accouche d'une souris. Cette histoire, chapitre par chapitre, émerge des différentes approches scientifiques de la réalité : physique, chimie, biologie et astronomie.

L'idée d'une histoire de l'univers est étrangère à l'homme de science des siècles derniers. Pour lui, immuables, les lois de la nature régissent le comportement de la matière dans un présent éternel. Les changements — naissance, vie, mort — visibles au niveau de nos vies quotidiennes s'expliquent dans les termes d'une multitude de réactions atomiques simples, toujours les mêmes. La matière n'a pas d'histoire.

Maeterlinck, dans son beau livre sur les abeilles, s'exalte sur l'organisation de la ruche. Mais son enthousiasme tourne au pessimisme quand, à la fin, il s'interroge sur le sens et l'avenir de la nature : « Il est puéril de se demander où vont les choses et les mondes. Ils ne vont nulle part et ils sont arrivés. Dans cent milliards de siècles, la situation sera la même qu'aujourd'hui, la même qu'elle était il y a cent milliards de siècles, la même qu'elle était depuis un commencement qui d'ailleurs n'existe pas et qu'elle sera jusqu'à une fin qui n'existe pas davantage. Il n'y aura rien de plus, rien de moins, dans l'univers matériel ou spirituel... On peut admettre l'expérience ou l'épreuve qui sert à quelque chose, mais notre monde, après l'éternité, n'étant arrivé qu'où il est, n'est-il pas démontré que l'expérience ne sert à rien ? » Hegel exprime la même vision des choses dans son propos célèbre : « Il n'arrive jamais rien de nouveau dans la nature. »

C'est avec la biologie que la dimension historique entre dans le domaine de la science. Avec Darwin, on découvre que les animaux n'ont pas toujours été les mêmes. A la surface du globe, les populations changent. Les hommes apparaissent il y a environ trois millions d'années ; les poissons, il y a cinq cents millions d'années. À ces moments-là, du nouveau est survenu dans la nature. Il y a une histoire de la vie sur la terre.

Au début de notre siècle, l'observation du mouvement des galaxies a projeté la dimension historique sur l'ensemble de l'univers. Toutes les galaxies s'éloignent les unes des autres dans un mouvement d'expansion à l'échelle du cosmos. De là est née l'idée d'un début de l'univers. Issu d'une fulgurante explosion, il y a environ quinze milliards d'années, il poursuit depuis cette date sa dilatation et son refroidissement. L'image d'une *matière historique* s'impose maintenant de toute part. Comme les vivants, les étoiles naissent, vivent et meurent, même si leurs durées se chiffrent en millions ou en milliards d'années. Les galaxies ont une jeunesse, un âge mûr, une vieillesse.

L'histoire du cosmos, c'est l'histoire de la matière qui s'éveille. L'univers naît dans le plus grand dénuement. N'existe au départ qu'un ensemble de particules simples et sans structure. Comme les boules sur le tapis vert d'un billard, elles se contentent d'errer et de s'entrechoquer. Puis, par étapes successives, ces particules se combinent et s'associent. Les architectures s'élaborent. La matière devient complexe et « performante », c'est-à-dire capable d'activités spécifiques.

Patience, patience,
Patience dans l'azur !
Chaque atome de silence
Est la chance d'un fruit mûr !

Paul Valéry, étendu sur le sable chaud d'une lagune, regarde le ciel. Dans son champ de vision, des palmiers se balancent mollement, mûrissant leurs fruits. Il est à l'écoute du temps qui sourdement fait son œuvre. Cette écoute, on peut l'appliquer à l'univers. Au fil du temps se déroule la gestation cosmique. À chaque seconde, l'univers prépare quelque chose. Il monte lentement les marches de la complexité.

J'imagine un Valéry cosmique qui aurait assisté en spectateur au déroulement de tous ces événements. Il aurait eu pour mission de signaler l'apparition des êtres nouveaux. Il aurait applaudi à la naissance des premiers atomes. Pour les premières cellules, il aurait composé une ode. À d'autres moments, l'inquiétude serait apparue sur son visage. Il y a eu des crises dans cette grande ascension cosmique. Certaines furent graves. Par instants tout semblait sérieusement compromis. Mais l'univers est inventif. Il a toujours su sortir de la crise. En certains cas, il a dû revenir loin en arrière pour retrouver la voie.

Où mène cette voie ? La physique nucléaire nous permet de comprendre l'*évolution nucléaire* : comment, à partir des particules élémentaires issues de l'explosion initiale, les noyaux atomiques se sont formés au cœur des étoiles. Rejetés dans les grands espaces intersidéraux, ces noyaux se sont habillés d'électrons. Les progrès remarquables de la radioastronomie et de la biologie moléculaire nous permettent de retracer les grandes étapes de l'*évolution chimique* entre les étoiles, et sur les planètes primitives. Et finalement, sur les pas de Darwin, nous verrons se dresser devant nous le grand arbre des êtres vivants sur notre planète : l'*évolution biologique* nous amène des bactéries à l'apparition de l'intelligence humaine. La voie de la complexité s'arrête-t-elle à l'être humain ? Nous n'avons aucune raison de l'affirmer. Le cœur du monde continue à battre à son rythme. Le « sens » est en marche. Déjà, peut-être sur d'autres planètes, d'autres étapes ont été franchies. Quelles merveilles inouïes prépare en chacun de nous la gestation cosmique ? L'homme est né du primate. Qui naîtra de l'homme ?

À cette idée neuve d'une histoire de l'univers, la première section de ce livre est consacrée. Nous y verrons comment l'observation du cosmos a conduit à la vision d'un univers en expansion. À la lumière de nos connaissances du passé, nous nous interrogerons sur le futur de notre univers. Et nous verrons comment la plus quotidienne des constatations, l'obscurité de la nuit, conduit aux plus profondes réflexions.

En enchaînant les évolutions nucléaire, chimique et biologique, il nous est possible aujourd'hui de reconstituer l'odyssée de l'univers, qui accouche de la conscience. Dans le panthéon hindou, Shiva est responsable de l'univers *(fig. 1)*. D'une main il porte la flamme, et de l'autre la musique. Ce sont les deux pôles du cosmos. À l'origine est le règne absolu de la flamme : l'univers est dans les limbes. Puis, au cours des ères, le feu baisse lentement, comme la mer à marée descendante. La matière s'éveille et s'organise : la flamme fait place à la musique. Dans la deuxième section, nous suivrons pas à pas les étapes de cette naissance.

L'évolution cosmique

Évolution nucléaire : des particules aux atomes.
Dans le brasier initial
Au cœur des étoiles

Évolution chimique : des atomes aux molécules.
Dans l'espace interstellaire
Dans l'océan terrestre primitif

Évolution biologique : des molécules aux cellules, aux plantes et aux animaux.
Dans l'océan et sur les continents

Évolution anthropologique

Dans les coulisses de l'évolution s'activent des personnages qui ont nom : temps, espace, matière, force, énergie, lois, hasard, etc. Il faudrait d'abord les présenter et les définir, mais nous les connaissons si mal ! Chaque progrès de la physique nous apprend combien leur nature profonde nous échappe : « On ne peut faire mieux que de délimiter quelques îlots de clarté dans la confusion *(N 1*)*. » Dans la troisième section, j'aborderai quelques questions liées au temps cosmique, aux notions de forces et d'énergie et au rapport subtil entre les lois et le hasard. Nous verrons apparaître à cette occasion un personnage aussi discret qu'essentiel, l'« ailleurs », engendré par l'expansion de l'univers. Sans lui, nous ne serions pas là pour en parler. Nous finirons sur trois faits énigmatiques qui semblent jeter sur la nature profonde de la matière des lumières bien étonnantes.

Au terme de ces réflexions, nous sentons notre parenté profonde avec tout ce qui existe dans l'univers. L'homme « descend » du primate, le primate « descend » de la cellule, la cellule « descend » de la molécule, la molécule « descend » de l'atome, l'atome « descend » du quark. Nous avons été engendrés dans l'explosion initiale, au cœur des étoiles et dans l'immensité des espaces intersidéraux. Dans la plus pure tradition hindouiste *(N 2)*, nous pouvons vraiment dire que la nature est la famille de l'homme. Les liens familiaux s'illustrent au moyen d'arbres généalogiques. Dans cet esprit, j'ai placé en appendice la liste des noms de nos primes ancêtres : particules élémentaires, atomes, molécules simples de l'espace galactique *(A 3)*. Au-delà de ces premières générations, les familles se multiplient démesurément. Je me suis contenté d'en mentionner les membres les plus influents.

Avant de terminer cette introduction, un mot d'explication sur ma démarche tout au long de ce livre. Chaque section est divisée en chapitres, chaque chapitre en thèmes. Ces thèmes portent sur un aspect particulier de l'objet de chaque chapitre. Selon le niveau de connaissances préalable du lecteur, les différents thèmes lui paraîtront plus ou moins difficiles. Certains thèmes

* Les notes et les appendices, signalés par les lettres *N* et *A*, sont regroupés en fin de volume.

pourront être omis sans que l'idée générale en soit rendue incompréhensible. Pour permettre au lecteur non initié de reprendre pied, j'ai résumé au début de chaque section la trame dans laquelle ces thèmes s'insèrent.

Pour raconter cette histoire du monde, il faut faire appel à de nombreuses connaissances scientifiques. J'ai essayé de minimiser l'aridité du discours en éliminant ce qui ne me paraît pas indispensable. Il y a, quand même, des notions dont on ne peut pas faire l'économie. Je les ai incorporées dans un cadre qui devrait en faciliter l'approche. Mon langage sera plutôt imagé. Quelquefois, la rigueur en souffrira.

Les notes et les appendices à la fin du livre serviront à rétablir et aussi à développer certains points plus techniques. Le lecteur déjà familier avec le langage scientifique pourra y trouver des compléments d'information. J'ai inclus un certain nombre de photos astronomiques. Elles illustrent quelques-unes des étapes importantes de notre histoire.

Je me suis méfié du style. J'ai résisté à la tentation de polir les phrases, de faire « littéraire ». J'ai pris le parti de la naïveté. L'univers nous dépasse incommensurablement. Sur tous les plans. Il n'y a pas lieu de faire des manières. L'approche la plus fructueuse est souvent la plus enfantine — ce qui ne veut pas dire la plus infantile... Dans le même esprit, j'ai pris le parti de l'anthropomorphisme le plus simpliste. Parce que je suis convaincu que, de toute façon, on n'y échappe pas. Nous avons la logique et le langage d'une époque donnée, la nôtre. Aux esprits qui viendront après nous, nous paraîtrons inévitablement de naïfs anthropomorphes... Autant l'accepter.

première section

L'univers a une histoire

Notre démarche commence par une exploration du monde et un inventaire des objets célestes. L'espace est peuplé d'étoiles semblables à notre Soleil. Les étoiles qui nous entourent sont groupées en une galaxie, la nôtre, que nous appelons la Voie lactée.

Il existe des milliards de galaxies comme la nôtre dans l'univers. Ces galaxies se groupent elles-mêmes en amas de galaxies. Et ces amas s'assemblent en super-amas.

Cette structure hiérarchique des objets est une des caractéristiques de l'architecture de l'univers. Nous la retrouverons au niveau des atomes, comme au niveau des organismes vivants.

Dans l'espace, il semble bien que les super-amas soient le dernier échelon de la hiérarchie. Ils se succèdent inlassablement et forment une sorte de texture sans limites que nous appellerons le fluide-univers.

C'est grâce à la lumière que nous observons le monde. Cette lumière ne se propage pas instantanément. Dans certains cas, elle met des millions voire des milliards d'années à nous arriver. Ce fait va profondément influencer notre vision du monde. Il nous rendra l'image du passé.

L'observation nous montre que toutes les galaxies s'éloignent les unes des autres. Le fluide-univers est en expansion comme un pudding aux raisins qui gonfle au four. Quelles sont les dimensions du pudding ? Il pourrait bien être infini...

Ce mouvement d'expansion se poursuit depuis environ quinze milliards d'années. C'est l'âge de l'univers. Aujourd'hui, nous savons également mesurer l'âge des étoiles et l'âge des atomes. Les plus vieilles étoiles et les plus vieux atomes ont aussi envi-

ron quinze milliards d'années. Tout cela forme un ensemble assez cohérent.

L'expansion débute par une fulgurante explosion, où la matière est portée à des températures et des densités extrêmes. On a détecté au radiotélescope les vestiges de la lumière éblouissante qui accompagnait cette explosion.

D'autres vestiges de cette explosion initiale existent encore. Tout comme les bombes H, elle a engendré des atomes d'hélium, qui sont en quelque sorte les cendres de ce brasier. Cette même explosion pourrait être responsable de l'absence d'antimatière dans notre monde.

On aimerait bien aller voir ce qu'il y avait « avant » l'explosion initiale. Mais il faudrait pour cela traverser le « mur du temps zéro ». Des difficultés redoutables nous y attendent, tant sur le plan de la physique que sur celui de la logique elle-même.

Il est plus facile de parler du futur. Il se peut que l'expansion se poursuive indéfiniment. Il se peut également que, d'ici à quelques dizaines de milliards d'années, elle s'arrête et fasse marche arrière. À l'expansion présente succéderait alors une période de contraction et une implosion finale. Le choix entre ces deux possibilités dépend de la quantité de matière qui se trouve dans l'univers. Aujourd'hui, nous avons quelques raisons de penser que la première possibilité — expansion indéfinie — est la bonne. Mais certaines découvertes récentes pourraient prochainement remettre ce choix en question.

Même en expansion indéfinie, l'univers ne serait peut-être pas éternel. La matière dont nos objets sont formés se désintégrerait lentement en lumière. Fort heureusement, l'échéance est lointaine...

Cette section se termine sur l'évocation d'une question particulièrement importante en astronomie : « Pourquoi la nuit est-elle noire ? » La réponse n'est pas sans relation avec l'expansion de l'univers.

1. L'architecture de l'univers

Le monde des étoiles

Étendez-vous sur le sol, la nuit, loin des lumières. Fermez les yeux. Après quelques minutes, ouvrez-les sur la voûte étoilée... Vous aurez le vertige. Collé à la surface de votre vaisseau spatial, vous vous sentirez *dans* l'espace. Goûtez-en longuement l'ivresse.

C'est ici que commence notre exploration de l'univers. Nous allons regarder d'un œil neuf. Les constatations les plus simples, les plus immédiates, celles auxquelles nous ne faisons même plus attention, sont souvent les plus riches en information. Attardons-nous d'abord au fait suivant : il y a le jour et la nuit. La moitié du temps, il fait clair, l'autre moitié, il fait noir. C'est que nous habitons tout près d'une étoile (le Soleil), et très loin des autres étoiles.

Le Soleil est une étoile, semblable aux milliers d'étoiles que nous apercevons la nuit à l'œil nu, semblable aux milliards de milliards d'étoiles que nos télescopes nous révèlent. Mais, alors que le Soleil nous présente un disque éblouissant, les autres étoiles nous apparaissent comme des points de faible luminosité. Ce n'est pas qu'elles soient plus petites ou moins brillantes (certaines sont cent fois plus grosses et cent mille fois plus brillantes que le Soleil), c'est que, vraiment, elles sont très loin... En astronomie, on mesure les distances en termes du temps que met la lumière à les parcourir. La lumière traverse l'Atlantique en un centième de seconde. Elle rejoint la Lune en une seconde ; on dit que la Lune est à « une seconde-lumière ». Elle atteint le Soleil en huit minutes ; on dit que le Soleil est à « huit minutes-lumière ». Dans le ciel nocturne, il n'y a aucune étoile *à moins de trois années-lumière*, soit trente mille milliards de kilomètres (3×10^{13} km) (voir, en fin de volume, la note *N 3* sur la mesure des distances en astronomie). Sirius est à huit années-lumière, Véga à vingt-deux années-lumière, les trois étoiles de la Ceinture d'Orion (les trois Rois Mages) sont à mille cinq cents années-lumière... Telles sont, en général, les distances entres les étoiles. Mais le diamètre de notre Soleil n'est que de deux secondes-lumière et celui des plus grandes étoiles n'excède pas vingt minutes-lumière... Le ciel est vide. Les étoiles n'ont pratiquement aucune chance de se rencontrer.

Dans le vaste espace entre les étoiles, il fait très noir et très froid. À l'intérieur des étoiles, il fait très chaud. Entre ces domaines inhabitables existe une minuscule région tempérée hospitalière. La vie humaine n'a pu apparaître et se développer *que* dans cette frange privilégiée où, au rythme de la rotation terrestre, alternent le jour et la nuit... Presque partout ailleurs, il fait toujours nuit. S'il n'y avait pas « le jour et la nuit », nous ne serions pas là pour en discuter... Mais, au fait, pourquoi la nuit est-elle noire ? Les étoiles sont loin, bien sûr, mais il y en a beaucoup. Pourquoi leur nombre ne compense-t-il pas leur distance ? Cette question peut paraître sans intérêt. Tout au contraire, c'est une des plus riches qu'on puisse poser. Pour l'instant, gardons-la en réserve. Nous y reviendrons abondamment.

Reprenons notre observation. Notons que les étoiles ne sont pas réparties uniformément sur la voûte céleste. Elles sont plus concentrées le long d'une large bande blanche. En été, cette bande, comme une arche, passe au-dessus de nos têtes. C'est la Voie lactée *(fig. 2)*... A l'œil nu, on ne distingue pas individuellement les étoiles de la Voie lactée, pas plus que les feuilles des arbres dans la forêt lointaine. La nuée blanchâtre est un semis d'étoiles situées à des milliers d'années-lumière. L'ensemble de ces étoiles (y compris notre Soleil) forme ce qu'on appelle la Galaxie : notre Galaxie (le mot grec *galactos* veut dire « lait »). Elle renferme plus de cent milliards d'étoiles dispersées dans un volume en forme de disque.

Le diamètre de ce disque est de cent mille années-lumière, et son épaisseur de cinq mille années-lumière *(schémas 1 et 2)*. Notre Soleil est situé environ aux deux tiers de la distance entre l'axe du disque et son bord extérieur *(fig. 3)*. Quand notre regard se dirige vers la Voie lactée, nous voyons le disque par la tranche. D'où cette aspect d'une arche étroite au-dessus de nos têtes.

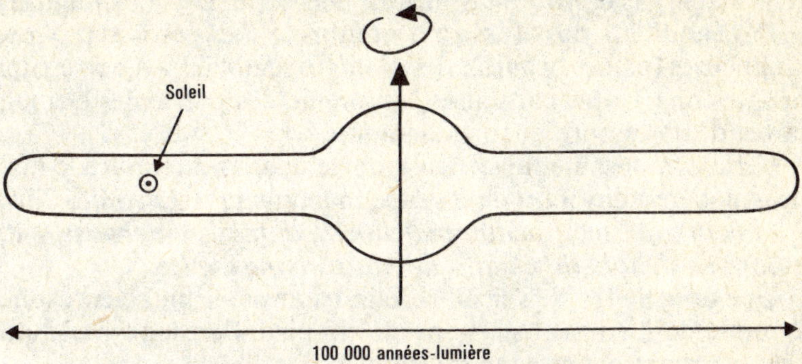

Schéma 1. Notre Galaxie vue par la tranche.

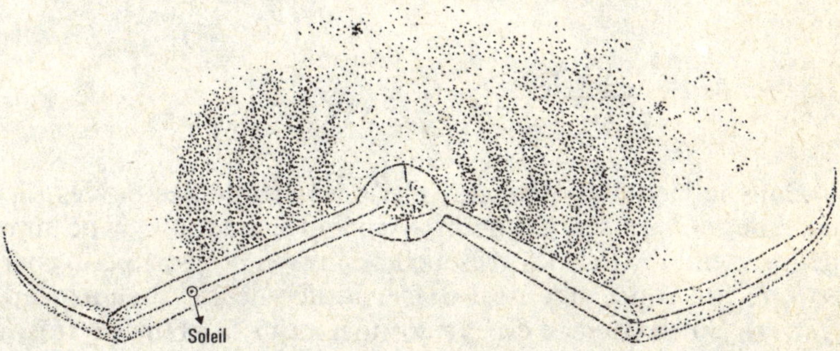

Schéma 2. Notre Galaxie. Vue plongeante avec une coupe dans un plan vertical.

Toutes les étoiles de la Galaxie tournent autour de l'axe du disque. Le Soleil fait un tour complet en deux cents millions d'années environ : une « année galactique ». Il y a une année galactique, la Terre était peuplée de dinosaures. Né il y a 4,6 milliards d'années, le Soleil compte aujourd'hui vingt-cinq années galactiques.

<Nous avons maintenant une nouvelle estimation de la masse

de notre Galaxie. On l'obtient en mesurant la vitesse des nuages galactiques autour du centre de la Galaxie. Le résultat est étonnant : notre Galaxie est de cinq à dix fois plus massive que nous ne le pensions auparavant. On a obtenu le même résultat en étudiant de nombreuses galaxies extérieures.

Nous ne connaissons pas la nature de ce supplément de masse. Il ne s'agit pas d'étoiles visibles au télescope. De quoi s'agit-il ?

Les candidats possibles sont nombreux : des étoiles très peu lumineuses (naines brunes), des planètes semblables à notre Jupiter, des météorites rocheuses, ou même des particules élémentaires d'une nature encore inconnue.

Cette composante mystérieuse porte dans la littérature le nom de « matière noire » ou de « masse manquante ». *Elle nous force à admettre qu'une fraction majeure de la matière universelle est encore en dehors du champ de notre connaissance.*

Une douche froide sur un certain triomphalisme scientifique, exprimé déjà au XIXe siècle par le chimiste Berthelot : « L'univers est maintenant sans mystère. » >

Le monde des galaxies

Dans le ciel vu à l'œil nu, il n'y a pas que des étoiles, il y aussi des nébuleuses. On nomme « nébuleuse » toute tache lumineuse étendue. Par les très belles nuits d'été, on peut apercevoir, près du Carré de Pégase, la nébuleuse d'Andromède *(fig. 4)*. Son existence est mentionnée pour la première fois, à notre connaissance, par l'astronome arabe Al-Soufi en 964. Il y a aussi, un peu en dessous des trois Rois Mages, la grande nébuleuse d'Orion dans la constellation du même nom. Mais les nébuleuses les plus spectaculaires, à l'œil nu, sont les deux Nuages de Magellan *(fig. 5)*, observés par cet explorateur lors de son premier voyage dans l'hémisphère Sud.

Certaines de ces nébuleuses sont des masses gazeuses situées *dans* notre Galaxie. C'est le cas de la nébuleuse d'Orion par exemple. Mais les Nuages de Magellan (à deux cent mille années-lumière) et la nébuleuse d'Andromède (à deux millions d'années-lumière) sont en dehors de notre Galaxie. Constituées de milliards d'étoiles, ce sont des galaxies au même titre que notre Voie lactée. Déjà, au XVIIIe siècle, Kant soupçonnait l'existence de ces mondes extérieurs, qu'il nommait « univers-îles » *(fig. 6 et 7)*. Mais il fallut attendre 1920 pour que cette thèse soit définitivement établie. Aujourd'hui, nos télescopes dénombrent les galaxies par milliards... Les distances moyennes entre chacune sont d'environ un million d'années-lumière. Ces distances ne sont pas énormément plus grandes que les diamètres de ces galaxies (cent mille années-lumière). En conséquence, le ciel des galaxies n'est pas aussi « vide » que celui des étoiles. Les collisions de galaxies ne sont pas rarissimes. Les « frôlements » arrachent des lambeaux de matière gazeuse qu'ils projettent dans l'espace extragalactique. C'est ainsi qu'un pont de matière existe aujourd'hui entre le Grand Nuage de Magellan et notre Voie lactée. Il a vraisemblablement été produit quand, il y a environ deux cents millions d'années, les deux galaxies se trouvaient beaucoup plus rapprochées.

Un univers hiérarchisé

D'atomes en molécules, d'étoiles en galaxies, d'amas en super-amas, notre univers est construit sur un mode hiérarchique. Les êtres semblables se groupent pour former de nouveaux êtres, à un niveau supérieur. Cette hiérarchie s'étend de l'infiniment petit à l'infiniment grand.

L'homme préscientifique se croyait placé au centre du monde. Nous savons que, géographiquement en tout cas, il n'en est rien. En explorant les divers plans et structures de l'univers, nous allons chercher à nous situer.

Depuis Copernic, nous savons que notre Terre n'est ni le centre de l'univers ni même le centre de notre système solaire. C'est une planète tout ordinaire qui tourne, comme les autres planètes, autour du Soleil. Notre glorieux Soleil est une banale étoile située quelque part dans la banlieue de notre Voie lactée.

En observant la position des galaxies extérieures à la nôtre, les astronomes ont constaté qu'elles ne sont pas distribuées au hasard dans le ciel. Si on se pose la question : « Où a-t-on le plus de chances de trouver une galaxie ? », la réponse est : « Près d'une autre galaxie » *(fig. 8)*. Et : « Où a-t-on le plus de chances d'en trouver une troisième ? — Près des deux premières. » En d'autres termes, les galaxies ont tendance à former des groupes, comme les abeilles ou comme les étoiles. Dans l'échelle hiérarchique, un groupe d'étoiles forme une galaxie, et un groupe de galaxies forme un amas de galaxies. Notre Voie lactée fait partie de ce qu'on appelle l'Amas local. Il est constitué d'une vingtaine de galaxies voisines de la nôtre, dans un rayon d'environ cinq millions d'années-lumière. Andromède et les deux Nuages de Magellan en font partie. Ici, nous ne sommes pas trop mal situés : notre Voie lactée est une des plus grosses galaxies de l'Amas local.

Les amas de galaxies s'organisent-ils, eux-mêmes, en unité supérieure ? Il semble bien que oui. On parle alors de *super-amas*. Notre Amas local fait partie du super-amas de la Vierge. Un super-amas regroupe plusieurs milliers de galaxies dans un volume dont les dimensions se mesurent en dizaines de millions d'années-lumière. La région centrale des super-amas est généralement occupée par une galaxie monstrueuse dont la masse équivaut à plusieurs centaines de galaxies normales. Elle manifeste une activité extraordinairement puissante et se distingue par une quantité de propriétés insolites. On a toutes raisons de croire que les autres galaxies gravitent autour d'elle, comme les planètes autour du Soleil, ou les étoiles autour de l'axe de notre Voie lactée. Il y a cependant une différence : les orbites planétaires sont stables, la Terre ne tombera jamais sur le Soleil ; à l'inverse, en larges spirales, les galaxies du super-amas s'approchent lentement du centre. [À cause de leur proximité et des forces d'attraction qu'elles exercent sur leurs voisines, les galaxies perturbent constamment leurs courses mutuelles.] Les galaxies sont irrésistiblement attirées par le monstre cannibale qui les dévore. Certains astrophysiciens prétendent même qu'il les offre en pâture à un « trou noir » *(A 6)* qu'il héberge en son sein. Notre super-amas possède sa galaxie cannibale. Elle se nomme Messier 87 *(fig. 9)*. Est-ce là, dans les hoquets d'un trou noir, que notre Galaxie est appelée à finir ses jours ? (Ici la prudence s'impose. Ces observations et ces spéculations proviennent d'études très récentes. La critique des gens du métier élimine régulièrement une bonne partie des théories nouvelles. Il est toujours prudent d'attendre quelque temps avant d'adopter une thèse audacieuse. Celle-ci tiendra-t-elle le coup ? Affaire à suivre...)

<Nous avons aujourd'hui des données beaucoup plus précises sur les amas de galaxies. Le cannibalisme galactique semble généralement admis. Il paraît peu vraisemblable cependant que les galaxies cannibales engouffrent une fraction importante des amas qui les hébergent.>

L'univers : un fluide sans bornes

> À l'échelle ultime, l'univers est un vaste fluide dont les galaxies, les amas et les super-amas sont les éléments.

Les étoiles s'assemblent en galaxies, les galaxies en amas, les amas en super-amas. Et après ? Y a-t-il des super-super-amas, composés d'un ensemble de super-amas ? Ici encore on étudie la question en faisant des statistiques sur la position des galaxies les unes par rapport aux autres. On essaie de voir si les super-amas ont tendance à se trouver au voisinage d'autres super-amas. Il semble bien que non. Ce résultat s'exprime par un chiffre. Les galaxies situées à plus de 60 millions d'années-lumière semblent s'ignorer complètement. Or cette dimension est tout à fait comparable à celle des super-amas. Il n'y a donc pas, semble-t-il, de super-super-amas, c'est-à-dire de groupements à une échelle de distance plus grande encore.

Jusqu'aux limites de l'univers observable, à une quinzaine de milliards d'années-lumière, les super-amas *(fig. 10)* se succèdent inlassablement. Ils sont comme les éléments d'un fluide qui serait l'univers, de même que les molécules d'eau sont les éléments du fluide océanique.

<Les astronomes ont entrepris une exploration à très grande échelle de la « géographie » des galaxies et des amas. Loin de se répartir au hasard (comme les grains d'une poignée de sable qu'on jetterait au sol), les galaxies se disposent souvent en « filaments » ou encore en « feuillets », circonscrivant de vastes régions vides.

Ces inhomogénéités dans la distribution des galaxies ont des dimensions qui ne dépassent pas les quelques centaines de millions d'années-lumière. À plus grande échelle, l'univers nous apparaît homogène. Mais cette apparence résistera-t-elle aux explorations futures ?

Pourquoi les galaxies se sont-elles disposées de cette façon ? Les théories sont nombreuses mais aucune ne fait l'unanimité. Cette question est vraisemblablement liée à la question de l'origine des galaxies, une des plus mystérieuses de notre époque. >

Regarder « loin », c'est regarder « tôt »

On ne peut pas faire de portrait « instantané » de l'univers.

Nous savons aujourd'hui que, comme le son, la lumière se propage à une vitesse bien déterminée. En 1675, étudiant le mouvement des satellites de Jupiter, l'astronome danois Römer a mis en évidence certains comportements bizarres. Ces comportements s'expliquent si on admet que la lumière met quelques dizaines de minutes à nous arriver de Jupiter. Cela équivaut à une vitesse d'environ trois cent mille kilomètres par seconde, un million de fois plus vite que le son dans l'air. Il faut bien reconnaître que, par rapport aux dimensions dont nous parlons maintenant, cette vitesse est plutôt faible. À l'échelle astronomique, la lumière progresse à pas de tortue. Les nouvelles qu'elle nous apporte ne sont plus fraîches du tout !

Pour nous, c'est plutôt un avantage. Nous avons trouvé la machine à remonter le temps ! En regardant « loin », nous regardons « tôt ». La nébuleuse d'Orion nous apparaît telle qu'elle était à la fin de l'Empire romain, et la galaxie d'Andromède telle qu'elle était au moment de l'apparition des premiers hommes, il y a deux millions d'années. À l'inverse, d'hypothétiques habitants d'Andromède, munis de puissants télescopes, pourraient voir aujourd'hui l'éveil de l'humanité sur notre planète...

Les objets les plus lointains visibles au télescope sont les *quasars (photo de couverture)*. Ce sont en fait des galaxies, mais des galaxies assez spéciales. Leur noyau émet une fantastique quantité d'énergie. Autant que dix mille fois notre Galaxie tout entière. Ce noyau apparaît, de loin, comme une source ponctuelle, comme une étoile. D'où le nom de « quasi-star » ou « quasar ». Certains quasars sont situés à douze milliards d'années-lumière. La lumière qui nous en arrive a voyagé pendant douze milliards d'années. C'est-à-dire quatre-vingts pour cent de l'âge de l'univers... C'est la jeunesse du monde que leur lumière nous donne à voir au terme de cet incroyable voyage.

Dans ces conditions, il est naturellement impossible d'avoir un portrait « instantané » de l'univers. Un « instantané », dans le langage photographique, c'est une vue qui fige un paysage en un instant précis de sa durée. Ici nous sommes comme au sommet de la « montagne du temps ». Dans notre vision du monde, le point le plus avancé dans le temps est celui où nous sommes. Tout autour, notre regard plonge dans le passé.

2. Un univers en expansion

Un univers qui crée son propre espace

> Notre univers s'étend comme gonfle dans le four un pudding aux raisins, dans un espace qu'il crée lui-même.

En panne sur l'autoroute, quand les voitures passent à vive allure, on remarque que le bruit du moteur, d'aigu qu'il était *avant* l'arrivée de la voiture, devient grave *après* son passage. C'est que, dans le premier cas, elle s'approche, alors que dans le second elle s'éloigne. De même, la fréquence de la lumière émise par un objet change selon son mouvement par rapport à un observateur. Elle est plus « aiguë », donc comparativement plus bleue, si l'objet s'approche. Elle est plus « grave », donc plus rouge, s'il s'éloigne. En termes techniques, cela s'appelle l'effet Doppler. Grâce à cet effet, on peut savoir si les objets célestes s'approchent ou s'éloignent de nous et l'on peut mesurer cette vitesse avec une grande précision. Cette opération se fait couramment aujourd'hui dans de nombreux observatoires.

Les premières mesures de vitesse des galaxies ont été réalisées vers 1920. En 1924, l'astronome américain Hubble publiait des résultats étonnants. Sur quarante et une galaxies observées, trente-six s'éloignaient, alors que cinq seulement se rapprochaient. En 1929, avec beaucoup plus de cas étudiés, Edwin Hubble montrait que presque toutes les galaxies s'éloignent de nous. Les seules qui se rapprochent, telle Andromède, font partie de l'Amas local. À partir d'une certaine distance elles fuient *toutes*, et, fait capital, elles fuient d'autant plus *vite* qu'elles sont plus *loin* ! Cela veut-il dire que nous sommes le centre du monde ? Hypothèse agréable, après toutes les déceptions essuyées depuis Copernic ! Il nous faut, pourtant, encore déchanter. Imaginons que nous mettions au four un pudding aux raisins. La pâte enfle. Tous les raisins s'éloignent les uns des autres. Observant le mouvement de ses collègues, chaque raisin notera que, plus ils sont éloignés, plus ils se déplacent rapidement. Chaque galaxie, comme chaque raisin, a l'illusion d'être le centre du monde.

Aujourd'hui, nous possédons une grande quantité de données sur la distance et la vitesse des galaxies. La proportionnalité entre la distance et la vitesse d'éloignement est vérifiée avec une très haute précision pour des vitesses allant jusqu'à soixante mille kilomètres par seconde (c'est-à-dire vingt pour cent de la vitesse de la lumière). De plus, que j'observe en haut, en bas, à gauche ou à droite, le mouvement d'expansion se fait à la même vitesse (mouvement isotrope). En comparant toutes les directions, cette « isotropie » des vitesses de récession a été vérifiée à un millième près. De là est née l'image d'un univers en expansion. En s'appuyant sur la théorie de la relativité généralisée d'Einstein, des chercheurs ont développé cette image en une théorie cohérente. On parle de la théorie de l'expansion universelle, de l'explosion initiale ou, en américain, du *big bang*. Aujourd'hui, elle a rallié la majorité des esprits. C'est que d'autres observations ont été faites qui sont devenues autant de preuves en sa faveur. Je les énumérerai au long de ce chapitre.

Après une conférence, un auditeur m'a demandé : « L'expansion universelle, c'est la vérité, ou bien c'est une pure spéculation ? » Il importe de percevoir qu'entre ces deux pôles extrêmes il y a toute une gamme de possibilités. Une théorie peut être plausible, probable, très probable, quasi certaine, etc. L'expansion universelle, on peut le dire aujourd'hui, est quasi certaine. [Dans cette optique, il est important que, vis-à-vis d'une observation quelconque, toutes les possibilités d'interprétation soient présentées, que différentes théories rivales soient formulées et défendues. En science comme ailleurs, l'inertie intellectuelle, la mode, le poids des institutions et l'autoritarisme sont toujours à craindre. Les hérésies jouent un rôle essentiel. Elles tiennent les esprits en état d'alerte. En même temps, il convient de manifester un certain conservatisme. Il est imprudent de tout remettre en question à la moindre difficulté que rencontre une théorie. Le scientifique se sent un peu dans le rôle d'un turfiste. Devant lui se présentent un certain nombre de théories rivales. Pesant mérites et défauts, il parie sur l'une d'entre elles. Ce pari n'est jamais définitif. À la lumière de nouvelles observations ou de nouveaux calculs, il pourra réviser son choix.]

L'univers est-il infini ?

Un horizon infranchissable annule tout espoir de certitude à ce sujet. Pourtant, nous supposerons que la réponse est oui.

Il n'est pas facile de se représenter par l'imagination l'expansion de l'univers. Un ballon qu'on gonfle s'étend dans l'espace libre qui l'entoure. Mais l'univers comprend tout ce qui existe. Dans quoi peut-il s'étendre ? Si l'imagination perd pied, l'intelligence logique, elle, se sent plutôt à l'aise. Nous avons tous les outils mathématiques nécessaires à l'étude d'un fluide infini, en expansion ou en contraction. L'existence d'une frontière ou d'une limite serait ici plutôt un embarras...

Nous sommes dans une situation analogue par rapport à la géométrie à quatre dimensions. Pour l'imagination, c'est un casse-tête insoluble. Pour illustrer les trois dimensions traditionnelles, on dispose convenablement le pouce, l'index et le majeur. Mais comment, diable, orienter le quatrième doigt ? Pourtant, les problèmes de géométrie sont aussi faciles à résoudre mathématiquement à quatre, cinq ou soixante-quatre dimensions, qu'à une, deux ou trois... Au fait, l'idée d'une frontière mettrait-elle l'imagination tellement plus à l'aise ? Les Grecs déjà discutaient entre eux de cette question. Certains prétendaient que l'univers est entouré d'un mur. D'autres répondaient : « Et si je grimpe sur le mur et que je lance une flèche, où va-t-elle ? »

Interrogeons alors l'observation astronomique sur la dimension de l'univers. Par un malheureux concours de circonstances, elle ne répond pratiquement rien. Pourquoi? Parce qu'il existe un « horizon universel », et qu'au-delà de cet horizon on ne peut plus voir. On l'a dit plus haut, les galaxies distantes s'éloignent vite. Certains quasars situés à douze milliards d'années-lumière se déplacent, par rapport à nous, à 80 % de la vitesse de la lumière. Avec des télescopes toujours plus puissants, on pourrait voir des objets filant à 90 %, 95 %, 99 % de la vitesse de la lumière. Or un faisceau lumineux émis par une source qui s'éloigne aussi rapidement perd pratiquement toute son énergie. Il s'épuise comme le coureur sur un tapis roulant à contre-mouvement. On ne peut plus tirer des renseignements ni faire des images avec cette lumière. Résultat : au-delà d'une certaine distance, on ne « voit » plus. L'amélioration des télescopes n'y changera rien. Ce n'est pas un problème de technologie, c'est une question de physique. On peut donc parler d'un « horizon » : l'horizon universel ou cosmologique. On le situe environ à quinze milliards d'années-lumière.

Imaginons que Robinson Crusoé, assommé par le naufrage, arrive sur son île complètement amnésique. La mer tout autour de lui s'étend jusqu'à l'horizon. La courbure de la Terre l'empêche de voir plus loin. Le voilà qui s'interroge sur l'immensité de l'océan. Jusqu'où s'étend-il? Qu'y a-t-il au-delà? Il peut imaginer d'abord que l'océan s'arrête à l'horizon. Mais cette réponse, après coup, risque de le gêner. Elle suppose qu'il est placé au centre de l'océan, elle suppose aussi que ce qu'il ne voit pas n'existe pas. Attitude doublement égocentriste. Après réflexion, il admettra que l'océan est probablement plus grand que le cercle délimité par son regard. Et que, pourquoi pas? il pourrait bien être infini... Robinson restera dans le doute.

Nous allons adopter une attitude semblable. Nos observations *ne sont pas incompatibles* avec un univers infini. Globalement, l'imagination s'y perd. Localement, non. Prenons deux galaxies au hasard. Tout ce qu'on affirme, c'est qu'elles s'éloignent l'une de l'autre. La distance qui les sépare aura doublé dans quinze milliards d'années environ. Mathématiquement, le problème d'un fluide infini en expansion ne pose aucune difficulté. [Nous reviendrons sur cette question. Il nous faudra auparavant introduire les notions d'univers fermé et ouvert.]

Les objets à notre échelle sont caractérisés à la fois par l'espace qu'ils occupent et par la durée temporelle dans laquelle ils s'insèrent. Leur volume va d'ici à là, leur vie s'étend de tel moment à tel moment. Mais, de l'univers, on ne peut certes pas dire qu'il « occupe » l'espace et qu'il « s'insère » dans le temps. Au même titre que la matière, ces dimensions sont elles-mêmes incluses dans l'univers. Il semblerait plus approprié d'énoncer que l'univers engendre lui-même l'espace et le temps dans lesquels il s'étend et perdure. Mais, avouons-le, nous sommes ici à la limite de l'intelligibilité du réel.

L'âge de l'univers

Les galaxies, les étoiles et les atomes nous disent que l'univers est né il y a environ quinze milliards d'années.

On connaît aujourd'hui trois méthodes différentes pour mesurer l'âge de l'univers. Ces trois mesures sont totalement indépendantes. Elles donnent à peu près le même âge.

D'après le mouvement des galaxies

La première méthode repose sur le mouvement des galaxies. Plus exactement, sur le fait que leur vitesse est proportionnelle à leur distance. Cela veut dire que, si une galaxie est deux fois plus loin de nous qu'une autre, c'est qu'elle s'éloigne de nous deux fois plus vite que cette autre galaxie. Pour illustrer la situation, imaginons une grande esplanade sur laquelle circulent des voitures. De notre tour d'observation, située quelque part sur l'esplanade, nous observons que toutes les voitures s'éloignent de nous d'une façon assez particulière. Celles qui se déplacent à cent mètres à l'heure sont maintenant à cent mètres de nous, celles qui se déplacent à cinquante mètres à l'heure sont à cinquante mètres de nous, etc. On se convaincra facilement que, si leur vitesse n'a pas changé, elles sont toutes parties ensemble au pied de la tour il y a une heure exactement. Celles qui sont le plus loin sont, tout simplement, celles qui vont le plus vite. Appliquons maintenant cette méthode au cas des galaxies. Remontons le cours du temps jusqu'au moment où leurs matières se superposent. Cet instant « zéro », qu'on peut appeler le « début de l'univers », se situe entre quinze et vingt milliards d'années dans le passé. Quand, dans un chapitre ultérieur, nous raconterons l'histoire de l'univers, ce « temps zéro » servira de point de départ à notre horloge cosmique.

Cette méthode est forcément assez approximative. Elle a une valeur indicative. Elle donne ce que les scientifiques appellent un « ordre de grandeur ». Cela veut dire à peu près ceci : il y a de bonnes chances pour que l'âge réel ne soit pas très différent de celui que cette méthode propose.

L'âge des plus vieilles étoiles

On peut mesurer l'âge de l'univers en mesurant l'âge des plus vieilles étoiles. Cette méthode suppose que les premières étoiles se sont formées relativement peu de temps après la naissance du monde. À la lumière de nos connaissances présentes, cette hypothèse est plausible. Et comment mesure-t-on l'âge des étoiles ? Simplement parce que, comme tout le monde, elles ont des problèmes d'énergie. Les étoiles se « chauffent » à l'énergie nucléaire. Elles obtiennent leur lumière en « brûlant » les carburants nucléaires qu'elles contiennent. D'abord elles brûlent leurs atomes d'hydrogène et les transforment ainsi en atomes d'hélium. Ensuite elles transforment ces atomes d'hélium en atomes plus lourds. La vie des étoiles dure aussi longtemps que durent leurs réserves de carburants nucléaires. Quand elles atteignent le fond des réservoirs, leur structure en est profondément altérée. Elles en meurent.

Toutes les étoiles n'ont pas la même durée de vie. Les plus

massives sont aussi les plus brillantes et les plus brèves. Elles « brûlent la chandelle par les deux bouts ». Elles s'éteignent après quelques millions d'années seulement. À l'échelle astronomique, ce sont des feux de paille. Les moins massives, au contraire, vivent d'une façon plus parcimonieuse. Une étoile comme le Soleil, par exemple, peut briller pendant dix milliards d'années. Les étoiles plus petites encore ont des durées de vie qui se chiffrent en centaines de milliards d'années.

On observe que les étoiles naissent en groupe. On parle alors d'un amas d'étoiles. On y retrouve toute une gamme d'étoiles, allant des plus grosses aux plus petites, nées ensemble au moment de la formation de l'amas. Tour à tour, les plus brillantes s'épuisent et disparaissent. L'âge de l'amas est donc inscrit, à tout instant, dans la distribution des masses stellaires qu'il héberge. Il est égal à la durée de vie de la plus grosse survivante.

Dans notre Galaxie, on trouve des amas d'âges variés, allant jusqu'à quatorze ou seize milliards d'années. Ces vieux amas *(fig. 20)* sont formés d'étoiles dites de « première génération », nées vraisemblablement au tout début de la Galaxie. Elles ont l'âge de notre Galaxie. Nous avons ainsi une méthode de datation des galaxies elles-mêmes. Appliquée à nos voisines, on retrouve encore la même valeur : environ quinze milliards d'années. Dans la théorie de l'expansion universelle, les galaxies apparaissent très tôt. « Tôt » ici veut dire moins d'un milliard d'années après l'explosion initiale. L'âge mesuré des galaxies est tout à fait compatible avec ce scénario.

L'âge des plus vieux atomes

Comment mesure-t-on l'âge des atomes ? En utilisant le fait que certains atomes ne sont pas stables. Ils durent un certain temps, puis ils se transforment en d'autres atomes. L'exemple le plus connu est celui du carbone-14. Sa demi-vie est d'environ six mille ans. Il me faut ici préciser le sens de l'expression « demi-vie ». Prenons mille atomes de carbone-14. Attendons. Après six mille ans, il en restera cinq cents. Après douze mille ans, il en restera deux cent cinquante. Après dix-huit mille ans, il en restera cent vingt-cinq, etc. Par définition, la demi-vie, c'est le temps requis pour que le nombre de survivants diminue de moitié *(schéma 3)*. Les archéologues utilisent cette propriété pour dater les momies dénichées au fond des pyramides.

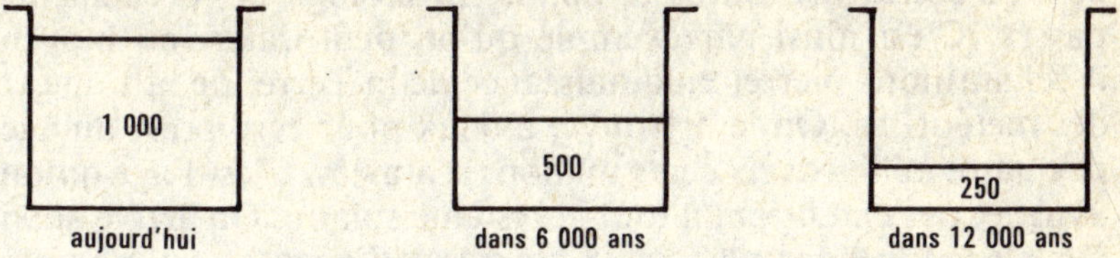

Schéma 3. La demi-vie du carbone-14.

On connaît aujourd'hui plus d'un millier d'atomes instables. Certains ont des demi-vies qui se mesurent en milliardièmes de seconde, d'autres en milliards d'années. Ce sont ces derniers qui vont maintenant retenir notre attention. Avec eux, nous allons dater non plus les momies, mais l'univers. Tout le monde a entendu parler de l'uranium. Dans un réacteur, le noyau de cet atome termine son existence d'une façon assez spectaculaire. Il éclate en plusieurs morceaux. On dit qu'il « fissionne ». Cette fission libère beaucoup d'énergie. L'uranium est façonné en barres qui baignent dans l'eau. L'eau se réchauffe et actionne des turbines génératrices d'électricité. Dans une bombe, cette même énergie dévaste le pays.

Il y a deux isotopes d'uranium qui nous intéressent ici : l'uranium-235 dont la demi-vie est d'un milliard d'années et l'uranium-238 dont la demi-vie est de six milliards et demi d'années. Sur la Terre, aujourd'hui, il y a cent trente-sept fois plus d'uranium-238 que d'uranium-235. Puisque l'uranium-235 disparaît plus vite que l'uranium-238, ce nombre change au cours des âges. Au temps des dinosaures, il était de cent dix. À la naissance de la Terre, il était de trois... Les noyaux d'uranium, comme tous les noyaux lourds, ont été engendrés au sein des étoiles. Tout au long des milliards d'années de la vie de la Galaxie, des noyaux d'uranium ont été produits, d'autres se sont désintégrés. L'abondance relative des deux isotopes sert en quelque sorte de sablier cosmique. Elle enregistre le passage du temps.

Il y a plusieurs autres noyaux à longue vie. Le thorium-232 (vingt milliards d'années), le rhénium-187 (cinquante milliards d'années), le samarium-132 (soixante milliards d'années). En utilisant les abondances de ces noyaux d'une façon cohérente, on arrive à constituer une assez bonne chronologie des événements passés. C'est ainsi par exemple qu'on peut dater, au moyen d'échantillons pierreux, la naissance de la Terre, de la Lune et des météorites. On leur trouve, à deux pour cent près, un âge de quatre milliards six cents millions d'années. C'est l'âge qu'on assigne, par extension, à tout le système solaire. On arrive aussi à évaluer l'âge des *plus vieux atomes radioactifs*. Au moment de la naissance du système solaire, ils avaient entre cinq et douze milliards d'années. Ces atomes ont donc entre dix et dix-sept milliards d'années.

Les trois méthodes (mouvement des galaxies, âge des plus vieilles étoiles, âge des plus vieux atomes) donnent des résultats qui concordent d'une façon assez impressionnante. Pourtant, les sabliers sont très différents et tout à fait indépendants les uns des autres. Bien sûr, cette concordance ne prouve pas d'une façon stricte que l'univers est né à cette date. Certains y ont vu une coïncidence, sans plus. D'autres auteurs ont trouvé des explications plus sophistiquées. Suivant notre parti pris de naïveté, nous ne manquerons pas de voir ici une présomption supplémentaire en faveur du *big bang*.

< D'importants travaux ont été effectués, ces dernières années, sur ces trois méthodes de détermination de l'âge de l'univers. Des atomes radioactifs de très longue durée ont été identifiés à la surface de certaines étoiles. On a mis au point de nouveaux chronomètres associés à l'observation d'étoiles particulières comme les naines blanches. Tous ces résultats confirment le fait que notre univers a vraisemblablement *plus de dix milliards d'années et moins de vingt milliards d'années*. Ils suggèrent une valeur inférieure à quinze milliards d'années. Espérons que cette marge d'incertitude se rétrécira pendant la prochaine décennie... >

Une lueur fossile

> La lumière engendrée par l'explosion initiale hante toujours les espaces extragalactiques. L'expansion l'a transformée en une pâle lueur chétive.

Les grandes découvertes se font souvent par hasard. Les astronomes américains Penzias et Wilson, aux commandes d'un radiotélescope, cherchaient à améliorer la communication avec les satellites en orbite terrestre. Ils ont découvert l'existence d'une « lumière » nouvelle qui occupe tout l'espace de l'univers. Étoiles, galaxies, amas et super-amas baignent dans ce rayonnement. Il est constitué d'une population d'environ quatre cents photons (ou « grains de lumière ») par centimètre cube *(A 1)*. Cette lumière est très froide, sa température est de trois degrés absolus, c'est-à-dire à deux cent soixante-dix degrés en dessous de la température où l'eau gèle.

Or il se trouve que l'existence de ce rayonnement avait été prévue trente années avant la découverte de Penzias et Wilson par un astrophysicien génial nommé George Gamow. Convaincu de la réalité de l'expansion, Gamow a tenté, avec l'aide de la physique, de remonter le cours du temps, comme un explorateur remonte le cours d'un fleuve vers sa source. D'autres chercheurs, l'astronome russe Friedman et le chanoine belge Lemaître, se sont également engagés dans cette voie. Ce sont les découvreurs du *big bang*, comme Jacques Cartier a découvert le Canada... Un guide de voyage indispensable ici : Albert Einstein. Dans ces royaumes étranges, Isaac Newton ne suffit plus. Partons avec nos explorateurs. En remontant le cours du temps, nous verrons les galaxies *se rapprocher* les unes des autres. En conséquence, la densité moyenne de l'univers augmente. Selon les lois de la physique, la température augmente aussi. Le passé est dense et chaud.

Avec l'accroissement de la température, la lumière augmente également. La matière attire la matière, disait Newton. Einstein va plus loin : *tout* attire *tout*. Le « tout » comprend aussi le mouvement : plus un corps va vite, plus il est attiré et plus il attire. Le « tout » comprend même les corps qui n'ont pas de masse comme les photons lumineux. La matière attire la lumière. La lumière attire la matière. La lumière attire la lumière !...

Aujourd'hui, l'univers est dominé par la matière, c'est-à-dire par les atomes, les étoiles et les galaxies. La lumière n'a pas beaucoup d'énergie. Sa contribution à l'attraction universelle est mille fois plus faible que celle des atomes. En remontant dans le passé, la situation s'inverse. Quand l'univers est un milliard de fois plus dense qu'aujourd'hui, l'énergie lumineuse prend le dessus et gouverne entièrement la situation. C'est là que nous quittons Newton pour Einstein. Pendant le premier million d'années de son existence, l'univers est dominé par la lumière. Cela se passe bien avant la naissance des étoiles et des galaxies.

« Cette lumière originelle existe toujours », avait prédit Gamow. « Avec le temps, cependant, elle s'est anémiée. L'expansion l'a réduite à l'état de pâle lueur. Ce n'est pas au télescope optique, c'est au radiotélescope qu'il faut la rechercher. » La pierre de touche d'une bonne théorie, c'est de faire des prédictions, de se soumettre à des « tests », et de les passer avec succès. Gamow avait prévu l'existence du rayonnement fossile. Pourtant, c'est par hasard que Penzias et Wilson l'ont découvert, trente ans plus tard. La prédiction avait été oubliée. Pourquoi ? Il faut dire que, pendant des années, la théorie de l'expansion universelle n'eut pas la cote. Quand j'étais étudiant aux États-Unis, vers les années 1960, on n'en parlait pas. Elle sentait le soufre. À cause de ses résonances « bibliques » ? Qui sait ?

En termes clairs, la découverte du rayonnement fossile nous apprend que l'expansion universelle se poursuit depuis un état initial au moins un milliard de fois plus « concentré », et mille fois plus chaud, que l'état présent. Au cours des ères, ce rayonnement s'est refroidi au rythme de l'expansion. Sa température diminue lentement mais inexorablement.

Le passage de l'opacité à la transparence

Pendant le premier million d'années de son existence, l'univers, très dense, était opaque. La lumière émise en ces temps fut tout de suite réabsorbée et n'a eu aucune chance de parvenir jusqu'à nous. Cette opacité limite notre vision et nous enlève tout espoir de « voir » l'origine de l'univers *(A 7)*. Mais le rayonnement fossile fut émis au moment du passage de l'opacité à la transparence. Il est composé des plus vieux photons du monde...

Quel sens donner aux mots « transparence de l'univers » ? Le verre est transparent parce que la lumière passe au travers et ressort vers l'extérieur. L'univers est transparent vers quoi ? Je sors de chez moi la nuit, et j'éclaire le ciel avec une lampe de poche. J'envoie vers l'espace des milliards de photons blancs. Quel est leur avenir ? Une fraction infime sera absorbée par l'air. Une fraction plus faible encore sera interceptée par les surfaces planétaires et stellaires. L'immense majorité des photons cheminera interminablement. Dans quelques milliers d'années, ils émergeront de notre Galaxie ; dans quelques millions d'années, ils sortiront de notre super-amas (la Vierge). Ils pérégrineront dans un monde toujours plus vide, toujours plus froid. *L'univers est transparent vers le futur.*

Les cendres de l'explosion initiale

Les atomes d'hélium de nos ballons gonflables, ainsi que les atomes d'hydrogène lourd, sont les plus vieux atomes du monde ; ce sont les cendres du grand brasier originel. Ils témoignent, pour nous, des températures de milliards de degrés qui régnaient aux premières secondes de l'univers.

La matière qui nous entoure et nous constitue est faite de quelque quatre-vingts éléments chimiques. Ces éléments, toujours les mêmes, nous les retrouvons jusqu'aux limites de l'univers observable *(A 3)*. Numériquement, l'hydrogène domine largement. Quatre-vingt-dix pour cent des atomes sont de l'hydrogène. L'hélium vient en second avec huit ou neuf pour cent. L'ensemble des autres éléments se partage le pourcentage qui reste...

On appelle « nucléosynthèse » ou « évolution nucléaire » la science de l'origine des éléments chimiques. Son but est d'expliquer, par exemple, pourquoi la nébuleuse d'Orion contient deux fois plus d'oxygène que de carbone, et pourquoi certaines galaxies sont beaucoup moins riches en fer que la nôtre. D'où viennent les éléments chimiques ? La majorité naît au cœur des étoiles. Mais il y a quelques notables exceptions. En particulier l'hydrogène et l'hélium. La théorie de l'expansion universelle prévoit des températures de plus en plus élevées à mesure qu'on s'enfonce dans le passé. Au-dessus d'un certain seuil, la matière adopte un comportement nouveau. On voit apparaître des « réactions nucléaires ». Des noyaux d'atomes entrent en collision. Quelquefois, ils se combinent pour former des noyaux plus lourds. De l'énergie se dégage, généralement sous forme lumineuse.

Plus la température est élevée, plus il y a de collisions et plus violentes sont les réactions. Dans la grande chaleur des premiers instants, elles se multiplient sans limites. La matière tout entière détone comme une bombe H. Après quelques minutes, la température aura baissé suffisamment pour éteindre le feu nucléaire. La théorie prévoit que dans cette soupe, initialement composée de protons et de neutrons (qui, plus tard, deviendront des atomes d'hydrogène), on trouve maintenant dix pour cent de noyaux d'hélium (qui deviendront des atomes d'hélium), pour quatre-vingt-dix pour cent d'hydrogène *(A 4)*. C'est-à-dire à peu de chose près ce qu'on observe aujourd'hui dans l'univers... Encore un point à l'actif de la théorie de l'expansion universelle...

Est-on vraiment certain que l'hélium est né au tout début de l'univers ? Les étoiles, comme le Soleil, en produisent continuellement. Pourquoi faire appel à une origine aussi lointaine ? On peut donner deux réponses. La première, c'est que la somme de tout l'hélium produit par toutes les étoiles de toutes les galaxies est bien inférieure à la quantité d'hélium observée. On peut faire le calcul : on obtient à peu près un atome d'hélium pour cent atomes d'hydrogène (au lieu de dix pour cent). Il y a des incertitudes, mais il est difficile de penser qu'elles puissent rendre compte de la différence. On admet aujourd'hui que neuf atomes d'hélium sur dix viennent du *big bang*. Le dixième seul a été produit par les étoiles.

De plus, on observe que les éléments plus lourds (nés dans les étoiles) (l'oxygène par exemple) n'ont pas la même abondance d'une galaxie à l'autre, ou d'une région à l'autre à l'intérieur d'une galaxie. C'est assez normal. Ces abondances dépendent du nombre d'étoiles qui ont vécu ici ou là, ce qu'on appelle le rythme d'activité stellaire d'une région. Ces rythmes sont assez variables dans le cosmos. Pour l'hélium, la situation est différente. Le rapport de huit à dix atomes d'hélium pour cent atomes d'hydrogène *est le même partout* : dans les galaxies actives comme dans les galaxies paresseuses ; au cœur agité de certaines d'entre elles, comme dans leurs banlieues plus tranquilles. Cette grande uniformité dans le résultat suggère une cause commune, antérieure, unique à l'échelle du cosmos. La genèse des noyaux au cours des premiers temps de l'expansion universelle explique très simplement pourquoi l'abondance d'hélium est la même partout. Certes, la simplicité n'est pas en elle-même un critère ultime de vérité, les choses ne sont pas nécessairement simples. Dans beaucoup de cas, nous savons pertinemment qu'elles sont compliquées. Cependant, et en cela nous retrouvons l'argumentation du rasoir de Guillaume d'Occam (un théologien du XIVe siècle), si deux théories expliquent également bien un résultat, il convient de « trancher » en faveur de la plus simple. D'autres théories ont cherché à rendre compte de l'abondance de l'hélium et de son uniformité. La quantité d'hypothèses qu'elles exigent pour y arriver les rend beaucoup moins alléchantes.

L'hydrogène et l'hélium existent sous la forme de deux variétés ou *isotopes* stables. Il y a d'abord l'hydrogène-1 dont le noyau est composé d'un seul proton. C'est le plus commun. L'hydrogène-2 s'appelle hydrogène lourd ou deutérium (un proton et un neutron). On le trouve dans l'eau lourde. Il est cent mille fois plus rare que l'hydrogène léger. Pour l'hélium, l'isotope hélium-4, dont le noyau est composé de deux protons et deux neutrons, est le plus fréquent. L'hélium-3 (un neutron et deux protons) est dix mille fois plus rare que l'hélium-4. La phase initiale de réactions nucléaires cosmiques engendre également, mais en très faible quantité, du deutérium (ou hydrogène lourd), de l'hélium-3 (ou hélium léger) et un isotope du lithium. Les abondances ainsi calculées sont en assez bon accord avec les abondances observées dans le cosmos.

Résumons-nous. Les creusets stellaires ne suffisent pas à rendre compte de l'abondance de l'hélium observée partout dans l'univers. Pour l'expliquer, il faut trouver une autre phase chaude dans l'histoire de l'univers (la transmutation des éléments exige de la chaleur). Le mouvement des galaxies, la lueur fossile nous indiquent la voie. C'est plus tôt, toujours plus tôt qu'il faut aller chercher cette chaleur, c'est aux sources chaudes qu'il faut remonter. Dans le scénario reconstitué de l'expansion universelle, des températures supérieures au milliard de degrés règnent pendant les *premières secondes* du cosmos. Ces températures provoquent des réactions nucléaires qui engendrent de huit à dix atomes d'hélium par cent atomes d'hydrogène, en bon accord avec les observations. Prenant le problème sous un autre angle, on peut dire que cet accord nous permet d'affirmer que l'univers a *déjà été* chauffé à plus d'un milliard de degrés.

Deux filons à exploiter : la population des photons et l'absence d'antimatière

Selon les théories actuelles ils pourraient nous permettre de remonter encore beaucoup plus tôt dans le passé.

Dans notre quête des origines, il y a encore deux données d'observation qui sont potentiellement riches en information. Mais nous ne sommes pas certains de savoir les interpréter correctement. C'est que la théorie est ici encore incomplète. D'abord ceci : il y a dans le cosmos, en moyenne, un milliard de photons lumineux pour chaque atome. Pourquoi ce nombre plutôt qu'un autre ? Il résulte en large partie d'événements qui ont eu lieu avant les premières microsecondes (1/1 000 000 de seconde). Mais personne aujourd'hui ne sait très bien ce que furent ces événements.

Le deuxième filon est relatif à l'antimatière. Qu'est-ce que l'antimatière ? Il y a deux variétés de matière : la matière dite « ordinaire » (dont nous sommes formés) et l'antimatière. Malgré son nom quelque peu dramatique, l'antimatière n'a rien d'extraordinaire ; elle et la matière se ressemblent comme deux sœurs jumelles. On peut imaginer l'existence d'antimondes, composés d'antipersonnes en train de lire des antilivres. Mais, et c'est un « mais » d'importance, matière et antimatière ne doivent pas se rencontrer. Sinon elles s'annihilent entièrement et se transforment en lumière.

Aux premières secondes de l'univers, matière et antimatière coexistent dans la grande purée originelle. Continuellement, elles s'annihilent en lumière, continuellement aussi elles renaissent de la lumière, comme l'oiseau Phénix qui réapparaît au sein de la flamme qui le consume. [Ces phénomènes de création de matière et d'antimatière à partir de la lumière et d'annihilation en lumière ne sont pas de pures spéculations. Ils sont parfaitement bien observés dans les laboratoires de physique nucléaire.] À cette époque initiale, les populations de matière et d'antimatière sont égales, à un milliardième près. Cette différence, extrêmement faible, est en faveur de la matière ordinaire. Au cours du refroidissement ultérieur, matière et antimatière s'annihilent sans plus se reconstituer. Tout disparaît, *sauf* un résidu minime. Ce résidu vient de l'infime supériorité numérique de la matière. C'est lui qui constitue aujourd'hui toute la matière que nous connaissons. Sans lui nous n'existerions pas. [Nous pouvons affirmer qu'il n'y a pas d'antimatière dans le système solaire, parmi les étoiles de la Galaxie, non plus que dans les galaxies voisines. Strictement parlant, nous ne pouvons rien affirmer quant à l'existence possible d'antigalaxies à plusieurs milliards d'années-lumière.] Mais quelle est l'origine de cette différence à laquelle nous devons l'existence ?

Des découvertes récentes en physique pourraient nous permettre d'exploiter en même temps les deux filons. Selon la théorie, protons et neutrons (les constituants de tous les noyaux d'atome) seraient eux-mêmes formés d'entités plus simples encore, les quarks. La fusion des quarks en nucléons (protons et neutrons) aurait eu lieu aux premières microsecondes de l'univers, en un temps où la température dépassait le million de millions (10^{12}) de degrés. Ces quarks auraient émergé eux-mêmes de la désintégration de particules supermassives qui auraient existé beaucoup plus tôt encore. C'est au cours de ces désintégrations que l'univers aurait « choisi » de devenir matière plutôt qu'antimatière. Et c'est en conséquence de ces événements que les photons seraient devenus un milliard de fois plus nombreux que les atomes.

Notons, en passant, que ce nombre est important. On peut montrer que, dans un univers où il y aurait eu beaucoup *plus* de lumière, aucune galaxie n'aurait pu naître. S'il y en avait eu beaucoup *moins*, les étoiles ne se seraient vraisemblablement jamais formées.

<En 1980 on pensait avoir à peu près éclairci cette situation. Une théorie, dite de « grande unification » des forces de la physique, avait été proposée. Cette théorie prétendait donner le fin mot de l'histoire.

Comme toute théorie qui se respecte, celle-ci faisait des prédictions. Selon elle, le proton n'est pas une particule stable. Il doit éventuellement se désintégrer en d'autres particules. Malgré d'intenses efforts, les physiciens n'ont pas réussi à mettre en évidence ces désintégrations.

Où en sommes-nous aujourd'hui ? Malgré cet échec, on pense que l'idée présentée dans le texte est qualitativement correcte. Mais on est forcé d'admettre que la physique de ces temps anciens est beaucoup plus compliquée qu'on le croyait il y a dix ans. Il faudra encore bien des efforts avant d'éclaircir cette question.

Cette note illustre le fait que les progrès scientifiques passent souvent par des marches arrière. Estimer correctement son degré d'ignorance est une étape saine et nécessaire.>

Et qu'est-ce qu'il y avait avant ?

Une question simple à laquelle nous ne savons pas répondre. Elle n'a d'ailleurs probablement pas de « sens ».

L'enfant qui s'éveille à la réalité découvre que le monde a existé avant lui. Le jour de sa naissance n'est pas le début du monde. Il se fait à l'idée d'une « préhistoire » antérieure à lui. Dans la même optique, il est naturel de se demander ce qu'il y avait avant le début de l'univers. Disons, il y a trente milliards d'années.

Tout au long des pages précédentes, je me suis efforcé d'illustrer la nature de la démarche de l'astrophysicien. Je l'ai assimilée à une excursion téméraire dans l'inconnu, comme celle des grands découvreurs de continents inexplorés. Nous sommes restés très près des observations. Nous avons retenu les interprétations les plus simples, les plus naïves. Ainsi, nous avons remonté le cours du temps. Nous avons découvert un univers toujours plus chaud, toujours plus dense. L'observation du rayonnement fossile nous a permis de remonter jusqu'à un million d'années du début, alors que la température atteignait quelques milliers de degrés. La mesure d'abondance de l'hélium nous a permis un nouveau pas jusqu'à quelques secondes de l'origine, à des températures de plusieurs milliards de degrés. La population des photons et l'absence d'antimatière nous permettraient, semble-t-il, de remonter beaucoup plus tôt (et beaucoup plus chaud).

Y a-t-il quelque espoir d'avancer encore ?

Le problème majeur que nous rencontrons ici, c'est que la chaleur détruit l'information. Quand une bibliothèque flambe, les renseignements qu'elle renferme sont perdus. Dans le grand brasier initial, les structures qui pourraient stocker de l'information sont démantelées. L'univers devient simple. [En termes de mécanique statistique, toutes les distributions, en positions, en énergies et en particules, ont atteint l'état d'équilibre. Elles sont décrites par un minimum de paramètres.] Cette simplicité élimine les souvenirs. Nos repères s'évanouissent ; nous nous enlisons dans un monde sans mémoire.

La situation rappelle celle du zéro absolu de température ou celle de la vitesse de la lumière. Ce sont, à toutes fins pratiques, des idéaux inaccessibles. Plus on s'en approche, plus il est difficile d'avancer. Dans cette optique, la question : « Qu'est-ce qu'il y avait avant ? » n'a peut-être pas de sens. Il n'y aurait aucun moyen d'y aller voir *(A 8)*...

<On appelle « temps zéro » cet instant au-delà duquel nous ne pouvons rien affirmer. Il marque, en fait, la limite de nos connaissances actuelles en physique. C'est le mur de notre ignorance. La cosmologie ne nous autorise pas à parler d'un « début » ou d'une « création » de l'univers.

J'ai repris ce problème du « temps zéro » et de sa signification aux pages 145 et 146 de mon livre *l'Heure de s'enivrer*.>

La mesure du temps

Il est de tradition de diviser le temps en tranches égales. Puis de mesurer le passage du temps en comptant les tranches. Cela se fait au moyen d'« horloges ». Un pendule, par exemple, est une horloge. Il oscille à gauche puis à droite et on compte « un », puis encore à gauche et à droite et on compte « deux », etc. La Terre en est une autre. On marque un an chaque fois qu'elle fait le tour du Soleil...

Ce n'est pas la seule façon de mesurer le temps. On pourrait aussi compter « un » chaque fois que la distance entre deux galaxies est multipliée par deux... En termes techniques, il s'agit alors d'une échelle logarithmique (au lieu de l'échelle « linéaire » traditionnelle décrite au paragraphe précédent). Dans cette nouvelle échelle, le temps « zéro » serait le moment présent. Le temps « un » arrivera dans quinze milliards d'années, quand les galaxies seront deux fois plus loin les unes des autres qu'aujourd'hui. Le temps « deux » : trente milliards d'années plus tard, quand les galaxies seront deux fois plus loin qu'au temps « un ». C'est-à-dire dans quarante-cinq milliards d'années.

Le passé se voit assigner des temps négatifs. Au temps « moins un », il y a sept milliards et demi d'années, les galaxies étaient deux fois plus proches les unes des autres que maintenant. Nous voyons les plus lointains quasars au temps « moins quatre », à un moment où les galaxies étaient seize fois plus rapprochées... (il y a douze milliards d'années, dans l'échelle traditionnelle).

Les deux échelles sont également valables. Nous sommes dans le domaine de la convention. Chacun choisit à son gré. En cosmologie, l'échelle logarithmique possède deux avantages, l'un est de nature physique, l'autre psychologique. Aux premiers temps de l'univers, tout est vaporisé, il n'y a ni « Terre » ni pendule pour marquer le temps. À cause de la très grande chaleur, tout est accéléré, le nombre de réactions entre les particules croît à chaque microseconde à mesure qu'on recule. Les événements se multiplient à l'infini. En ce sens, on peut dire que le temps « ralentit » et s'enlise. Le temps logarithmique épouse bien ce comportement. A mesure qu'on recule dans le passé, on s'en va vers « moins l'infini », qu'on n'atteint jamais.

Les galaxies apparaissent au temps « moins dix ». Pour décrire la période d'avant leur naissance, il faut redéfinir l'échelle logarithmique. Au lieu de parler de la distance moyenne entre les galaxies, on parlera de la distance moyenne entre les particules atomiques (noyaux, électrons, etc.). La lueur fossile est émise au temps « moins mille ». L'hélium apparaît à « moins un milliard ». Les quarks se fusionnent en nucléons à « moins 10^{12} ». Et la désintégration des particules qui donnent naissance aux quarks, à « moins 10^{27} ». Et l'avantage psychologique, c'est qu'il n'y a pas de « début » du temps et qu'on n'est pas tenté de se demander ce qu'il y avait « avant »...

Aux limites du langage et de la logique

> « Nos idées ne sont que des instruments intellectuels qui nous servent à pénétrer les phénomènes. Il faut les changer quand elles ont rempli leur rôle. Comme on change de bistouri quand il a servi trop longtemps. »
>
> Claude Bernard.

Plusieurs personnes hésitent à adopter la thèse de l'expansion initiale à cause des difficultés philosophiques et logiques qu'elle poserait. Le physicien Lurcat *(N 4)* écrit : « Dire que l'univers a eu un début — si les mots "début" et "univers" ont un sens — c'est dire que la réponse à la question : "Qu'y avait-il avant ?", c'est : "Rien." » Et Edgar Morin *(N 5)* ajoute : « On ne peut pas imaginer un commencement à partir de rien. Les scientifiques devraient réfléchir au problème logique qui se pose quand ils discutent. » Les pages qui précèdent apportent une réponse partielle à cette question. Mais il y a beaucoup plus à dire.

Il n'y a pas que notre ignorance de la physique qui nous empêche de remonter aux origines. Il y a aussi, il y a surtout les limites du langage lui-même. Ces limites sont celles de la méthode scientifique et de la logique, puisqu'elles utilisent ce même langage. Les mots sont modelés sur des objets à notre échelle. Ils ont acquis leur efficacité en s'adaptant à des phénomènes ou à des événements de notre monde quotidien. Aussi, quand on aborde des réalités à une autre échelle, les mots deviennent facilement des obstacles. La cosmologie est particulièrement mal lotie sur ce terrain. Surtout quand elle touche aux questions de « finitude » et de limites de l'univers dans l'espace et dans le temps.

La seule méthode valable d'exploration est la méthode empirique. En cas de conflits avec la philosophie ou la logique, c'est, à mon avis, du côté de celles-là qu'il faut chercher à se réadapter. Ces « difficultés » philosophiques disparaissent d'elles-mêmes si on reconnaît que le seul vrai « problème », c'est celui de l'existence même de l'univers. « Pourquoi y a-t-il quelque chose plutôt que rien ? » Sur le plan scientifique, nous sommes incapables d'y répondre. Après plusieurs millénaires, nous en sommes ici au même point que le premier chasseur préhistorique venu : au zéro absolu.

Notre ignorance, une fois reconnue, est le vrai point de départ de la cosmologie. *Il y a quelque chose.* Il y a la réalité. Comment elle apparaît, quel est son âge, telles sont les questions qui tombent dans le champ de la recherche scientifique. Ce problème de l'existence de la réalité a aussi une autre dimension, celle de la connaissance. C'est par notre conscience que nous percevons l'existence de « quelque chose plutôt que rien ». Or cette conscience n'est pas en dehors de l'univers, elle en fait partie. Aujourd'hui, nous commençons à percevoir la richesse des rapports entre la conscience et les données d'observation. Mais cette discussion passionnante nous amènerait trop loin de notre sujet.

3. Le futur

L'avenir de l'univers

L'expansion se poursuivra-t-elle indéfiniment ?

Dans les pages qui précèdent, j'ai essayé de montrer aux lecteurs pour quelles raisons l'idée d'un univers en expansion semble aujourd'hui difficile à éliminer. Je vais répéter ici brièvement ces arguments. Le mouvement général d'éloignement des galaxies, le fait que leur vitesse augmente avec la distance et le fait que cet accroissement soit le même dans toutes les directions sont les preuves les plus immédiates de l'expansion. Les autres arguments sont, en quelque sorte, des conséquences prévisibles du modèle d'expansion. D'abord la concordance des mesures d'âge de l'univers obtenues soit par la récession des galaxies, soit par les vieilles étoiles, soit par les vieux atomes. Puis, bien sûr, la présence du rayonnement fossile. Et finalement l'abondance de l'hélium et des autres noyaux légers (ainsi que l'uniformité à l'échelle cosmique de la répartition de l'hélium).

<Le statut de la théorie du *big bang* s'est encore amélioré depuis 1980, grâce, en particulier, à une série d'expériences faites au CERN de Genève. Les résultats ont confirmé une autre prédiction de la théorie. Voici de quoi il s'agit.

Les particules élémentaires connues à ce jour peuvent être groupées en *trois* grandes familles : la famille électronique, la famille muonique et la famille tauonique. La question se pose de savoir s'il existe d'autres familles encore indétectées. Quel est le *nombre total* de ces familles.

Jusqu'en 1982, les physiciens n'avaient aucune réponse à cette question. Aucun argument valable n'existait pour affirmer que ce nombre devait être, par exemple, de dix ou de cinquante-cinq.

Mais la théorie du *big bang* avait déjà son opinion là-dessus. Selon elle, le nombre total de familles (y compris les trois que nous connaissons) ne devrait pas dépasser quatre ou cinq.

Les expériences mentionnées précédemment confirment cette prédiction. Ce nouveau succès est une preuve supplémentaire en faveur de la théorie du *big bang*. >

La théorie rencontre aussi quelques difficultés : certaines galaxies ont des mouvements anormaux, difficiles à réconcilier avec le mouvement d'ensemble. Certaines questions sont encore mal élucidées. En septembre 1976, au cours d'un symposium international à l'Institut d'astrophysique de Paris, des spécialistes ont tenté de faire le point sur ce sujet. Les comptes rendus de cette conférence *(N 6)* montrent que les cas anormaux sont rares. Ils ne suffisent pas, à mon avis, comme à celui de la grande majorité de mes collègues, à remettre sérieusement en question la théorie de l'expansion. En science, il convient de le rappeler, il n'y a pas de « vérité absolue » ou de « théorie parfaite » ; le rôle du scientifique est de jauger les mérites relatifs des théories rivales. Aujourd'hui, aucune rivale ne menace vraiment la théorie de l'expansion, simple et naïve. Mais, comme toujours, la vigilance s'impose. Au gré d'observations nouvelles, la situation peut évoluer rapidement et d'une façon imprévisible.

< Les observations astronomiques continuent à accréditer la valeur de la théorie du *big bang*. Mais, sur le plan théorique, on a mis en évidence un certain nombre de difficultés auxquelles on cherche aujourd'hui à répondre. Sans remettre en cause l'idée principale du *big bang*, nous sommes maintenant forcés de reconnaître que nous avions considérablement sous-estimé la complexité de l'univers antique. >

Abordons maintenant la question du futur. Combien de temps encore va durer l'expansion ? S'arrêtera-t-elle un jour, pour se transformer en contraction ?

La vitesse de libération de l'univers

Il y a une force qui s'oppose à l'expansion : c'est la gravité. La matière attire la matière. L'univers cherche à se replier sur lui-même. Cette attraction joue un rôle fondamental dans son comportement et dans son devenir. Pour illustrer la situation, qu'on me permette une fable à la Jonathan Swift. Sur une planète, des ingénieurs ont installé une base de lancement interplanétaire assez primitive ; elle est constituée d'une immense toile élastique tendue au-dessus d'une profonde vallée. Pour lancer une capsule, on la dispose au centre de la toile préalablement tendue vers le sol. Puis, on relâche brusquement la toile (comme la corde d'un arc). La capsule s'élève dans l'espace. Une multitude d'ingénieurs besogneux s'affairent autour de la base. Ils effectuent des mesures de types variés. Chacun se demande si le lancement est réussi. La capsule s'élève-t-elle assez vite pour échapper à l'attraction de la planète ? Si oui, elle filera dans l'espace et ne reviendra plus jamais. Sinon, elle ralentira progressivement, s'arrêtera et amorcera une descente qui la ramènera dans la toile. Accélérée à nouveau, elle remontera pour redescendre encore, comme un enfant qui saute sur un tremplin. Comment savoir si la capsule s'échappera ou non ? En mesurant sa vitesse verticale. En termes de balistique, on appelle « vitesse de libération » la vitesse minimale qu'il faut donner à un objet pour qu'il puisse s'échapper du lieu où il a été lancé. Sur la Terre, elle est de onze kilomètres par seconde ; sur la Lune, de deux kilomètres par seconde. Elle dépend de la force de gravité à la surface de la planète. Les ingénieurs doivent donc, en premier lieu, déterminer l'intensité de la gravité avant de pouvoir décider si la capsule reviendra ou non.

Dans notre fable, la capsule représente une galaxie quelconque, tandis que la gravité à la surface de la planète représente l'attraction de tout l'univers sur cette galaxie. Si cette attraction est assez puissante, les galaxies cesseront un jour de s'éloigner (c'est ce qu'on appelle l'univers fermé). Elles reviendront alors les unes vers les autres, dans un vaste mouvement de contraction universelle. La température et la densité iront croissant et nous retracerons en sens inverse les grandes étapes du *big bang*. Comme les ingénieurs, nous nous demandons ce qui va se passer ensuite. On peut imaginer, dans la foulée, une séquence infinie de contractions et d'expansions, comme les poumons d'une bête qui respire. Si, par contre, l'attraction n'est pas assez puissante pour freiner l'expansion, celle-ci se poursuivra indéfiniment (univers ouvert).

Une interminable exhalaison

Notre univers semble trop léger pour se contracter dans le futur.

Quel est notre avenir ? Le brasier à nouveau, ou alors l'expansion dans un univers toujours plus froid, toujours plus vide. Pour connaître la réponse à cette question, il faut évaluer la gravité de l'univers, c'est-à-dire, en définitive, la densité de matière qu'il contient. La densité, c'est la quantité de matière dans un volume défini. Par exemple, l'eau contenue dans un centimètre cube a une masse d'un gramme ; l'air, dans le même volume, a une masse d'un milligramme environ. Comment peut-on mesurer la densité de l'univers ? D'abord il faut se donner un volume. Grand. Plus grand qu'un super-amas, pour avoir une bonne moyenne. On va faire l'inventaire de la matière qui se trouve dans ce volume. On va compter les galaxies, estimer leur masse et faire la somme. Ce n'est pas tout. Il y a la matière qu'on voit parce qu'elle nous envoie de la lumière, les étoiles par exemple. Mais il peut aussi y avoir de la matière qu'on ne voit pas. Des étoiles mortes, des planètes, des astéroïdes éloignés de toute source lumineuse. Et puis aussi des formes de matière encore inconnues, encore indétectées. Comment les inclure dans notre bilan ?

Newton nous a appris que toute matière, lumineuse ou non, détectée ou non, joue un rôle par le fait même de sa présence. Elle attire la matière qui l'entoure. Par là, elle se manifeste. Imaginons par exemple que le Soleil s'éteigne. On ne le verrait plus. Ce serait la nuit éternelle. Il continuerait quand même à attirer les planètes. Rien ne serait changé de leur mouvement. Les constellations du Zodiaque poursuivraient sans altération leur défilé annuel dans notre ciel. Des astronomes terrestres qui n'auraient jamais vu le Soleil pourraient, en étudiant la course de la Terre parmi les étoiles, découvrir son existence et mesurer sa masse... Par des méthodes analogues, l'astronome moderne arrive à estimer la densité de l'univers, y compris la composante de matière « invisible ». Pour exprimer le résultat, on le ramène à une unité de volume à notre échelle : le mètre cube. En faisant une moyenne sur tout l'espace observable, on trouve environ un atome par mètre cube. Ce résultat reste imprécis. La fourchette possible s'étend d'un facteur dix des deux côtés de cette valeur moyenne. En d'autres termes, la densité pourrait être aussi petite qu'un dixième d'atome, ou aussi grande que dix atomes par mètre cube. De nombreux chercheurs s'emploient aujourd'hui à améliorer notre évaluation de cette mesure.

Pour arrêter et renverser le mouvement des galaxies dans le futur, il faudrait (selon la théorie) que la densité soit supérieure à *dix* atomes par mètre cube. En regard des données d'observation, cela paraît peu problable, bien que l'imprécision des mesures ne l'exclue pas entièrement. La densité universelle semble trop faible pour provoquer une contraction ultérieure. Notre univers serait donc « ouvert ». Une autre mesure vient appuyer la thèse d'un univers ouvert : c'est le rapport d'abondance de l'hydrogène lourd (deutérium) et de l'hydrogène léger. Dans la phase de nucléosynthèse initiale, la formation du deutérium dépend de la densité de matière. Dans un univers ouvert, on en forme beaucoup plus que dans un univers fermé. Là encore, l'observation de ce rapport, dans l'espace interstellaire comme dans le système solaire, appuie la thèse de l'univers ouvert.

Nous avons donc *deux* observations qui semblent nous indiquer que l'expansion va se poursuivre indéfiniment : la légèreté apparente de l'univers et l'abondance du deutérium. Prudence cependant. Le degré de crédibilité reste assez faible. Une mesure nous manque, qui pourrait inverser nos conclusions : la masse des neutrinos *(A 2)*. Des expériences sont en cours. De plus, vers

1989, un grand télescope sera lancé en orbite. Il nous en dira plus sur cette question.

<Tel que mentionné dans la note de la page 29, il y a du nouveau à ce sujet. La découverte, par l'étude des rotations galactiques, d'une importante composante de « matière sombre » nous amène à revoir la situation. En fait l'abondance du deutérium nous renseigne sur la densité de *matière ordinaire* (nucléons, atomes, molécules). Mais rien ne nous permet d'affirmer que cette mystérieuse matière sombre est faite de matière ordinaire (comme le seraient par exemple des astéroïdes ou des étoiles peu lumineuses). Il pourrait s'agir d'une composante plus exotique (particules inconnues, neutrinos massifs, etc.).

Cette composante de matière sombre est-elle suffisamment importante pour amener notre univers à se recontracter sur lui-même dans un lointain avenir ? Il semble bien que non. Bien que la situation soit encore confuse, les meilleures estimations observationnelles nous laissent en deçà de la densité critique.

Mais, par ailleurs, un certain nombre de considérations théoriques, dont il est difficile d'établir la pertinence, militent en faveur d'un univers dont la densité serait *très précisément* égale à la densité critique. (Notons qu'une telle densité ne provoquerait pas, en principe, de recontraction future.) Les théoriciens auraient-ils raison ? Seules les observations à venir pourront en décider. Affaire à suivre... >

Un mot, pour terminer, sur les dimensions de l'univers que prévoit la théorie. Elles ne sont pas les mêmes selon que l'univers est fermé ou ouvert. L'univers ouvert correspond, rappelons-le, au cas où la densité est faible. L'expansion s'y poursuit indéfiniment. L'espace est alors infini. Par contre, si la densité est grande, l'univers est fermé et la période d'expansion sera suivie d'une période de contraction. En ce cas, l'espace n'est pas infini. Il possède une « courbure » grâce à laquelle le voyageur qui va droit devant lui revient un jour à son point de départ. Comme le navigateur qui a fait le tour de la Terre. L'espace est cependant illimité, en ce sens que le navigateur ne rencontre jamais de frontières ou de murs. Pas plus d'ailleurs que le navigateur terrestre.

<Certaines personnes estiment inacceptable, et même absurde, l'idée que l'univers puisse être infini. Christian Magnan

défend avec véhémence ce point de vue dans *la Nature sans foi ni loi* (Éd. Belfond, 1987). Pierre Boule dans son roman *l'Univers ondoyant* tire de cette « absurdité » un argument en faveur de l'univers fermé (donc non infini).

Pour rassurer ces personnes je me dois d'ajouter que la situation n'est pas tout à fait aussi simple. Pour aborder cette question il nous faut faire un peu de géométrie.

La surface d'une sphère est courbe, tout comme la surface d'une chambre à air. Une fourmi minuscule, arpentant une surface courbe de grande dimension, serait bien en peine de dire si elle se trouve sur un ballon d'enfant, une chambre à air ou même une fougasse provençale (une pâtisserie perforée de nombreux trous). Ce n'est qu'en prenant de la distance qu'elle pourrait en décider.

On peut dire que, vues de très près, les courbures (locales) de ces différents objets sont semblables mais que, vues à distance, ces courbures (globales) sont différentes. Ainsi en est-il de la courbure (à trois dimensions) de notre univers. Il nous est possible de mesurer la courbure locale (nous avons le nez dessus) mais non la courbure globale.

On montre en géométrie que, si la courbure globale de l'univers est de type « chambre à air » ou « fougasse provençale », alors l'univers, même ouvert, n'est pas de dimension infinie.

À mes amis que l'idée d'un univers infini empêche de sommeiller, je réponds qu'ils peuvent se rendormir en pensant que sa courbure globale pourrait bien être de type « chambre à air » ou « fougasse provençale ». >

Il convient de mentionner, ici, que l'idée d'un univers historique remonte indirectement à Einstein. Ses travaux sur la structure du cosmos menaient à l'idée d'un univers en mouvement (contraction ou expansion). Il n'y a pourtant souscrit qu'après l'observation du mouvement de récession des galaxies, par Hubble, en 1928. Depuis cette période, plusieurs théories cosmologiques ont été proposées, qui redonnent à l'univers un caractère stationnaire et éternel, faisant l'économie d'un « début ». Quand j'étais étudiant aux États-Unis dans les années 1955-1960, la « création continue » de Gold, Hoyle, Bondi s'était largement imposée. Aujourd'hui, l'observation l'a éliminée. L'univers éternel reste, malgré tout, populaire, parce qu'aux dires de certains il évite le problème de l'origine de la matière. Il l'évite, à mon avis, comme on cache la poussière en la balayant sous le tapis. Le vrai problème, nous l'avons énoncé plus tôt ; c'est : « Pourquoi y a-t-il quelque chose plutôt que rien ? » Devant ce problème, tous, scientifiques ou non, nous sommes également muets. À partir de là, sur le plan philosophique, tous les modèles d'univers ont droit de cité. C'est à l'observation de les départager. Aujourd'hui, elle favorise nettement l'univers historique. L'univers est ce qu'il est. Il n'a que faire de nos préjugés.

L'ultime désagrégation

> Il y a deux mille cinq cents ans, le Bouddha avait déjà correctement estimé l'inéluctable.

On a aujourd'hui des raisons de croire que la matière elle-même n'est pas éternelle. Plus précisément, les atomes dont sont formées les choses : choux, bijoux ou joujoux, vont un jour se désintégrer. Comment ? Les atomes sont constitués de nucléons (protons, neutrons), qui sont eux-mêmes constitués de quarks *(A 3)*. Or ces quarks ne seraient pas stables, ils se transformeraient en rayonnement. Cela n'est pas prouvé. Mais des expériences sont en cours. Il y a de bonnes chances qu'elles confirment cette thèse.

Rassurez-vous, si les atomes ordinaires ne sont pas stables, ils durent longtemps... On leur prévoit une demi-vie de 10^{32} ans (100 000 000 000 000 000 000 000 000 000 000). À ce taux, notre planète perd environ un gramme de matière tous les vingt mille ans, et le Soleil près de vingt grammes par année. Mais le temps passe, et viendra un moment (dans plusieurs fois 10^{32} ans) où il ne restera plus d'atomes, donc plus de structures solides. Les produits de cette désintégration finiront par s'annihiler. Ils redeviendront lumière et neutrinos *(A 2)*.

Dans la tradition hindouiste, l'inévitable et périodique destruction de l'univers se produit après une durée nommée *kalpa*, que Bouddha décrit par l'histoire suivante : « Tous les cent ans, un vieillard vient effleurer, avec un mouchoir de la plus fine soie de Bénarès, une montagne plus haute et plus dure que l'Himalaya. Après un *kalpa*, la montagne sera rasée au niveau de la mer. » Je me suis amusé à faire le calcul *(N 7)*. Le temps requis est tout à fait compatible avec les 10^{32} ans mentionnés plus haut (en tenant compte des incertitudes). J'ai pensé que ça faisait une jolie histoire à raconter dans ce livre...

<Malgré de nombreux efforts, on n'a pas réussi à observer la détection des protons. Cela ne veut pas nécessairement dire que ces particules sont stables. Mais cela veut dire que, si elles sont instables, leur demi-vie est de plus de 10^{33} ans. Et qu'il sera très difficile de poursuivre cette exploration.

Les physiciens avaient bâti de grands espoirs sur cette détection. La déception fut grande. Sans remettre en cause les fondements mêmes des théories d'unification des forces de la nature, cet échec montre qu'on avait chanté victoire un peu tôt.>

4. Pourquoi la nuit est-elle noire ?

L'expansion de l'univers est inscrite dans l'obscurité du ciel nocturne.

Les événements les plus quotidiens sont souvent les plus mystérieux. Et les plus riches en information.

« Si les étoiles sont des soleils, pourquoi est-ce que la somme de toutes les lumières ne dépasse pas l'éclat du Soleil ? », demande l'astronome Kepler au début du XVIIe siècle. C'est l'époque où l'on découvre l'immensité du ciel. Jusqu'où s'étend-il ? Les étoiles sont-elles réparties uniformément dans l'espace jusqu'à l'infini ? Dans ce cas, elles devraient former au-dessus de nos têtes un tissu éblouissant *(N 8). Pourquoi la nuit est-elle noire ?* On pourrait être tenté de répondre qu'en fait les étoiles ne sont pas réparties uniformément dans l'espace. Elles se groupent en galaxies. Cette réponse n'est pas valable. On peut reprendre le raisonnement en l'appliquant aux galaxies, aux amas et aux super-amas. Dans le fluide universel composé de la succession de ces unités, le problème se repose tel quel. La réponse, nous la connaissons maintenant. Elle contient deux éléments qui nous sont familiers. Le premier, c'est que l'univers n'est pas éternel. Le second, c'est qu'il est, aujourd'hui, transparent vers le futur. Ces deux éléments, bien sûr, nous ramènent tout droit à l'expansion universelle.

On comprendra mieux si je reprends en d'autres termes la question de Kepler. Les étoiles émettent de la lumière. Cette énergie se répand dans l'espace comme l'eau dans une baignoire. Pourquoi la baignoire ne déborde-t-elle pas ? L'idée que l'univers puisse avoir un âge est tout à fait étrangère à Kepler. Cette idée apparaît naturellement avec la théorie de l'expansion, au début du XXe siècle. Et, dans le contexte de notre discussion, cet âge n'est pas très grand. Même si le ciel restait fixe, les étoiles ne sont pas assez lumineuses pour augmenter sensiblement la lumière du ciel nocturne en quinze milliards d'années. De surcroît, le ciel n'est pas fixe, il est en expansion. La lumière des étoiles se répand dans un espace de plus en plus vaste. Les photons émis par les étoiles n'ont pratiquement aucune chance d'être capturés dans l'avenir. Comment remplir une baignoire dont le volume augmente continuellement ?

En termes techniques, on dit que, dans l'univers d'aujourd'hui, le temps de vie des photons par rapport à l'absorption par la matière (étoiles ou nébuleuses) est beaucoup plus long que l'âge de l'univers *(N 9)*. Avant l'émission de la lumière fossile, nous sommes dans la situation inverse. Les photons sont immédiatement réabsorbés. L'argumentation de Kepler demeure valable, si on remplace le mot « soleils » par « électrons » ; effectivement, le ciel initial est éblouissant. C'est l'expansion de l'univers qui nous a fait passer de cette période de ciel brillant à la période présente. C'est à ce titre, strictement, qu'elle est responsable de la nuit.

L'obscurité de la nuit nous éclaire donc sur l'expansion de l'univers. Dans les chapitres qui viennent, elle nous racontera encore bien d'autres choses...

En résumé, la thèse de l'expansion universelle est en excellente position. Peut-être, en fait, un peu trop. Elle a presque acquis le statut de dogme. Les découvreurs de la lumière fossile ont obtenu le prix Nobel. Il faut se méfier de la « caution sociale » que ce prix apporte à la théorie. « Rien n'est jamais acquis à l'homme », écrit Aragon (dans un autre contexte). Encore une fois, vigilance et ouverture d'esprit s'imposent. Ce qui me gêne personnellement dans le *big bang*, c'est peut-être sa trop grande simplicité. Comment imaginer que notre monde, aujourd'hui si extraordinairement complexe et varié, soit né dans un tel « dénuement » ? Au chapitre suivant, nous verrons comment le « complexe » naît du « simple ». Mais ce simple ne doit-il pas déjà englober, au moins en puissance, le complexe ?

Où se situait cette puissance du complexe aux premières minutes de l'univers ?

< J'ai repris en détail cette question dans les chapitres 2 à 8 de mon dernier ouvrage, *l'Heure de s'enivrer*, publié en 1986 aux Éditions du Seuil. >

deuxième section

La nature en gestation

« Cette terre chaude en perpétuel travail,
possédée par la fièvre de la gestation. »

Fereira de Castro, *Forêt vierge*.

Nous allons au spectacle. Devant nos yeux vont se dérouler les jeux de la matière qui s'agence. La nature, en gestation perpétuelle, va accoucher de la vie.

On peut distinguer quatre grandes phases de cet accouchement. Ces phases correspondent aux lieux où se poursuit la gestation : l'univers explosif dans son ensemble, puis le cœur ardent des étoiles, puis l'espace glacé entre les astres, et finalement la tiédeur de l'océan primitif.

Deux séquences préliminaires vont nous aider à comprendre les règles du jeu. Dans la première, nous observerons ce qui se passe quand on chauffe un bloc de fer jusqu'à des températures extrêmes. Les états dans lesquels il va, tour à tour, se trouver nous feront voir à l'œuvre les différentes forces de la nature.

Puis nous irons à l'île d'Ouessant voir la marée descendre. Les comportements de l'eau et des récifs offrent certaines analogies avec le mouvement de la chaleur en train d'évacuer l'univers.

On peut aussi comparer cette évacuation à un éveil. Les chaleurs excessives de l'été ou d'un sauna occasionnent quelquefois des engourdissements. C'est l'état de l'univers initial. Il ne s'y passe rien. Il est dans les limbes. Son éveil doit attendre l'évacuation partielle de la chaleur. Alors débute une période d'activité fébrile. Des architectures se construisent, qui vont demeurer. L'inexorable décroissance de la température se poursuit. L'animation diminue et s'arrête. Cette fois, c'est l'engourdissement par le froid.

Cette séquence d'événements se déroule à plusieurs reprises. A chacune correspond la mise en œuvre d'une des forces de la nature. Autour de la première seconde, c'est l'éveil du nucléaire. La température est descendue à un milliard de degrés. Grâce à la force nucléaire, les nucléons se combinent. Les premiers noyaux — surtout l'hélium — font leur apparition. Mais l'évolution nucléaire s'interrompt presque immédiatement. Elle n'engendre ici aucun des noyaux lourds nécessaires à la vie.

La température baisse encore pendant un million d'années avant le prochain éveil : celui de la force électromagnétique. Vers trois mille degrés, les électrons se combinent aux noyaux pour former des atomes d'hydrogène et d'hélium. Les atomes d'hydrogène se combinent pour donner des molécules d'hydrogène. À ce moment, le rayonnement est émis, que nous détectons aujourd'hui, fossilisé, au radiotélescope.

La force de gravitation s'éveille quelques centaines de millions d'années plus tard. D'énormes quantités de matière s'assemblent et donnent naissance aux galaxies. Les galaxies engendrent les premières étoiles. Alors que l'univers dans son ensemble continue à se refroidir et à se diluer, les étoiles se condensent et se réchauffent.

Dans leur centre, la température remonte et réanime la force nucléaire. Les étoiles sont des réacteurs où l'évolution nucléaire reprend et se poursuit jusqu'à ses limites. Les étoiles comme le Soleil transforment l'hydrogène en hélium. Les géantes rouges engendrent les atomes fertiles d'oxygène et de carbone à partir de l'hélium. Cette évolution se poursuit tout au long de la vie stellaire, et donne naissance à tous les noyaux stables, jusqu'aux plus complexes.

À la fin de leur vie, les étoiles se désagrègent et renvoient leur matière à l'espace interstellaire. Pour les plus grosses, cet événement passe par une fulgurante explosion nommée « supernova ». Pour les plus petites, comme le Soleil, la matière stellaire est évacuée plus lentement sous forme de « vents ».

En quittant les brasiers stellaires pour gagner les grands froids de l'espace, les noyaux nouveau-nés s'habillent d'électrons et forment de nombreux atomes. Ici débute l'évolution chimique. Les atomes se combinent en molécules et en poussières interstellaires. Plus tard, autour d'étoiles en formation, ces poussières s'agglutinent et engendrent les planètes. Certaines de ces planètes possèdent des atmosphères et des océans, où l'évolution chimique s'accélère, donnant naissance à des molécules de plus en plus complexes. Dans la foulée, l'évolution devient biologique, et produit successivement les cellules et tous les vivants.

Une narration complète du spectacle de la nature en gestation s'attarderait longuement sur cette dernière période. Je me suis contenté d'en donner quelques aperçus marquants.

La lumière des étoiles nous confirme que l'évolution nucléaire se poursuit dans toutes les galaxies. De même, les molécules de l'espace, fruits de l'évolution chimique interstellaire, nous prouvent que celle-ci est encore en marche un peu partout. On est amené à se demander si l'évolution biologique se poursuit hors de la Terre. Les autres planètes du système solaire semblent bien arides. Mais on trouve sur certaines météorites des acides aminés. Des ébauches de vie se sont sans doute esquissées sur des planétoïdes maintenant désagrégés.

Il y a vraisemblablement des millions de planètes habitées dans notre Galaxie comme dans les autres galaxies. Mais les contacts restent encore à établir…

L'avenir du genre humain dépend de l'avenir de notre planète hospitalière, et celui-ci dépend de l'avenir de notre Soleil nourricier. Or on prévoit que, dans environ cinq milliards d'années, il nous volatilisera tous. Dans une veine semi-sérieuse, je décris ici trois façons possibles de retarder cette échéance.

On peut établir une analogie intéressante entre la vie des étoiles en relation avec la matière interstellaire et la vie des plantes ou animaux en relation avec le terreau des champs. Deux cycles de naissance, vie, mort et renaissance se poursuivent simultanément sur la Terre et dans le ciel.

À la fin de cette section, nous nous interrogerons sur la musique de l'univers. Est-elle écrite à l'avance ou s'improvise-t-elle au fur et à mesure ? La seconde éventualité semble plus en accord avec les progrès récents de la biologie moderne. Le hasard y joue un rôle fondamental, mais un hasard dressé à ne retenir que ses bons coups. Il nous faut pourtant constater qu'aujourd'hui la musique est sérieusement menacée…

1. La phase cosmique

Spectateurs de l'univers

Nous allons nous donner, pour quelques instants, des airs d'éternité. Nous allons sortir du temps et de l'espace pour regarder, en spectateurs, le film de l'univers. Bien sûr, nous nous laisserons impressionner par le grandiose et par le fulgurant. Bien sûr, l'extravagance des masses de matière et des débits d'énergie nous coupera le souffle. Mais c'est autre chose qui retiendra, de prime abord, notre attention. Nous surveillerons, l'œil alerte, l'apparition de la structure, l'accession, par niveaux successifs, de la matière à l'organisation. Nous serons là et nous saluerons les étapes franchies, de façon quelquefois spectaculaire, mais, le plus souvent, tranquille et furtive. Et puis, à certains moments, nous serons inquiets. Des crises interviendront, qui menaceront de faire tout capoter. Admiratifs, nous verrons l'univers s'en sortir et poursuivre plus avant sa quête. Sa quête de quoi ?

Dans les coulisses, d'autres personnages plus discrets sont à l'œuvre. Ils ont nom : temps, espace, matière, force, chaleur, énergie, lois, hasard, information, etc. Dans la troisième section, je dirai leurs intrigues, leurs jeux entremêlés. Pourtant, il me faut déjà un peu vous les présenter. Je le ferai d'une façon imagée en racontant deux événements symboliques : la fusion d'un bloc de fer et la marée descendante à l'île d'Ouessant.

Le fer et le feu

Comme un ascenseur qui relie les étages d'un immeuble, la chaleur donne accès aux grands domaines des forces de la nature.

Je chauffe un bloc de fer. Il s'illumine en rouge, puis en orange, puis en blanc. À quelques milliers de degrés, il passe à l'état liquide, puis à l'état gazeux ; le fer s'évapore. Que s'est-il passé ?

On peut considérer un morceau de fer comme une sorte de gigantesque « molécule », composée de milliards d'atomes de fer identiques, tenus en place dans ce qu'on appelle un « réseau cristallin ». Chauffer un corps, c'est essentiellement augmenter l'agitation des atomes en son sein. Quand l'énergie thermique (la chaleur) est assez grande, les atomes brisent les liens qui les retiennent les uns aux autres et « s'envolent ». Le métal fond et se vaporise. Le four s'emplit maintenant d'un « gaz de fer », c'est-à-dire d'atomes de fer isolés. Ils se meuvent librement dans toutes les directions. Les liens qui retenaient les atomes dans le réseau sont de nature électromagnétique et résultent de l'attraction des charges électriques entre elles. [Les forces électriques et magnétiques sont deux manifestations d'un phénomène unique appelé « force électromagnétique ».] Quand, grâce à la chaleur de mon four, les atomes s'agitent suffisamment pour échapper à cette attraction, ces liens sont rompus. La chaleur vaporise tous les éléments, mais à des températures différentes selon la puissance des liens qui les retiennent. La glace carbonique s'évapore à moins quinze degrés, l'eau à plus cent, et les métaux à plusieurs centaines de degrés (sous la pression atmosphérique ordinaire).

Élevons encore la température. La chaleur se communique aux atomes de gaz, et augmente leur vitesse. Leurs mouvements désordonnés les amènent à des collisions fréquentes. En s'entrechoquant, ils produisent une quantité de photons lumineux. Ils baignent alors dans une lumière intense, qu'ils ont eux-mêmes engendrée *(A 1)*. Les atomes de fer comportent un noyau, autour duquel circulent vingt-six électrons. Certaines collisions particulièrement violentes décrochent des électrons de leur orbite. Ils quittent le cortège électronique et errent isolément. À l'occasion, ils se recombinent à d'autres atomes, puis se libèrent de nouveau. À des températures plus élevées encore, le nombre d'électrons détachés, en « vadrouille », croît, et le gaz se peuple de noyaux de fer complètement dénudés (chargés positivement), nageant au milieu d'un océan d'électrons affranchis (chargés négativement). Cette matière s'appelle « plasma ».

Nous avons maintenant doublé le cap du million de degrés. L'agitation thermique est terrible. Les collisions multiples engendrent des photons de plus en plus énergétiques. Ce sont eux qu'on connaît sous le nom de rayons X (comme dans les hôpitaux), ou de rayons gamma (comme dans les réacteurs nucléaires). Les noyaux sont eux-mêmes des agrégats de particules élémentaires appelées nucléons : les protons et les neutrons (ceux de la sinistre bombe à neutrons). Ces nucléons sont retenus ensemble par une « force nucléaire ». C'est une force d'attraction incomparablement plus puissante que la force électromagnétique. Les noyaux sont des structures extraordinairement stables. Mais quand nous approchons le milliard de degrés, les noyaux eux-mêmes commencent à se désintégrer. Assaillis de toutes parts par le rayonnement gamma, ils perdent, successivement, soit un proton, soit un neutron. Ils se dépouillent ainsi progressivement, et, quand l'énergie thermique dépasse l'énergie de liaison nucléaire, le gaz ne contient plus que des protons, des neutrons indépendants et des électrons, dans un bain de photons.

Poursuivons notre expérience. Nous approchons maintenant les mille milliards de degrés. Soumis à l'assaut des photons gamma, les nucléons eux-mêmes commencent à se désintégrer sous nos yeux. De chaque nucléon émergent trois quarks. Bientôt notre gaz de nucléons se transforme en un gaz de quarks *(A 3)*. Pour la commodité de notre narration, j'appellerai « quarkienne » la force qui lie les quarks dans le nucléon. Strictement parlant, elle est de même nature, quoique beaucoup plus puissante, que la force nucléaire qui lie les nucléons dans le noyau. Ici, nous avons atteint la température où l'énergie thermique devient comparable à l'énergie de liaison quarkienne. À des températures plus élevées encore, d'autres transformations se produiraient, que, dans notre ignorance présente, nous ne sommes pas en mesure de spécifier. Auprès des accélérateurs, des expériences sont en cours pour élucider les mystères des quarks.

Du spectacle auquel nous venons d'assister, nous tirerons plusieurs enseignements. D'abord, il nous a présenté l'activité de trois grandes forces naturelles : l'électromagnétique, la nucléaire et la quarkienne. Ces forces ont des intensités très différentes. En conséquence, elles ne « s'animent » pas dans les mêmes circonstances. Elles ont chacune leur domaine d'activité, correspondant à des niveaux différents dans l'échelle des températures. Puis, à nouveau, nous avons trouvé la hiérarchie des structures. Auparavant, nous avons vu les étoiles se grouper en galaxies, les galaxies en amas de galaxies, les amas en super-amas. Maintenant, nous parcourons un chemin analogue mais en sens inverse. Des groupes sont formés d'éléments, composés eux-mêmes de sous-éléments, etc. Une différence cependant : les distances et dimensions ne jouent plus ici le rôle prépondérant qui leur revenait en astronomie. En physique microscopique, les contours géométriques s'estompent. Personne ne parle du « volume » d'un électron.

On peut, en résumé, décrire les événements qui se sont succédé dans le bloc de fer en termes d'une compétition entre l'énergie thermique (représentée ici par le mouvement désordonné que la température procure aux particules) et l'énergie de liaison (qui caractérise la force avec laquelle les particules s'attirent et se retiennent). À quelques centaines ou milliers de degrés, les liaisons électriques ont été rompues, et le bloc de fer est devenu atomes de fer. À quelques millions de degrés, les liaisons nucléaires sont rompues, et les noyaux de fer deviennent protons et neutrons. À quelques trillions de degrés, les liaisons des nucléons sont rompues, et les nucléons deviennent quarks.

Un océan de chaleur

« Quand la marée est haute, les récifs sont totalement submergés et profondément enfouis sous l'eau. Ils n'existent plus.

Seule existe la mer immense, calme ou orageuse, au gré des vents.

« Puis la marée commence à descendre. Des aires blanches, tourmentées d'écume et d'embruns, apparaissent ici et là. Les récifs sont encore invisibles, mais les houles profondes sentent leur présence.

« Avec les premières arêtes rocheuses naissent les premiers brisants. Les jeux violents des rochers et des vagues, du fixe et du fluide, se poursuivront longtemps encore. Progressivement, le paysage liquide laisse la place au paysage solide. Le domaine de l'immobile — rochers, crevasses, cavernes — déplace le domaine du mobile — houles déferlantes et torrents d'eau blanchâtre.

« Brutalement secoués et entraînés par les courants, galets et sables se fixent où ils peuvent. Arrangements précaires, sans cesse remis en cause.

« Maintenant les récifs sont quasi dénudés. Quelques masses d'eau de plus en plus minces, de plus en plus rares, viennent encore perturber galets et sables. Le mouvement se fixe.

« Un temps encore, et les pierres sécheront sur le rivage abandonné. Le paysage a changé de nature. D'aquatique, il est devenu minéral. Il le demeurera jusqu'à la prochaine marée. »

Les grandes phases de l'organisation dans l'univers

1 **quarks → nucléons**
(dans la grande purée initiale)

2 **nucléons → noyaux**
(dans la grande purée initiale, dans les creusets stellaires)

3 **noyaux → atomes, molécules simples, poussières**
(à la surface des étoiles, dans l'espace entre les étoiles)

4 **molécules simples → molécules « organiques »**
(dans l'océan primitif)

5 **molécules organiques → cellules**
(dans l'océan primitif)

6 **cellules → plantes, animaux**
(dans l'océan primitif, sur les continents)

J'ai écrit ces lignes à l'île d'Ouessant. En regardant la mer, j'ai été frappé par l'analogie entre l'expansion de l'univers et la marée descendante. L'eau joue ici le rôle de la chaleur initiale. L'une et l'autre représentent la mouvance. À l'inverse, l'architecture des rochers symbolise les structures infiniment variées de notre univers d'aujourd'hui. Quand l'eau est très haute, tout est fluide, mouvant ; l'organisation est abolie. À marée basse, c'est l'inverse : le paysage est entièrement minéralisé. La phase intermédiaire est celle qui compte pour nous. Ici, il reste assez d'eau pour les jeux des graviers, du sable et des cailloux. C'est la période de vitalité du paysage. Son analogue joue un rôle fondamental dans l'évolution de l'univers. Les combinaisons, associations, constructions ne prolifèrent que dans un domaine de température donnée. Ce sont les périodes fertiles de la gestation cosmique. S'il fait trop chaud, tout se dissocie ; s'il fait trop froid, tout se ralentit, s'ankylose et se minéralise, au sens élargi du terme.

Les noyaux émergent de l'océan de chaleur

Nous savons peu de chose sur les événements qui se sont passés avant la première seconde. Les quarks semblent y jouer un rôle prépondérant. Ils se seraient combinés en nucléons, trois par trois, au premier millionième de seconde. Les recherches sur ce terrain progressent rapidement. Mais, dans la plupart des cas, nous en sommes au niveau de l'hypothèse. L'existence même des quarks n'est pas encore solidement établie.

<Les évidences en faveur de l'existence des quarks se sont accumulées au cours des dernières années. Les physiciens croient à l'existence des quarks même si on n'a pas détecté de quark isolé. En fait on pense maintenant que, sauf aux temps très anciens et très chauds de l'univers, les quarks ne sont jamais seuls. Ils n'existent qu'en combinaison avec d'autres quarks pour former des nucléons ou d'autres particules.

J'ai repris cette question des premiers instants aussi bien dans *l'Heure de s'enivrer* que dans plusieurs articles de la *Nouvelle Encyclopédie Diderot* (parus en 1987). >

À la première seconde, l'univers est une grande purée composée de cinq populations de particules élémentaires : protons, neutrons, électrons, photons, neutrinos. Toutes ces particules errent au hasard; dans toutes les directions. Les collisions sont fréquentes. Elles donnent lieu à une vaste gamme d'événements. En certains cas, les partenaires, sans se reconnaître, repartent chacun de leur côté. En d'autres cas, il y a capture. Un proton et un neutron peuvent se combiner. Ils forment ensemble le plus simple des systèmes nucléaires : le deutéron (ou noyau d'hydrogène lourd). Mais bientôt, un photon survient, qui les sépare inexorablement.

Quand l'horloge cosmique marque une seconde, le cours des événements change. La température est maintenant descendue à environ un milliard de degrés. L'énergie thermique des particules dans la purée initiale devient comparable ou inférieure aux énergies qui lient les nucléons entre eux. En conséquence, il y a de moins en moins de photons assez puissants pour casser les deutérons qui se forment continuellement. Ceux-ci durent de plus en plus longtemps. Leur nombre augmente. Une nouvelle structure a fait son apparition dans l'univers. Ces deutérons se mettent eux-mêmes à capturer des protons et des neutrons. Des systèmes nucléaires composés de trois et quatre nucléons apparaissent au sein de la purée. Ce sont les noyaux de l'hélium, dont nous gonflons nos ballons. Cette période d'intense activité nucléaire porte le nom de « nucléosynthèse primordiale ». Celle-ci n'aura duré, au total, que quelques minutes. Après ce temps, la température, trop basse, n'active plus les mécanismes nucléaires. L'univers se fige avec son nouveau visage. Il possède maintenant une abondante population de noyaux d'hélium-4 ainsi que des populations beaucoup plus faibles de quelques noyaux légers (deutérium, hélium-3, lithium-7).

Avant de poursuivre notre narration, attardons-nous un moment sur la séquence des événements qui viennent de se dérouler. On peut dire qu'avant la première seconde l'univers se trouvait dans un état de sommeil par rapport à la force nucléaire. Annulée par l'effet destructeur de la chaleur, cette force était inopérante. Elle se trouvait dans l'incapacité de participer à la construction du monde. Sur le plan nucléaire, il ne se passait rien. Grâce à l'expansion, la chaleur est évacuée et l'univers s'éveille au nucléaire. Comme les récifs à la marée descendante, les premiers noyaux émergent. Puis, après quelque temps, le paysage se fige. Il ne reste plus assez de chaleur pour que se poursuive encore l'élaboration des systèmes nucléaires.

Nous avons toutes raisons de croire que des événements analogues se sont passés auparavant quand, au premier millionième de seconde, les nucléons se sont formés à partir des quarks. L'univers s'éveillait alors de son sommeil quarkien. Et nous assisterons tout à l'heure à l'éveil électromagnétique. À sa naissance, l'univers est en sommeil par rapport à toutes les forces de la nature. La baisse de température l'éveille successivement à chacune d'elles. Il s'anime pour un temps, puis se fige. De nouvelles structures sont apparues.

La première crise de croissance de la complexité

L'hélium ne joue pas le jeu...

À la naissance de la théorie, on a espéré que la nucléosynthèse primordiale allait rendre compte de l'existence de *tous* les noyaux. On imaginait que les captures successives de protons et de neutrons avaient donné naissance à des systèmes nucléaires de plus en plus complexes, jusqu'à l'uranium, dans les proportions relatives que nous leur connaissons aujourd'hui. On sait maintenant que ce n'est pas le cas. L'évolution nucléaire s'est arrêtée à l'hélium-4. Pour l'essentiel, rien de plus lourd n'a été engendré. En un certain sens, l'univers a raté sa première expérience de nucléosynthèse. Pourquoi ? Parce que l'hélium est *trop* stable. Au moment de la distribution des dons de naissance, il a reçu de la fée Nature une capacité de liaison exagérément puissante. Il en a profité pour accaparer pratiquement tous les neutrons disponibles. Il bloque le jeu. Pour le déploiement de la complexité, c'est le cul-de-sac. À la fin de la nucléosynthèse primordiale, l'univers ne contient que de l'hydrogène et de l'hélium. Il est stérile. Sans noyaux lourds, aucune vie ne peut apparaître...

Arrêtons-nous un instant sur cet événement, qu'on pourrait appeler la première « crise de croissance » de la complexité. Les associations dont dépend la complexité se font grâce aux liens qui existent entre les éléments. La qualité de ces liens importe. Ils ne doivent être ni trop faibles ni trop puissants. La surpuissance des liens amène une « fermeture » du système sur lui-même. Il est « saturé ». Il est incapable d'association ultérieure.

C'est parce qu'il est très puissamment lié que l'hélium-4 refuse de s'associer. Les liens sont saturés. Il n'y a plus de « crochets » libres pour un nouveau partenaire. Le système composé de cinq nucléons ne peut pas se lier. Il se casse spontanément. Pour la même raison, deux noyaux d'hélium ne peuvent pas non plus se joindre pour donner un composé stable. Ces liens saturés existent à plusieurs niveaux dans la nature. En chimie, on les retrouve chez les « gaz nobles » : hélium, néon, argon, krypton et xénon. Ils refusent de se prêter au jeu des combinaisons chimiques — ils ne forment pas de molécules [sauf le xénon, à certaines conditions]. Autour du noyau, les électrons sont disposés de façon à former des couches sphériques complètes. Rien ne « dépasse ». Pas de « crochets » auxquels s'amarrer. On retrouve des situations analogues chez les populations humaines. Normalement, les individus se groupent en familles, les familles en villages, les villages en régions, etc. Mais si le lien familial est trop puissant, les familles se referment. Il n'y a plus de place pour l'intérêt du village.

Atomes et molécules émergent de l'océan de chaleur

Le temps des combinaisons nucléaires aura duré quelques minutes à peine. Maintenant, c'est la marée basse pour le nucléaire, mais la marée haute pour l'électromagnétique. Rien ne se passera avant que l'énergie thermique n'ait diminué jusqu'à devenir comparable aux énergies de liaisons électromagnétiques (un million de fois plus faibles que les énergies nucléaires). Cet interrègne va durer un million d'années ; le temps que l'univers se refroidisse, de quelques milliards à quelques milliers de degrés.

À ce moment, les protons et les électrons se mettent à jouer le même jeu que les protons et les neutrons durant la phase de nucléosynthèse initiale. Un proton capture un électron et forme avec lui un atome d'hydrogène. Au moment de la capture, un photon est émis. Bientôt, un nouveau photon arrive qui casse l'atome, etc. Mais avec la chute inexorable de la température, les photons assez puissants pour réussir cette dissociation se font de plus en plus rares. Les atomes sont de moins en moins éphémères, et leur population s'accroît continuellement. Vers trois mille degrés, chaque proton est revêtu d'un électron, et chaque noyau d'hélium est revêtu de deux électrons. L'univers a passé une nouvelle étape : les atomes sont nés.

Et ce n'est pas tout. Le lien entre le proton et l'électron dans l'atome d'hydrogène n'est pas un lien saturé. Deux atomes d'hydrogène peuvent se joindre pour constituer une molécule d'hydrogène. Les deux électrons circulent maintenant sur des orbites complexes autour des deux protons adjacents. C'est donc presque en même temps que les premiers atomes qu'apparaissent les premières molécules *(N 10)*. Les molécules d'hydrogène peuvent-elles s'adjoindre un autre atome d'hydrogène (pour former un système de trois atomes) ? Rarement. Comme le noyau d'hélium sur le plan nucléaire, la molécule d'hydrogène s'est refermée et n'accepte presque plus de partenaires. Nous voici donc avec deux systèmes fermés caractérisés par le nombre quatre : le noyau d'hélium (deux protons et deux neutrons retenus par des forces nucléaires), la molécule d'hydrogène (deux protons et deux électrons retenus par des forces électromagnétiques). Ce n'est pas un hasard si le nombre quatre est un garant de la stabilité. Les propriétés des particules vont souvent par deux. Il y a deux sortes de nucléons : protons et neutrons, deux charges électriques (+) et (−), etc. Quand les deux propriétés possibles sont présentes ensemble dans un système, la stabilité est grande. Quand deux fois deux propriétés sont présentes, la stabilité est encore accrue. Le nombre quatre est « magique » pour les physiciens.

Le règne du rayonnement s'achève

Avec la naissance des atomes et des molécules, d'autres événements importants vont avoir lieu, en ce moment où l'horloge cosmique marque un million d'années. Jusqu'alors, l'espace foisonnait d'électrons libres. Ces électrons présentaient un obstacle sérieux au passage de la lumière. Maintenant, il n'y a plus d'électrons libres. L'univers, soudain, devient transparent ; la lumière le parcourt sans entrave. De ce moment date le rayonnement fossile qui nous arrive aujourd'hui du fond des âges. Il est constitué par l'ensemble de tous ces photons qui, grâce à la transparence, ne seront plus jamais absorbés (si l'univers est ouvert). Rouges à leur naissance, l'expansion les dégradera pendant quinze milliards d'années en ce qu'ils sont devenus : des photons radio. Presque en même temps, un autre événement, lourd de signification, va survenir. Jusqu'ici, l'énergie associée à la matière (c'est-à-dire à la masse des particules) était négligeable par rapport à l'énergie du rayonnement. Maintenant les choses changent, et le rapport s'inverse. La matière, qui ne jouait quasiment aucun rôle vis-à-vis des destinées de l'univers, va prendre le dessus. C'est elle qui va dominer le rythme d'expansion…

2. La phase stellaire

Galaxies et étoiles émergent de l'océan de chaleur

Pour le déploiement de la complexité cosmique, la situation, à ce moment, n'est pas idéale. Les systèmes qui ont vu le jour, atomes d'hélium, molécules d'hydrogène, sont repliés sur eux-mêmes et refusent le jeu. De plus, avec l'expansion, ils s'éloignent toujours davantage les uns des autres et perdent leur énergie. Cette dispersion et ce refroidissement diminuent encore les chances de rencontre, et affaiblissent tout espoir d'association. Pourtant, avec l'avènement du règne de la matière, la situation va changer — dans le bon sens ! Cette prédominance de la matière massive sur le rayonnement va inaugurer un nouveau chapitre de l'histoire de l'univers. C'est de la *gravité*, non pas à l'échelle de l'univers, mais à diverses échelles locales, que va venir la relance. Dans le fluide homogène que constitue le cosmos, des masses de matière vont se condenser sous l'effet de la gravitation. Il y en a toute une hiérarchie. Par ordre de dimensions décroissantes, ce sont les super-amas de galaxies, les amas de galaxies et les galaxies individuelles. On ne sait pas dans quel ordre chronologique ces objets se sont constitués. Certains astronomes voient le phénomène en termes d'une fragmentation progressive : le fluide initial se scinderait d'abord en super-amas. Ceux-ci se scinderaient ensuite en amas. Et ceux-là finalement en galaxies. D'autres, au contraire, voient naître d'abord les galaxies, qui, par la suite, se regrouperaient en amas et en super-amas. D'autres encore voient, à l'origine, des amas d'étoiles s'associer pour former des galaxies, etc. Aujourd'hui, dans notre ignorance, toutes ces interprétations sont possibles.

<Malgré de vigoureux efforts, aussi bien sur le plan observationnel que sur le plan théorique, nos connaissances sur le problème de l'origine des galaxies restent extrêmement réduites.

Nous savons maintenant que ce problème est intimement lié au problème de la « matière sombre » mentionné à la note de la page 29. Parce que cette matière sombre pourrait bien être composée de particules inconnues, cette question relie les interrogations des astrophysiciens (quelle est l'origine des galaxies ?) aux interrogations des physiciens (quelles sont les particules encore à découvrir ?). Depuis 1982, les astrophysiciens et les physiciens se rencontrent régulièrement pour échanger leurs progrès et leurs frustrations. Ce rapprochement est un des événements les plus significatifs de cette décennie.

On trouvera de nombreux articles sur ce sujet dans la *Nouvelle Encyclopédie Diderot.* >

Les galaxies sont des systèmes liés (par la force gravitationnelle) comme les noyaux d'hélium (par la force nucléaire) et les molécules d'hydrogène (par la force électromagnétique). Elles échappent à l'expansion et au refroidissement universel. En leur sein, de nouvelles condensations de matière vont se produire. Grâce à la nature particulière de la force de gravité, ces condensations vont transformer en chaleur interne une partie de leur énergie. Elles vont reprendre, mais vers le *haut* cette fois, l'ascenseur de la température. Elles vont se réchauffer et briller. On les nommera « étoiles ». Alors que l'univers, dans son ensemble, continue inexorablement à se vider de sa chaleur, des îlots de matière capables de contrer cette tendance vont émerger ici et là au sein de la galaxie. Et dans chacun de ces îlots privilégiés, l'évolution de la complexité va reprendre. Après l'essai avorté de la nucléosynthèse primordiale, les étoiles sont, en quelque sorte, la seconde chance de l'univers.

La vie d'une galaxie

> Le rôle des galaxies, c'est d'engendrer des étoiles.

Comment naissent les galaxies ? Par quels phénomènes, par quels mécanismes, par quelles actions plus ou moins spectaculaires, une masse de matière parvient-elle à s'isoler au sein de la vaste purée originelle ? Comment réussit-elle à échapper à l'expansion omniprésente, à se refermer sur elle-même pour former, selon l'expression d'Emmanuel Kant, un « univers-île » ? Nous pourrions le savoir bientôt... Il suffit de regarder très loin. Rappelez-vous qu'en regardant loin on regarde « tôt ». Le télescope spatial, qu'on s'apprête à mettre en orbite, va nous permettre un nouveau pas dans le passé. <L'explosion de la navette Columbia a considérablement retardé la mise en orbite de nombreuses missions scientifiques dont celle du télescope spatial. De surcroît, mis en position de faiblesse par l'absence de lanceurs balistiques, les militaires américains exigent les premières places. A cette date (mars 88), on espère encore que le télescope spatial orbitera avant la fin de 1989.> Peut-être verrons-nous alors des galaxies en train de naître... Pour l'instant, nous en sommes réduits à des conjectures. Nous nous représentons les embryons de galaxies comme de vastes nébuleuses informes, contenant autant de matière que plusieurs centaines de milliards de Soleils, et animées d'un mouvement de rotation sur elles-mêmes. Leur composition chimique ? Elles l'ont héritée de la nucléosynthèse primordiale. De l'hydrogène, de l'hélium, un peu de lithium, pas d'atomes plus massifs.

Et voici, au sein de chaque galaxie, la force de gravité de nouveau à l'œuvre. Comme les univers-îles se sont isolés à partir de la purée primordiale, ainsi les premières étoiles vont se former à partir de la matière galactique originelle. Ce sont les étoiles dites « de première génération ». Elles n'ont pas toutes la même masse. Les plus grosses ont jusqu'à cent fois la masse du Soleil ; elles brilleront comme cent mille Soleils. À l'échelle de la vie galactique, leur durée sera courte ; elles s'éteindront après trois ou quatre millions d'années. Les moins massives vivront par contre des milliards d'années *(A 5)*. Après ces premières étoiles, d'autres suivront. À cause de leurs durées de vie si différentes, les générations vont se chevaucher. Tant qu'il y aura de la matière gazeuse disponible, elles se succéderont. Mais après des milliards d'années, cette matière s'épuise et la natalité stellaire s'affaiblit. On reconnaît les galaxies évoluées à ce qu'elles n'ont presque plus de matière gazeuse, et presque plus d'étoiles jeunes.

On pourrait considérer les galaxies comme des machines à transformer de la matière gazeuse en étoiles. Cette activité forme la trame de leur existence. Pour des raisons mal connues, elles ne l'exercent pas toutes au même rythme. Elles sont toutes nées à peu près en même temps, à quelques centaines de millions d'années à l'horloge cosmique. En conséquence, elles ont aujourd'hui le même âge.

<Maintenant on est moins affirmatif à ce sujet. Une fraction, vraisemblablement faible, des galaxies pourrait être passablement plus jeune que l'univers. L'origine de ces galaxies tardives, dans un univers déjà bien dilué, serait bien problématique.>

Certaines galaxies, très dynamiques, ont pratiquement épuisé leur gaz. On les nomme, d'après leur apparence, « galaxies elliptiques » *(fig. 7)*. Pour les galaxies « irrégulières », plus paresseuses, la transformation n'a guère progressé. Les Nuages de Magellan *(fig. 5)* en sont des exemples. Notre Voie lactée et les autres galaxies spirales *(fig. 6)* présentent des cas intermédiaires. Leur rythme n'est ni très lent ni très rapide. Les générations d'étoiles, on peut le prévoir, s'y succéderont encore pendant plusieurs dizaines de milliards d'années.

La vie des étoiles

> Les étoiles sont la deuxième chance de l'évolution nucléaire. En leur cœur s'élaborent les espèces chimiques qui présideront à la vie.

Le « terreau galactique » est plus fertile que l'espace entre les galaxies. Çà et là, à l'appel de sa propre gravité, cette matière va se contracter et se réchauffer. Dans ces lieux privilégiés, nous allons prendre l'ascenseur thermique et gravir l'échelle des énergies. Nous allons accéder successivement à tous les grands domaines d'activité des forces naturelles.

D'abord, bien sûr, l'activation des forces électromagnétiques. Au sein de vastes nuages galactiques paraissent les premiers embryons stellaires. Grâce aux mouvements des charges électriques accélérées, ils émettent des rayonnements radio et infrarouges qui nous permettent de les détecter. Sous l'impact des photons, les molécules se dissocient en atomes et les atomes perdent leurs électrons orbitaux. Ceux-ci errent ensuite parmi les noyaux dénudés.

Entre toutes ces particules, les collisions se multiplient. De nouveaux photons apparaissent sans cesse, dont l'énergie est de plus en plus élevée. D'infrarouge, la lumière émise passe au rouge. L'étoile devient « visible ». Selon sa masse, elle virera ensuite au jaune ou au bleu *(A 5)*.

La fusion de l'hydrogène

L'ascension thermique se poursuit jusqu'à ce que la température centrale de l'étoile dépasse dix millions de degrés. Les collisions sont alors si violentes que les noyaux d'hydrogène (les protons), surmontant les forces électriques qui les repoussent, entrent en contact les uns avec les autres. Nous voilà revenus à l'étage nucléaire. Nous allons revivre l'épisode de nucléosynthèse qui s'est déroulé quelques secondes après le début de l'univers. Des nucléons vont se combiner et former à nouveau du deutérium. Puis des noyaux à trois ou quatre nucléons (l'hélium) *(A 4)*. Comme au début, et pour les mêmes raisons, nous n'irons pas plus loin sur la voie de l'organisation nucléaire. L'hélium refuse de jouer...

Pour l'étoile dans son ensemble, ce « passage au nucléaire » représente une étape majeure. Elle va se manifester par un changement de comportement. Les réactions nucléaires vont se charger de fournir à l'étoile l'énergie dont elle a « besoin » pour briller. [Plus exactement, l'énergie lui sert à supporter son propre poids. Briller représente une perte d'énergie qui menace cet équilibre. Il faut compenser cette perte. L'étoile y arrive soit en se contractant, soit en brûlant du carburant nucléaire.] Elle n'a plus à se contracter pour obtenir cette énergie. Elle s'installe alors dans un nouvel état, qu'on peut appeler « stationnaire ». Vue de l'extérieur, elle ne se modifie plus. Son rayon reste le même, sa couleur reste la même.

Notre Soleil en est là. La première phase de sa vie, celle pendant laquelle il s'est contracté et réchauffé, a duré environ quinze millions d'années. [Les astronomes parlent ici de la phase de Kelvin-Helmholtz, ou encore de la phase T Tauri.] Après ce temps, le Soleil a accédé à la phase nucléaire ; il s'est mis en devoir de transformer son hydrogène central en hélium. Il en vit depuis 4,6 milliards d'années. Tout au long de cette durée, son débit d'énergie est resté pratiquement constant. Cette constance a certainement joué un rôle bénéfique vis-à-vis du développement de la vie terrestre... Le Soleil n'est pas seul à vivre cette phase nucléaire. Près de quatre-vingt-dix pour cent des étoiles de notre ciel nocturne partagent cette occupation. Citons, parmi les plus notoires : l'étoile Polaire, Sirius dans le Grand Chien, Véga dans la Lyre, les trois Rois Mages, et les quatre étoiles du Trapèze dans Orion. Toutes les étoiles qui traversent cette phase sont dites appartenir à la « série principale » *(A 5)*.

Cette phase nucléaire se terminera avec l'épuisement de l'hydrogène du cœur stellaire. Dans cinq milliards d'années, le Soleil en sera là. Sa durée totale sur la « série principale » aura donc été de près de dix milliards d'années. [Cette durée, rappelons-le, n'est pas la même pour toutes les étoiles. Plus une étoile est massive, plus elle brille, et plus elle épuise rapidement ses réserves d'hydrogène. Pour Sirius, cette durée ne dépassera guère cent millions d'années. Pour les étoiles du Trapèze, elle est de trois ou quatre millions d'années au maximum.] Que se passe-t-il quand l'hydrogène central vient à manquer ? Talonnée par ses besoins, l'étoile retourne au mode de production d'énergie de son enfance. Elle recommence à se contracter.

L'énergie libérée sert à nouveau à la réchauffer, comme à la faire briller. Sous l'aiguillon de la gravité, l'étoile reprend l'ascenseur thermique.

La fusion de l'hélium, ou la naissance miraculeuse du carbone

La voie retrouvée de l'évolution nucléaire.

Au cœur de l'étoile, il n'y a plus maintenant que des noyaux d'hélium. La température monte furieusement. Elle dépasse les cent millions de degrés. Sous la violence des chocs, deux noyaux se rencontrent, se tâtent un court moment. Mais rien à faire, ils se quittent. L'hélium, décidément, n'est pas sociable. Et pourtant... La nature a plus d'un tour dans son sac, et va pouvoir éviter l'échec cuisant des premières minutes. C'est de ce court instant de tâtonnement entre les noyaux d'hélium qu'elle va tirer parti. Elle va agencer les choses de façon telle que, si à ce moment un troisième noyau d'hélium se présente, il puisse former avec les deux premiers un système stable.

Ce nouveau système nucléaire, créé par une sorte de tour de prestidigitation, s'appelle... carbone. Tout tourne autour du fait que la masse des trois noyaux d'hélium correspond presque exactement à la masse d'un état excité du noyau de carbone. Sans cette concordance, apparemment tout à fait fortuite et imprévisible, le carbone ne serait pas venu au monde. En fait, l'astronome anglais Hoyle a deviné correctement l'existence et les propriétés de cet état excité en se basant sur la seule existence des atomes de carbone dans la nature...

Pourquoi cette combinaison n'a-t-elle pas eu lieu au moment de l'explosion initiale ? Une telle rencontre triple est extraordinairement rare. Le jeu du hasard exige du temps, beaucoup de temps. Or l'explosion initiale a duré quelques minutes, tandis qu'ici c'est sur des millions d'années que nous pouvons compter... Elle tient le bon bout, cette fois, la mère Nature... Bilan net de la transformation : trois héliums donnent un carbone *(A 4)*. L'énergie dégagée par cette réaction va, comme précédemment, affecter le comportement de l'étoile entière. La contraction se ralentit. Une nouvelle phase de fusion nucléaire s'amorce au cœur de l'étoile, tandis que son atmosphère se gonfle démesurément et vire au rouge. L'étoile devient une géante rouge, comme Antarès dans le Scorpion, Aldébaran dans le Taureau, ou Bételgeuse dans Orion. [Il n'est pas facile d'expliquer en mots simples pourquoi la contraction du cœur stellaire s'accompagne d'une expansion de son atmosphère. On peut y voir l'effet de la variation de composition chimique entre le centre (hélium, carbone) et la surface (hydrogène).]

Au cours des millions d'années à suivre, le cœur de l'étoile va se peupler en noyaux de carbone. Cet enfant chéri de la nature, né d'un accouchement difficile, ne sera pas ingrat. Il va jouer à fond, lui, le jeu de la complexité. Nous le retrouverons à plusieurs niveaux. Il sera le grand héros de l'évolution chimique et de l'évolution biologique. Au cœur même de la géante rouge, des noyaux de carbone se combinent à des noyaux d'hélium pour engendrer l'oxygène. Un nouveau « grand » de l'organisation du monde vient de naître. Il n'est pas excessif de considérer les fours centraux des géantes rouges comme des hauts lieux de la fertilité cosmique.

Les épisodes de contraction que l'étoile a subis jusqu'ici ont réchauffé non seulement sa partie centrale, mais aussi, à des degrés moindres, toutes les couches extérieures. La fusion de l'hydrogène se propage maintenant dans ces régions. L'étoile va acquérir une structure en « pelures d'oignon ». Au centre, l'hélium se transforme en carbone et oxygène. Au-dessus, l'hydrogène se transforme en hélium. Au-dessus encore, rien ne change. On n'a pas atteint les températures du nucléaire *(A 5)*. De même, dans le grand four à pain des boulangers de campagne, la température n'est pas uniforme. Les pâtisseries en préparation seront judicieusement disposées là où elles recevront la bonne quantité de chaleur : au centre le pain, puis les tartes et, à la périphérie, les meringues.

Les fusions ultimes

> À cause des neutrinos, l'évolution nucléaire s'emballe. Quelques milliers d'années suffiront pour engendrer près d'une centaine de nouveaux éléments chimiques.

Bientôt, l'hélium à son tour s'épuise au cœur de l'étoile. Les problèmes d'énergie se posent à nouveau. Fidèle à elle-même, l'étoile se contracte et reprend l'ascenseur thermique vers des températures toujours plus élevées. Autour du milliard de degrés, nouvel arrêt. C'est le carbone, cendre de la fusion de l'hélium, qui devient combustible. Deux noyaux de carbone se combinent et dégagent de l'énergie. La combustion, relativement complexe, engendre plusieurs éléments nouveaux, parmi lesquels il faut citer le néon, le sodium, le magnésium, l'aluminium, le silicium, et aussi, mais en quantité beaucoup plus faible, le phosphore et le soufre.

À ce stade un événement important va se produire dans la vie de l'étoile. Une particule, pourtant généralement discrète, va faire une fracassante entrée en scène. Il s'agit du neutrino *(A 2)*. Peu après le milliard de degrés, grâce à un ensemble de réactions en son centre incandescent, l'étoile engendre et émet une quantité de plus en plus importante de ces particules. À plusieurs points de vue, le neutrino ressemble au photon. Il n'a pas de charge électrique, et pas (ou très peu) de masse. Mais il y a une différence importante. Même si le photon n'a pas de charge électrique, il possède des « antennes » par lesquelles il « sent » les charges électriques. Il appartient au monde de l'électromagnétisme. Le neutrino ignore le monde des charges électriques. Il vit dans un autre monde, celui des charges « faibles ». Ces charges, précisément, sont si faibles que les neutrinos n'ont qu'une interaction infime avec le reste de l'univers. La Terre, par exemple, est pour eux à peu près parfaitement transparente. De même, la matière de l'étoile est opaque aux photons, mais transparente aux neutrinos. Alors que les photons doivent péniblement se frayer un chemin du centre où ils sont engendrés à la surface stellaire où ils sont émis, les neutrinos quittent l'étoile sans retard. En conséquence, le flux de neutrinos devient largement supérieur au flux de lumière. Cette particule évanescente domine la vie des vieilles étoiles. Elle accélère l'émission d'énergie, provoque une contraction de plus en plus rapide des couches extérieures, et prépare la catastrophe finale, à laquelle nous assisterons bientôt.

Après la phase de fusion du carbone vient celle du néon, de l'oxygène, puis celle du silicium. Ces phases s'échelonnent sur des températures de deux à cinq milliards de degrés. À cause de l'émission de neutrinos, leurs durées sont très courtes. En quelques milliers d'années, l'étoile engendre tour à tour les noyaux de masse intermédiaire, du silicium jusqu'au groupe des métaux : fer, nickel, cuivre, zinc, etc. Certaines réactions nucléaires produisent des neutrons. Ces neutrons se combinent aux métaux. Par une longue chaîne de captures successives, nous voyons ainsi apparaître tous les noyaux jusqu'aux plus lourds. L'uranium-238, par exemple, est un système nucléaire composé de quatre-vingt-douze protons et cent quarante-six neutrons. Il peut prendre des milliers de formes différentes. Chacune correspond à une disposition particulière des orbites de protons et de neutrons en son sein. Il peut passer d'une de ces « configurations » à l'autre en émettant des cascades de rayons gamma. C'est une des structures nucléaires les plus complexes qui existent. [Les noyaux plus lourds éclatent spontanément sous l'effet de la force électrique.] La nature a désormais parcouru jusqu'à leurs limites les voies de l'organisation nucléaire. L'évolution nucléaire, avortée dans l'explosion initiale, arrive à son terme au cœur des creusets stellaires.

L'étoile explose

En mourant, elle fertilise l'espace des produits de sa cuisson interne.

Le drame se prépare quand le cœur de l'étoile approche les cinq milliards de degrés. L'énergie thermique menace de dépasser l'énergie de liaison des noyaux. Comme les gâteaux dans un four trop chaud, la cuisson nucléaire risque de « brûler ». Les précieux noyaux, patiemment élaborés tout au long de la vie de l'étoile, vont se redécomposer en nucléons. À nouveau ce sera l'échec. La situation sera sauvée de justesse, en partie grâce aux neutrinos. Leur débit d'énergie est maintenant extrêmement élevé. Pour compenser cette perte, l'étoile se contracte de plus en plus rapidement. Bientôt, c'est la chute libre et l'effondrement.

Par un ensemble de phénomènes (qui ne peuvent être décrits ici), l'effondrement déclenche une formidable explosion. Un éclair jaillit, qui brille comme cent millions de Soleils. Pour le spectateur terrestre, c'est une « supernova » *(fig. 11)*. Les couches en pelures d'oignon, qui recèlent les produits de la cuisson stellaire, sont précipitées au loin, à des milliers de kilomètres par seconde. Au cours des mois et des années qui vont suivre, la masse stellaire, évacuée dans l'espace, retrace l'évolution de l'univers des premiers instants. Elle se dilue et se refroidit. Avec une différence importante : il y a maintenant des noyaux lourds...

On peut considérer le phénomène de l'explosion stellaire comme une nouvelle astuce de la nature pour avancer encore sur la voie de la complexité. Pour engendrer des noyaux lourds, il a fallu créer des lieux de grande chaleur : les creusets stellaires. Mais il faut interrompre la cuisson à temps. Il faut sortir les plats du four. Sa chaleur s'oppose à toute liaison électrique. Aucun atome, aucune molécule, ne peut s'assembler au cœur d'une étoile. C'est dans les grands froids de l'espace que l'évolution cosmique va maintenant se poursuivre.

La nébuleuse du Crabe et l'astrologue de l'empire de Chine

Après quelques centaines d'années, le volume des gaz en expansion atteint un diamètre de plusieurs années-lumière. On parle alors d'un « rémanent de supernova ». On en observe près d'une centaine dans notre Galaxie, à divers stades d'expansion et de refroidissement *(fig. 13, 14, 15)*. Ce sont généralement de puissants émetteurs d'ondes radio et de rayons X. La nébuleuse du Crabe, dans la constellation du Taureau, est un des rémanents les mieux connus. Elle provient d'une étoile qui a explosé il y a près de mille ans. À cet événement se rattache une jolie histoire.

Le matin du 4 juillet 1054, l'astrologue de l'empire de Chine se présente au palais impérial avec un message de toute première importance. Pendant la nuit, une nouvelle étoile est apparue *(fig. 12)*. Son éclat est prodigieux. Située un peu au-dessus de la Lune, elle est aussi brillante que Vénus. Ce matin, après le lever du Soleil, elle est encore visible dans le bleu du ciel. L'empereur reçoit son astrologue et l'écoute gravement. « Quels sont les augures pour l'empire ? » demande-t-il, soucieux du bien public. « Cette étoile nous apporte la promesse de moissons abondantes pour de nombreuses années à venir », répond l'astrologue. On accueille avec empressement la messagère porteuse d'un horoscope aussi favorable. On la baptise « étoile Hôte ». Jour et nuit, on l'observe. On la dessine partout. On lui fait des fêtes. On la célèbre dignement. Pourtant, de jour en jour, son éclat pâlit. Pendant un temps, on ne la voit plus que la nuit, comme une étoile ordinaire. Plusieurs mois plus tard, on ne la voit plus du tout... « L'étoile Hôte s'en va... L'étoile Hôte est partie », annonce l'astrologue. La chronique astronomique chinoise d'où nous tenons cette histoire n'en dit pas plus long. Les moissons des années suivantes furent-elles plus abondantes ? Espérons-le pour notre astrologue. Le métier n'était pas sans risques. On punissait souvent de mort les prophètes mal inspirés.

Pourtant, nous le savons aujourd'hui, l'astrologue a vu juste. L'étoile Hôte tiendra sa promesse. Des atomes de carbone et d'oxygène qu'elle a engendrés viendront de nouvelles moissons. Mais ni l'empereur, ni ses enfants, ni ses petits-enfants n'en ont profité. Plus tard, beaucoup plus tard, sur des planètes futures, orbitant autour de soleils encore à naître, d'autres empereurs contempleront les champs de blé promis par l'étoile de juillet 1054. Tout comme nos moissons nous viennent d'étoiles Hôtes qui ont illuminé le ciel bien avant la naissance du Soleil, et qui ont, peut-être, été accueillies par des astrologues d'empires éteints sur des planètes depuis longtemps volatilisées...

<En 1987, le ciel nous a fait un cadeau somptueux : une supernova visible à l'œil nu dans la galaxie la plus rapprochée : le Grand Nuage de Magellan.

En fait l'étoile en question a explosé il y a cent soixante-dix mille ans, à une époque où les êtres humains découvraient les techniques du feu et de la construction des habitations. Depuis cette date le rayonnement de cette explosion parcourt les espaces intersidéraux. Il est parvenu à notre planète le matin du 23 février à sept heures trente-cinq minutes et quarante secondes.

Le premier rayonnement à nous rejoindre n'était pas de nature lumineuse. Il s'agissait d'un « flash » de particules d'une autre nature : le neutrino. Les photons de lumière visible sont arrivés quelques heures plus tard.

Ce n'est pas que les neutrinos voyagent plus vite que la lumière. Mais ils ont quitté les lieux avant les photons lumineux. L'explosion débute au centre de l'étoile (d'où les neutrinos sont émis) avant de se propager vers la surface stellaire (d'où proviennent les photons).

Depuis le 23 février les astronomes suivent en direct l'évolution de cette catastrophe stellaire dans notre galaxie voisine. De nombreux télescopes, sensibles à la lumière visible, à l'infrarouge, à l'ultraviolet, nous permettent de mesurer l'intensité et la variation des rayonnements émis. On peut ensuite les comparer aux modèles mathématiques calculés par les théoriciens.

Ces comparaisons ont confirmé la validité de nos théories sur l'origine des supernovae. Le flash de neutrinos montre qu'il y a effondrement d'un corps stellaire. Il s'agit donc bien de la mort d'une étoile. Et l'intensité de ce flash correspond bien au mécanisme prévu de l'explosion stellaire.

On reste quelquefois pantois d'étonnement devant l'efficacité de l'esprit humain. Plusieurs mois après l'explosion initiale, un flux de rayonnements X et γ émergeait progressivement de la masse stellaire en expansion. Ces rayonnements nous ont permis d'identifier la présence de noyaux de cobalt radioactifs à la surface de la supernova.

Ce résultat confirmait une prédiction des théoriciens de l'évolution stellaire : les atomes de fer proviennent des supernovae. Ils y apparaissent au départ sous forme de noyaux de *nickel* radioactifs, qui se désintègrent ensuite en *cobalt* radioactifs puis enfin en noyaux de *fer* tels que nous le connaissons aujourd'hui dans notre entourage. Ces désintégrations dégagent de formidables quantités d'énergie nucléaire. Ils sont largement responsables de la violence de l'explosion. Avant nos bombes atomiques à uranium, à plutonium ou à hydrogène, la nature avait inventé les bombes stellaires à nickel-cobalt. >

La première catalyse

Certaines particules entremetteuses se font les agents de la complexité.

Quelques mots encore, avant de quitter le chapitre de l'évolution nucléaire, pour saluer l'apparition de la première catalyse. Aux premiers temps de la Galaxie, les étoiles étaient uniquement composées d'hydrogène et d'hélium. Mais, pour les générations suivantes, la situation est différente. Grâce à l'apport des rémanents de supernovae *(fig. 13, 14, 15)*, la matière interstellaire s'enrichit progressivement en atomes lourds — ce qui va changer beaucoup de choses. Les étoiles des générations ultérieures se formeront à partir de ce gaz enrichi. Elles incorporeront une certaine population d'atomes lourds. Cette population reste faible. Aujourd'hui, après quinze milliards d'années d'additions successives, elle ne représente, dans notre Galaxie, que deux à trois pour cent de la masse de gaz. Cela ne l'empêchera pas de jouer un grand rôle. Et tout d'abord vis-à-vis de la fusion de l'hydrogène. Dans un gaz dénué d'atomes lourds, cette fusion débute nécessairement par la rencontre de deux protons et par la formation d'un noyau de deutérium. Cette réaction est toujours lente. En conséquence, la fusion est relativement inefficace. Par contre, s'il y a des atomes de carbone dans le gaz, la fusion se fait d'une façon beaucoup plus rapide. Un noyau de carbone s'attache successivement quatre protons du milieu ambiant. Au moment de la capture du quatrième, il se casse en deux : un noyau de carbone et un noyau d'hélium. Bilan net de l'opération : fusion de quatre protons en un noyau d'hélium et récupération du carbone initial (deux protons sont devenus des neutrons).

Nous rencontrons ici, pour la première fois, un phénomène qui jouera un rôle fondamental aux niveaux plus élevés de l'évolution cosmique : la catalyse. On peut le définir comme un mode d'association entre particules. Une d'entre elles s'entremet. Sa présence temporaire a pour effet de permettre ou d'accélérer une réaction entre d'autres particules. Cette opération accomplie, la particule entremetteuse se retrouve telle qu'elle était au début. Elle peut recommencer indéfiniment. Ainsi une quantité très faible de particules catalysatrices peut-elle jouer un rôle dominant vis-à-vis d'une réaction donnée...

Dans le cas de la fusion de l'hydrogène en hélium, le carbone-12 ne peut jouer effectivement son rôle de catalyseur que si la température est assez élevée. Le Soleil n'est pas assez chaud : le mécanisme n'y est pas important. Pour des étoiles plus massives (et donc plus chaudes), il devient dominant. Il a pour effet d'augmenter le débit d'énergie stellaire et d'abréger la vie de l'étoile *(N 11)*. Or ce sont précisément les étoiles massives qui engendrent la majeure partie des atomes lourds du milieu interstellaire. En diminuant la durée des étoiles génitrices, cette production augmente son propre taux. Ainsi, quand les étoiles produisent du carbone, elles altèrent le milieu interstellaire dans un sens qui tend à accroître le rythme de l'évolution nucléaire. Un second facteur va jouer dans le même sens. Les atomes lourds, créés dans les intérieurs stellaires, vont augmenter considérablement l'opacité du gaz galactique. Une matière composée seulement d'hydrogène et d'hélium voit sa transparence diminuer fortement quand on y ajoute une quantité, même faible, de ces nouveaux arrivants. Or l'opacité joue un rôle crucial dans la formation des étoiles : une matière opaque se condense beaucoup plus facilement qu'une matière transparente. D'où accroissement du taux de transformation de gaz en étoiles grâce à la nucléosynthèse. *L'évolution nucléaire s'accélère elle-même.*

L'action catalysatrice du carbone a encore un effet bénéfique : la naissance de l'azote. Cet atome indispensable à la vie apparaît comme un sous-produit de la fusion catalysée de l'hydrogène en hélium *(A 4).*

Il jouera un rôle essentiel dans l'élaboration des molécules de la vie.

Les résidus stellaires

Des « stèles stellaires » commémorent dans le ciel l'existence des étoiles mortes pour l'évolution.

Au moment de l'explosion, l'étoile n'est pas entièrement dispersée dans l'espace. Il y a un résidu. C'est la partie centrale qui se replie sur elle-même. Il en résulte un objet nouveau, aux propriétés hautement exotiques : l'étoile à neutrons. La densité des étoiles à neutrons se mesure en centaines de millions de tonnes par centimètre cube. C'est l'équivalent de la masse d'un grand pétrolier concentrée dans le volume d'une tête d'épingle. Dans ces conditions, les noyaux des atomes se touchent et se désagrègent. Les protons se transforment en neutrons. Le cœur de l'étoile devient un seul gigantesque « noyau » de neutrons, retenu par la force de gravité. D'où le nom d'« étoiles à neutrons ».

On les appelle aussi « pulsars », parce qu'elles s'allument et s'éteignent plusieurs fois par seconde. Ce comportement vient de la combinaison de deux éléments : 1° une faible fraction de leur surface émet de la lumière ; 2° elles tournent rapidement sur elles-mêmes *(schéma 4).* Ce sont aussi les éléments indispensables des phares marins. Comme ceux-ci, les étoiles à neutrons semblent s'allumer et s'éteindre chaque fois que nous sommes balayés par leur faisceau lumineux. Le premier pulsar fut découvert en 1964. Aujourd'hui, nous en avons répertorié plus d'une centaine. Chacun nous rappelle que là se trouvait, il y a quelque temps, une étoile massive, qui a restitué à l'espace sa cuisson de noyaux lourds. Un des plus célèbres pulsars se trouve au sein de la nébuleuse du Crabe. Il s'est formé lors de l'explosion de l'étoile Hôte. À peine plus gros que le mont Blanc, il nous rappelle, trente fois par seconde, le glorieux événement du 4 juillet 1054. <On observe aujourd'hui des pulsars beaucoup plus rapides encore. Certains tournent à près de *mille* tours à la seconde.>

Il semble qu'en certains cas le résidu stellaire devienne encore plus dense qu'une étoile à neutrons. Il se passerait alors ceci d'extraordinaire que sa gravité pourrait empêcher la lumière de s'en échapper. De tels objets portent le nom de « trous noirs » *(A 6)*. Existent-ils vraiment ? Nous avons de bonnes raisons de croire que oui.

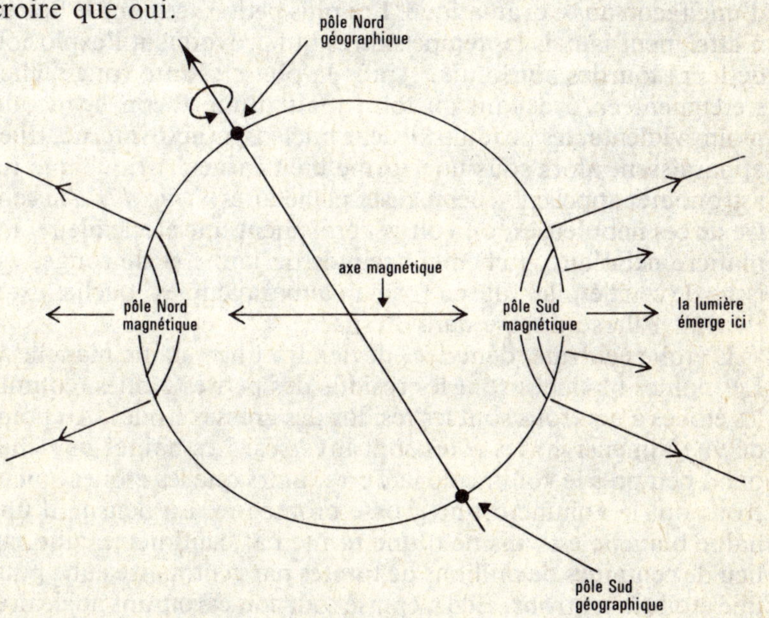

Schéma 4. Pulsar. Seuls les pôles magnétiques émettent de la lumière. Leur rotation fait de ces astres des phares.

<Quand un résidu stellaire s'enfonce dans son trou noir, et un peu avant d'y disparaître, il émet, selon la théorie, un rayonnement encore mal connu appelé « rayonnement gravitationnel ».

On s'affaire depuis plusieurs années à mettre sur pied des instruments capables de détecter ce rayonnement. La tâche, extraordinairement difficile, progresse lentement. On espère arriver à entendre, avant la fin du XXe siècle, ce chant du cygne des étoiles massives.>

La mort des petites étoiles

J'ai décrit dans les pages qui précèdent l'évolution et la mort des étoiles massives *(fig. 16)*. Toutes les étoiles ne meurent pas d'une façon aussi dramatique. Les plus petites, comme le Soleil, n'atteignent jamais les températures qui provoquent l'explosion de leurs lourdes consœurs. Après la phase géante rouge, elles s'éteignent en évacuant au loin, mais d'une façon beaucoup moins violente, les produits de leur nucléosynthèse interne. Elles apparaissent alors sous une forme bien caractéristique que les astronomes appellent « nébuleuses planétaires » *(fig. 17)*. Au centre de ces nébuleuses, on voit généralement une étoile bleue. La matière nébulaire, richement teintée de jaune et de rouge, est issue de cette étoile. Elle en formait auparavant les couches extérieures. Elle se dissipe dans l'espace.

L'étoile centrale, dénudée, deviendra une « naine blanche ». Les naines blanches sont les résidus des petites étoiles, comme les étoiles à neutrons sont les résidus des grosses étoiles. Au point de vue dimension, les rôles sont inversés. Les naines blanches ont à peu près le volume de la Terre, alors que les étoiles à neutrons ont le volume d'une grosse montagne. La densité d'une naine blanche est voisine d'une tonne par centimètre cube, au lieu de centaines de millions de tonnes par centimètre cube pour une étoile à neutrons. Elle a épuisé tout son carburant nucléaire. Elle se refroidit lentement, en émettant, sous forme de lumière, le reste de sa chaleur interne. Sirius, l'étoile la plus brillante de notre ciel nocturne, possède un compagnon qui a atteint cette phase avancée de la vie stellaire *(fig. 18)*. De naine blanche, elle deviendra, au cours des milliards d'années à suivre, une « naine noire » : un cadavre stellaire recroquevillé sur lui-même, sans rayonnement et sans vie.

La naissance des atomes lourds

Chaque noyau, habillé d'électrons, devient un atome personnalisé, promis à une longue carrière.

Notre narration nous ramène au sein des flux tumultueux qui émergent d'une supernova *(fig. 15)*. Les noyaux lourds, engendrés tout au long de la vie stellaire, sont maintenant extraits du four ardent, et projetés dans le grand froid des espaces galactiques. Là, ils vont capturer des électrons. Un par un, ceux-ci se disposent en orbite. Couche après couche, le cortège électronique se constitue autour du noyau. Le carbone prend six électrons, l'oxygène huit, le fer vingt-six, l'or soixante-dix-huit. Les atomes lourds ont fait leur apparition dans l'univers *(A 3)*.

Une séquence du film *Bambi*, de Walt Disney, nous montre le petit chevreuil à sa naissance. Il se regarde, s'étire, fait quelques pas et découvre, d'un œil émerveillé, ses muscles et son corps tout entier. Imaginons nos atomes nouveau-nés occupés à faire la découverte de leur structure et l'inventaire de leurs possibilités. Certains ressemblent à l'hélium. Sphériques, ils sont fermés sur eux-mêmes, comme une tortue ou un hérisson effrayé. Ce sont les gaz « nobles » : néon, argon, krypton, xénon. Ils se tiendront à l'écart des grands sentiers de l'évolution. D'autres, au contraire, étendent dans l'espace des volumes complexes. Comme des mains tendues, ces volumes pourront s'imbriquer et se composer. Chacun des quelque quatre-vingt-dix atomes que l'univers vient d'ajouter à sa panoplie possède des propriétés et des caractéristiques bien à lui. Ces propriétés lui permettront de jouer, plus tard, les rôles spécifiques que la chimie et la biologie lui assigneront. Ainsi le carbone, l'azote et l'oxygène, constituants majeurs de notre corps. Également le phosphore et le soufre, beaucoup plus rares, mais non moins cruciaux. Disposés en des lieux stratégiques, ils accompliront des tâches indispensables, pour lesquelles ils sont irremplaçables.

Une question : la nature « sait »-elle, à ce moment de son histoire, quelle tâche elle va assigner à chacun des nouveaux venus ? À méditer... Pour l'instant, nos atomes font connaissance avec leurs compagnons. Ils s'essaient au jeu des liaisons moléculaires. L'oxygène, en particulier, a beaucoup de succès. Il forme, avec une grande variété d'atomes, des liens stables et durables. Avec les métaux surtout : aluminium, titane, fer, magnésium, silicium, etc. Ce sont les premiers oxydes. Ils serviront de base aux constructions solides de l'univers.

La naissance des cristaux

Les premiers solides viennent au monde dans les cendres des étoiles explosées.

Le jeu des combinaisons moléculaires va se poursuivre longuement au sein du rémanent. Il va donner naissance aux premiers cristaux de la création. Le phénomène n'est pas simple. On peut illustrer la situation, en n'en retenant que l'essentiel, par un schéma fictif *(schéma 5)*. Imaginons qu'à un moment donné on ait obtenu la construction suivante : autour d'un atome d'oxygène se sont disposés huit atomes d'aluminium. Ils occupent les coins d'un cube dont l'oxygène serait le centre. Puis, autour de chaque aluminium, des oxygènes viennent se disposer symétriquement. Et à nouveau des aluminiums. Ce « motif » pourra se répéter indéfiniment comme dans certaines tapisseries, mais dans l'espace à trois dimensions. La structure ainsi constituée pourra incorporer un nombre considérable d'atomes. C'est ce qu'on appelle un « réseau cristallin » ou, plus simple-

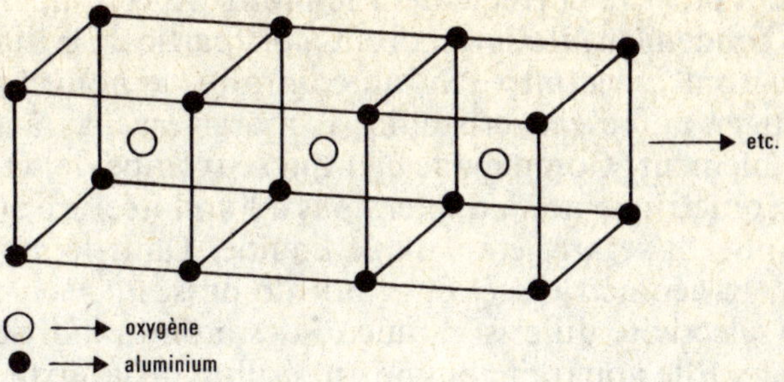

Schéma 5. La naissance d'un cristal.

ment, un cristal. La matière solide qui nous entoure est largement composée de cristaux. La nature du cristal est fixée par les éléments chimiques qu'il contient. Dans une salière, les grains de sel sont des cristaux de chlore et de sodium. Le quartz est fait de silicium et d'oxygène. Certains cristaux sont constitués d'une seule substance : le diamant est un réseau d'atomes de carbone. Nos roches terrestres usuelles, à l'inverse, sont constituées de réseaux complexes d'oxygène, de silicium, de magnésium, de fer, d'aluminium, etc.

Le secret de la pureté

On a beaucoup étudié au laboratoire la croissance des cristaux. Même si la substance de laquelle ils naissent contient une grande variété d'atomes différents, on verra se former des petits cristaux très purs faits d'une combinaison de deux ou trois atomes bien définis, à l'exclusion de tout autre. La croissance va se poursuivre selon un mode qui préservera leur pureté (et donc leur identité). Considérons, par exemple, un cristal de quartz (oxygène et silicium) en formation dans un liquide. Baignant dans le milieu initial, il est continuellement bombardé par tous les atomes présents. Certains atomes restent fixés à sa surface. S'il s'agit d'un oxygène ou d'un silicium et si leurs positions les amènent à étendre correctement le motif du cristal, ils seront attachés solidement. Ils deviendront alors partie du cristal, qu'ils contribueront à accroître. Si, au contraire, le nouvel arrivant est étranger au réseau cristallin, il n'arrivera pas à se loger convenablement. Comme une clef qui se trompe de serrure, sa forme géométrique ne s'adaptera pas à l'architecture atomique déjà établie. Il sera rejeté dans le liquide. Dans le monde des cristaux, la géométrie sert de « mot de passe ».

Cette sélectivité du cristal, aucun des atomes individuels ne la possède. Elle apparaît comme un résultat de la juxtaposition des premiers atomes. C'est un exemple de ce qu'on appelle une « propriété émergente » de l'organisation de la matière. Cette propriété donne elle-même naissance à une action nouvelle ; une sorte de préfiguration de l'alimentation. Comme les êtres vivants, le cristal peut incorporer de la matière sélectivement, en ne retenant que ce qui lui « va », ce qui préserve son identité. En un sens, on peut dire qu'il se « nourrit ».

3. La phase interstellaire

Les poussières interstellaires

Formées d'un noyau rocheux recouvert d'une couche de glace, elles préfigurent les planètes et leur donnent naissance.

L'espace est peuplé de myriades de grains de matière solide, appelées « poussières interstellaires ». Ces grains sont comparables en dimension aux particules de la fumée ; ils ont moins d'un micron de diamètre (un millième de millimètre). Mais, à l'échelle atomique, ce sont des montagnes. Chacun contient des centaines de milliards d'atomes. Ces poussières se forment, du moins nous le croyons, au cœur des masses de gaz en expansion et en refroidissement rapide. On pense aux rémanents de supernovae bien sûr, mais aussi aux explosions moins spectaculaires des novae, ainsi qu'aux enveloppes des géantes rouges et des nébuleuses planétaires. Pour notre récit, retenons que les premières poussières apparaissent, selon toute vraisemblance, parmi les torrents de gaz qui déferlent dans l'espace à la mort des étoiles de première génération *(fig. 15)*.

L'hydrogène entre dans le jeu

En quelques dizaines de milliers d'années, le rémanent de supernova achève de s'étaler dans l'espace. Il occupe maintenant un volume de quelques dizaines d'années-lumière de diamètre. La nébuleuse du Cygne illustre bien la situation < voir la figure page 108 de *Poussières d'étoiles* >. Ses festons colorés s'enroulent comme les volutes d'une fumée de cigarette *(fig. 15)*. La température du rémanent approche maintenant celle des nuages interstellaires : seulement quelques dizaines de degrés absolus. Pourtant tout n'est pas mort, loin de là... L'activité chimique reprend, vigoureusement. C'est l'hydrogène, cette fois, qui va mener le jeu. Avec les atomes lourds, il va donner de nouvelles molécules qui nous sont bien familières : l'eau (hydrogène et oxygène), l'ammoniac (hydrogène et azote), le méthane et des hydrocarbures variés (hydrogène et carbone).

Ces molécules possèdent en commun un lien particulièrement versatile, nommé « pont-hydrogène ». Il est lié à la qualité spécifique qu'a l'hydrogène de créer des liens. Ce sont ces liens qui permettent aux molécules d'eau liquide de s'attacher les unes aux autres et leur donnent un point d'ébullition particulièrement élevé. Sans le pont-hydrogène, les océans s'évaporeraient rapidement, et la vie ne serait jamais apparue sur la Terre. Les molécules hydrogénées se déposent sur les grains de poussière, en une mince pellicule glacée. Grâce à l'action des rayons ultraviolets en provenance des étoiles voisines, grâce aussi aux rayons cosmiques qui maintenant envahissent l'espace, un nouveau chapitre de notre roman va débuter sur ces poussières glacées : la fabrication des molécules complexes. Mais, auparavant, quelques mots sur les rayons cosmiques.

Les rayons cosmiques

Des particules ultrarapides sillonnent l'espace dans tous les sens. Elles participent à l'évolution nucléaire, à l'évolution chimique et à l'évolution biologique.

Les « rayons cosmiques » furent découverts au début du siècle par les physiciens qui étudiaient la « radioactivité ».

« Radioactivité », c'est le nom donné par Becquerel et les époux Curie au phénomène de désintégration des noyaux instables. Lors de la désintégration de ces noyaux, des particules rapides sont émises. Pour les étudier, il a fallu inventer des détecteurs spéciaux. Un jour, on a remarqué que ces détecteurs continuaient à enregistrer des impacts, quoique très faiblement, même en l'absence de sources radioactives. Quelle pouvait être l'origine de ce « bruit de fond » ? Une longue enquête, digne du meilleur Hercule Poirot, a révélé que ce « bruit » provient des espaces galactiques. Là-haut, entre les étoiles, des particules se meuvent à des vitesses voisines de celle de la lumière. Il y a des électrons, des protons et des noyaux complexes. Certaines de ces particules entrent dans le système solaire, atteignent la Terre, traversent notre atmosphère et viennent terminer leurs jours dans les détecteurs de radioactivité. On les appelle collectivement les « rayons cosmiques ».

Que peut-on dire de l'origine de ces particules rapides ? Certainement qu'elles furent accélérées lors d'un ensemble de phénomènes violents dans le cosmos. Nous savons, pour les avoir détectées à bord de satellites, que certaines sont engendrées par les éruptions qui éclatent sporadiquement à la surface du Soleil *(fig. 21)*. Les explosions de supernovae et les déferlements de matière qui les accompagnent apportent une contribution majeure. D'autres événements plus violents encore, comme l'activité prodigieuse de certains noyaux de galaxies, pourraient également jouer un grand rôle.

Après leur accélération, les rayons cosmiques errent au hasard dans la galaxie. Ils frappent aveuglément ce qu'ils rencontrent sur leur passage. Ces collisions vont engendrer des réactions variées, importantes dans le cadre de notre épopée. Sur le plan de l'évolution nucléaire d'abord. Les rayons cosmiques ont, en moyenne, des énergies bien supérieures à celles qui sont requises pour briser les liens nucléaires. Sous la violence de l'impact, certains noyaux atomiques de la matière interstellaire seront donc cassés en morceaux. Les « morceaux » sont des noyaux plus petits qui, en s'habillant d'électrons, formeront de nouveaux atomes. Parmi ces noyaux, trois manquaient à la panoplie de l'univers : le lithium, le béryllium et le bore. Ce sont des noyaux très fragiles, qui ne résistent pas aux températures élevées. En conséquence, les étoiles n'en forment pas. Le rayonnement cosmique complète l'évolution nucléaire en ajoutant ces trois éléments chimiques *(A 4)*. Sur le plan de l'évolution biologique, on s'accorde à penser que les chocs de rayons cosmiques sur les molécules des gènes pourraient causer des mutations. Ces mutations sont l'élément moteur de l'évolution darwinienne. Nous y reviendrons plus tard.

Dans l'espace, à la surface des poussières interstellaires, le jeu des rayons cosmiques va maintenant amorcer l'évolution chimique. Ces projectiles vont d'abord casser les molécules des « glaces ». Les morceaux vont se recombiner au hasard. C'est l'amorce d'une nouvelle chimie. Des molécules encore inconnues vont se constituer. Au gré des dissociations et des jonctions, certaines d'entre elles atteindront des dimensions importantes ; elles pourront incorporer un nombre d'atomes qui dépasse la dizaine *(A 3)*. Sans doute y en a-t-il de plus grosses. L'avenir nous le dira. Mais l'état présent des observations et les extrapolations qu'on peut en faire nous laissent peu d'espoir de trouver dans l'espace de véritables « macromolécules ».

Les liens qui attachent ces molécules aux grains de poussière sont faibles. Comme des « grandes », elles vont quitter le sol natal et aller au loin vivre leur vie.

Les molécules interstellaires

Ce sont les radiotélescopes qui nous ont révélé l'existence de ces molécules. Chaque variété émet un rayonnement électromagnétique de type radio qui lui est propre et lui sert de signature. Plus d'une centaine de molécules différentes ont jusqu'ici été identifiées *(A 3)*.

< La liste des molécules en *(A 3)* a été mise à jour en 1987. On a beaucoup parlé, ces dernières années, de l'identification spatiale d'une famille de molécules dites « cycliques aromati-

ques» contenant une quarantaine d'atomes. Bien que contestée, cette identification paraît plausible. À l'inverse l'identification de biomolécules beaucoup plus massives, soutenue par l'astrophysicien Fred Hoyle, paraît reposer sur des bases trop faibles pour être recevable. >

On ne saurait surestimer l'importance de ces observations, aussi bien sur le plan astronomique que sur le plan biologique. On s'attendait, bien sûr, à trouver dans l'espace quelques molécules simples. Mais, au regard des conditions extrêmes (basse température, faible densité) de ces lieux, personne n'avait prévu la présence généralisée d'une flore aussi complexe. On reste pantois devant la frénésie d'organisation de la matière. Elle profite de toutes les occasions et tire parti des circonstances même les plus adverses.

Les Anciens croyaient à la génération spontanée. Il suffisait de laisser pourrir les déchets pour que des mouches, ou même des rats, y naissent. Pasteur a détruit cette croyance : la vie vient toujours de la vie. Mais d'où vient la «première» vie ? Il a bien fallu qu'elle surgisse, elle, de la matière «inanimée», à un moment très reculé de l'histoire terrestre. Il s'est agi cependant, du moins le croyait-on jusqu'à récemment, d'un événement excessivement improbable. Une sorte de miracle, né de la juxtaposition d'un ensemble de coïncidences, toutes plus extraordinaires les unes que les autres. Ce miracle ne pouvait guère qu'être unique au monde. D'où une croyance généralisée en notre solitude totale dans l'univers. C'est, par exemple, la thèse de J. Monod dans *le Hasard et la Nécessité*. La détection, par la radioastronomie, du foisonnement moléculaire de l'espace fait planer un doute sur cette croyance. Ce foisonnement, on ne l'attendait pas. On le jugeait trop improbable... Dans le passé, on distinguait «matière inanimée» et «matière animée». Aujourd'hui, cette distinction s'estompe. Qu'est-ce que la «vie» ? En un sens large, le mot désigne cette mystérieuse tendance de la matière à s'organiser et à monter les étages de la complexité. L'activité moléculaire qui se produit autour des grains de l'espace en est une manifestation, au même titre que la prolifération des lianes dans la forêt amazonienne, ou encore que la nucléosynthèse dans les brasiers stellaires.

Revenons un moment à la liste des molécules qui peuplent les grands nuages interstellaires. Notons que toutes celles qui incorporent plus de trois atomes possèdent un, deux ou trois atomes de carbone. Cela, bien sûr, ne nous étonne pas. Cet atome est muni de quatre « crochets » particulièrement adaptés aux combinaisons moléculaires. Sur la Terre, il est systématiquement présent dans toutes les grandes structures moléculaires. Nous découvrons ici que cette prédominance du carbone n'est pas confinée à la biosphère. Dans le cadre de la chimie interstellaire, elle s'étend à toute la Galaxie, et, sans doute, à toutes les galaxies. Pourrait-il exister ailleurs une vie très différente de celle que nous connaissons sur la Terre ? Une vie où, par exemple, le silicium jouerait le rôle du carbone ? À première vue, rien ne s'y oppose : le silicium possède lui aussi quatre crochets électroniques. Pourtant, la liste des molécules spatiales ne donne qu'une seule molécule avec silicium pour plusieurs dizaines de molécules avec carbone. Pourquoi ? Sans doute parce que les liens que crée le silicium sont beaucoup plus rigides que ceux du carbone. Ce qu'il tient, l'atome de silicium ne le lâche plus. Comme l'hélium, il est incapable de jouer. Cette observation radioastronomique rend peu plausible l'existence de vie planétaire à base de silicium.

4. La phase planétaire

carre-toi
le dos au ciel
attends la terre

Pierre Dubois

L'invention de la planète

Des myriades de poussières interstellaires vont s'associer pour créer un terrain de suprême fertilité.

Malgré tout, dans l'espace intersidéral, les conditions sont dures. Il fait froid et les atomes sont rares, les chances de rencontres et de combinaisons restent faibles... De plus, les molécules nouvelles sont fragiles. Les rayons cosmiques et la lumière ultraviolette les menacent. Ces rayonnements deviennent, à ce stade, hostiles à l'évolution. Les molécules résistent mal à leur bombardement. L'élaboration moléculaire se heurte à l'obstacle des « rayonnements ionisants ». Il faut se mettre à l'abri.

Pour sortir de l'impasse, la nature va à nouveau inventer. Il faut un milieu où il ne fasse ni trop chaud (les molécules se dissocient) ni trop froid (les molécules s'ignorent). Il faut un milieu dense, qui facilite les contacts, et protège des rayons létaux en provenance de l'espace. Cette invention a pour nom « planète ». Il s'agit de s'installer auprès d'une étoile qui va fournir l'énergie. Attachée par le lien de la gravité, une planète, sur une orbite circulaire, peut se maintenir à une distance où la température est modérée. De plus, si la masse est suffisante, elle pourra retenir à sa surface, grâce à son champ de gravité, des couches de substances gazeuses qui lui constitueront une atmosphère et l'isoleront des rayonnements de l'espace.

La naissance des planètes

Nos connaissances sur la naissance des planètes nous viennent de deux sources différentes : l'observation astronomique d'étoiles en train de naître et l'exploration de notre propre système solaire.

La première source d'information ne peut nous être utile que si les choses se passent aujourd'hui à peu près comme il y a cinq milliards d'années. C'est vraisemblable... Au moment de la naissance de notre Soleil, la Galaxie avait déjà dix milliards d'années. Par milliers, les générations d'étoiles s'étaient succédé en son sein, qui l'avaient marquée et façonnée. Le visage qu'elle présentait alors ne différait pas beaucoup, du moins nous le croyons, de celui qu'elle présente maintenant. Mais la Galaxie est vaste et les pouponnières d'étoiles sont loin. Nos instruments n'ont pas encore le pouvoir de résolution requis pour une observation détaillée. Nous devons nous contenter d'informations fragmentaires et incomplètes. Qu'avons-nous appris ? *Que les étoiles naissent en groupes, au sein des grands nuages galactiques*, là où pullulent les poussières et les molécules interstellaires *(fig. 19)*.

L'étude des planètes, des satellites et des météorites constitue la seconde source d'information. Ici, l'astrophysicien devient archéologue. Il recherche les vestiges du passé. Il essaie d'identifier les objets qui ont gardé intacte la mémoire des origines du système solaire. Sur la Terre, tout bouge, tout change. Les traces du passé sont vite effacées. Ce sont les corps inertes, sans atmosphère et sans activité volcanique, qui sont particulièrement éloquents. Par exemple, la Lune ou les météorites qui nous tombent du ciel.

En combinant les informations recueillies, on se fait une idée approximative de la séquence des événements. Revenons, par la pensée, au cœur d'une vaste et opaque nébuleuse, constituée de matières gazeuses et poussiéreuses. Ces poussières, en vastes nappes, se disposent autour des premiers embryons d'étoiles, un peu comme les anneaux autour de Saturne. Dans ces disques s'amorce alors un long processus de condensation. Les poussières s'agglutinent les unes aux autres. Des petits corps en résultent, qui gravitent autour de l'embryon stellaire, sur des orbites plus ou moins régulières. Ils se croisent souvent, et les collisions sont fréquentes. Selon la violence des chocs, les corps se fracassent ou se combinent. S'ensuit une période de compétition au cours de laquelle certains objets voient leur masse s'accroître. Les plus gros absorbent les plus petits. Avec les masses, les champs de gravité augmentent. Autour des plus massifs, c'est l'avalanche. Le système se dépeuple au profit des gagnants : les planètes. L'avalanche finale a laissé des marques. Les chutes des petits corps sur les planètes en formation ont criblé les surfaces de cratères visibles encore aujourd'hui. Sous l'impact, le sol fond et le fluide rocheux incandescent gicle à distance. En se figeant, il laisse un cratère. Petits ou grands, les cratères s'imbriquent et se recouvrent. Leur mosaïque désordonnée forme la trame du relief mercurien ou lunaire *(fig. 22 et 24)*.

La chaleur des planètes

Reçue en héritage dans la nébuleuse protosolaire, elle est le moteur de la vie planétaire.

L'exploration du système solaire nous fait découvrir le rôle dominant que joue la chaleur dans la vie des planètes. Mais quelle est l'origine de cette chaleur ? Il y a, en fait, deux sources distinctes. D'abord la chaleur dégagée par la violence des chocs de l'avalanche météoritique, ensuite la radioactivité naturelle des atomes instables de la nébuleuse initiale. Ces atomes (par exemple l'uranium et le thorium), engendrés dans les étoiles massives et transportés dans l'espace par les rémanents de supernovae, s'incorporent dans les grains et se retrouvent dans la substance planétaire. Là, ils ont tout le loisir de se désintégrer à leur rythme propre, transmettant leur énergie au cristal dans lequel ils sont imbriqués.

Plus une planète est massive, plus grande sera sa chaleur initiale, héritée de l'une et de l'autre source. À leur naissance, les planètes majeures sont des boules de lave incandescente. Puis, au cours des ères, la chaleur se dissipe dans l'espace. Les petits corps, astéroïdes, météorites, se refroidissent très vite. Figés ensuite pour l'éternité, ils se contenteront d'enregistrer, sous forme de cratères, les chocs des collisions ultérieures. La Lune, quatre-vingts fois plus légère que la Terre, s'est refroidie en quelque trois cents millions d'années. Aucun mouvement de croûte, aucune activité volcanique ne perturbe aujourd'hui sa surface. Mercure, un peu plus massive, a « vécu » une centaine de millions d'années de plus, avant d'atteindre l'état de pétrification totale qu'elle nous présente maintenant *(fig. 22 et 24)*. Mars est un cas intermédiaire entre la Lune (ou Mercure) et la Terre. Elle a largement, mais pas entièrement, épuisé ses réserves thermiques initiales. Ainsi en témoignent ses rares volcans *(fig. 25)*.

Sous la formidable avalanche météoritique qui lui a donné naissance, notre planète semble être restée liquide pendant plusieurs centaines de millions d'années. La première croûte stable n'apparaît qu'à la fin de cette période. Le fluide intérieur, animé par de puissants mouvements de convection, continue longtemps à bouillir. C'est lui qui, aujourd'hui encore, anime les volcans, les tremblements de terre, ainsi que l'errance continuelle de nos continents. La Terre est le prototype de la planète vivante.

La naissance de l'atmosphère

> C'est aux poussières interstellaires que nous devons notre atmosphère et nos océans.

Quand, sur son orbite primitive, notre planète en formation balayait l'espace, elle recueillait les pierres et les poussières qui se trouvaient sur son passage. Ces poussières, rappelons-le, sont constituées d'un noyau rocheux entouré d'une couche de glaces. Elles sont happées par la boule rouge incandescente qui dévore tout ce qui l'entoure. Qu'advient-il des glaces au milieu de ces matières en fusion ? Elles se vaporisent et se répandent largement au sein de la Terre.

La pierre liquide peut incorporer d'importantes quantités de matière gazeuse. La pierre solide en est bien incapable. Elle se dégaze. [Tout comme l'eau des boissons pétillantes se dégaze en gelant. J'ai appris cela à mes dépens après avoir oublié une bouteille de champagne au congélateur. L'effet est impressionnant...] Quand se forme la première croûte terrestre, des orifices apparaissent, comme des tunnels volcaniques. En puissants geysers, les masses gazeuses s'échappent du sol. La planète s'habille d'une vaste et dense atmosphère *(fig. 28 et 29)*. L'eau s'y condense. Il pleut comme jamais plus il ne pleuvra. Il pleut tous les océans.

<L'observation de la comète de Halley, lors de son passage près de la Terre en 1986, a relancé cette question de l'origine des océans.

Le corps de la comète est constitué principalement d'eau glacée, comme la banquise polaire. Je rappelle ici que l'hydrogène qui entre dans la composition de l'eau existe en deux variétés : une variété légère et une variété lourde beaucoup plus rare. Or l'analyse de la composition du matériel cométaire par la sonde Giotto a montré que la glace cométaire contient à peu près la même proportion d'hydrogène lourd que l'eau océanique. Est-ce un effet du hasard ?

Les comètes, aujourd'hui, sont rares. Elles étaient vraisemblablement beaucoup plus fréquentes aux premiers temps du système solaire. Combien de comètes ont frappé notre planète ? Quelle fraction de notre nappe océanique proviendrait de la fonte de ces glaces ? Il n'est pas exclu que la contribution des comètes soit importante sinon majoritaire. Cela expliquerait pourquoi les proportions d'hydrogène lourd sont semblables dans la comète et dans l'océan.

Mais les preuves en faveur d'une telle affirmation sont faibles. Il est difficile d'être affirmatif et nous devrons, pour l'instant, rester dans l'incertitude. J'ai abordé cette question pour illustrer le fonctionnement de la science en marche. Des données nouvelles sont toujours susceptibles de relancer des problèmes que l'on croyait plus ou moins résolus. >

Que d'eau ! Que d'eau !

> Mais à l'échelle cosmique l'eau est plus rare que l'or.

À l'école, j'ai appris que la matière existe sous trois formes : solide, liquide et gazeuse. J'ai appris aussi que les océans recouvrent soixante-dix pour cent de notre planète. Lors d'un hypothétique partage initial des formes, la phase liquide avait, en apparence, été particulièrement favorisée. Vue de l'espace, la situation est différente. À l'échelle de la Galaxie ou de l'univers, la quasi-totalité de la matière est gazeuse, neutre ou ionisée. La fraction solide ne représente pas plus d'un millionième, et la fraction liquide pas plus d'un milliardième de l'univers. [J'ai fait ces estimations avec des hypothèses vraisemblables sur la fréquence des systèmes planétaires. Je n'inclus pas les structures quasi cristallines des naines blanches.] Les marins baleiniers qui partaient en expédition passaient deux ou trois ans sans voir autre chose que l'étendue illimitée des océans. Auraient-ils accepté de croire que l'eau liquide est plus rare à l'échelle cosmique que l'or sur la Terre ?

Il est difficile de surestimer l'importance de la substance eau dans la gestation cosmique. Son pouvoir de dissolution lui permet d'intégrer de larges quantités de molécules étrangères. Elles y circulent librement. Les occasions de rencontres sont multipliées. Les contacts sont prolongés. Par ce biais, l'eau devient un puissant auxiliaire de l'organisation. Profitons de l'occasion pour saluer l'apparition de l'eau liquide sur la Terre. Ce n'est pas la première fois que cet événement a lieu dans l'univers. Vraisemblablement bien d'autres planètes l'ont enregistré, qui ont vécu avant le Soleil. Mais, symboliquement autant qu'égocentriquement, c'est sa venue sur notre Terre que nous choisissons de célébrer.

Le grand orage

Pour les spectateurs que nous avons choisi d'être, de grands événements vont survenir maintenant sur le plan de l'organisation matérielle. Au moment du déluge initial, la Terre se présente à peu près comme, aujourd'hui, la planète Vénus *(fig. 23)*. De l'espace, on ne voit pas les continents, que l'eau lentement commence à submerger. Une masse gazeuse, opaque et sombre, recouvre toute la surface de notre planète. Entraînés par des mouvements cycloniques d'une grande puissance, ces gaz lui donnent l'allure striée que l'on retrouve non seulement sur Vénus, mais aussi sur Jupiter et Saturne. Les sondes spatiales qui se sont laissé glisser dans l'atmosphère de Vénus en décembre 1978 ont été assaillies par une batterie continuelle de décharges électriques semblables aux plus spectaculaires de nos éclairs. Nous avons toute raison de penser que notre atmosphère primitive, aussi dense que celle de Vénus, abritait des phénomènes analogues. Avec ces longs éclairs, des ondes sonores se propageaient et se répercutaient interminablement. L'atmosphère s'emplissait d'une rumeur tonitruante à laquelle, heureusement, aucune oreille n'était soumise... [Pourquoi Vénus n'a-t-elle pas d'océans ? Les atmosphères, au départ, se ressemblaient beaucoup. On croit que c'est une question de température. Vénus est plus près du Soleil que la Terre. Par mètre carré de surface elle reçoit deux fois plus de chaleur. Les observations des sondes vénusiennes laissent supposer que les gouttelettes qui se forment dans la haute atmosphère ne parviennent pas au sol. Elles s'évaporent en cours de chute, à cause de la température moyenne plus élevée que sur la Terre. Il ne pleut pas sur Vénus.]

Les molécules de l'atmosphère primitive (gaz carbonique, méthane, ammoniac, eau et vraisemblablement aussi quelques spécimens plus massifs hérités de l'espace interstellaire) sont bombardées en permanence par ces décharges électriques, comme par les rayons ultraviolets du jeune Soleil. Souvenez-vous des poussières interstellaires, entourées de glaces et soumises aux rayonnements cosmiques. Les molécules dissociées s'y recombinaient pour y engendrer une véritable chimie. Pourtant, cette activité organisatrice n'allait pas très loin. Les conditions inhospitalières s'y prêtaient mal. Les molécules les plus importantes détectées là-haut n'incorporent guère plus d'une dizaine d'atomes. Ces poussières interstellaires préfiguraient, en quelque sorte, les planètes comme la nôtre (noyaux rocheux, océan).

La construction photochimique va donc reprendre, mais dans des conditions infiniment plus favorables. D'abord parce qu'au faible rayonnement ultraviolet des étoiles plus ou moins lointaines est substitué celui du proche Soleil, et surtout le puissant effet ionisant des éclairs. Ensuite parce que, dans l'atmosphère, la densité des molécules est énormément plus élevée que dans l'espace [on est passé de plusieurs milliers à plusieurs milliards de milliards (10^{18}) par centimètre cube]. Cet accroissement de population augmente prodigieusement les chances de rencontres et d'associations. Et la température, de quelques dizaines de degrés qu'elle était dans l'espace, en atteint maintenant quelques centaines. Mais il y a surtout la présence, sous la couche atmosphérique, de la vaste nappe des océans. Soulevées par les cyclones, des vagues géantes mélangent aux eaux les molécules nouvelles. Celles-ci y trouvent, vis-à-vis des rayonnements ionisants, une protection adéquate. Encore mille fois plus dense que l'air, l'océan est maintenant une grande éprouvette où les molécules se cherchent et se combinent.

La soupe océanique primitive

Que trouve-t-on maintenant dans cet océan ? Quelles espèces nouvelles ont été engendrées par cette vaste entreprise photochimique ? Pour le savoir, on a essayé de reproduire en laboratoire des conditions semblables. Dans un bocal de verre hermétiquement fermé, on met de l'eau liquide et des gaz simples, ceux de l'atmosphère initiale. Puis, au moyen d'électrodes fixées dans l'enceinte, on soumet le tout, des jours entiers, à d'incessantes décharges électriques. On observe l'eau au fond du bocal. Progressivement, elle devient trouble, passe au jaune, puis au brun-ocre. Le liquide, extrait du bocal, a pris une odeur assez désagréable. À l'analyse, on y trouve des alcools, des sucres, des graisses et des acides aminés. Pour les chimistes, il s'agit là de substances « organiques ». Cette terminologie date du siècle dernier. Ces substances, croyait-on à cette époque, ne pouvaient être engendrées que par des êtres vivants. D'où le terme d'« organique ». Et voilà que nous les formons ici dans une éprouvette, sous l'action d'aucune glande sécrétrice... [Cette expérience a été effectuée pour la première fois par les chimistes américains Miller et Urey en 1954. Elle a été reprise, et les résultats ont été confirmés par de nombreux chimistes dans le monde. En science, on exige que les expériences soient renouvelées par des groupes différents. On ne fait jamais totalement confiance aux résultats obtenus lors d'une seule expérience, quelles que soient la qualité du travail et la réputation des chercheurs. Beaucoup de facteurs incontrôlables, physiques et psychologiques, peuvent intervenir. Cette méfiance est liée à des souvenirs cuisants. On a été « eu » trop souvent. Dans la recherche de la vérité, on ne prend jamais trop de précautions...]

Les houles brunes des océans primitifs, qui dans ce lointain passé déferlent sur les rivages, charrient, elles aussi, ces précieuses molécules fraîchement formées. Et les vents soufflent sur tous les continents leurs effluves nauséabonds. Pourtant, aucun être vivant ne vient encore les sentir ou se nourrir à cet océan débordant d'éléments nutritifs. Maintenant, le déluge s'achève. La couche nuageuse s'amincit et les rayons du Soleil parviennent jusqu'au sol. La Terre, vue de l'espace, n'est pas bleue comme aujourd'hui, mais brune, de la couleur de cette soupe océanique qui a atteint son plus haut niveau. L'activité moléculaire ne s'arrête pas pour autant. Le jeu des combinaisons et des dissociations se poursuit sans arrêt, dans la fertilité de ce milieu aqueux. Vont maintenant entrer en jeu des facteurs nouveaux, qui deviendront dominants dans l'arène de la complexité croissante. Nous allons les décrire les uns après les autres.

Croître

Parmi les molécules qui viennent de faire leur entrée sur la Terre, certaines possèdent, à chacune de leurs extrémités, des « crochets », comme les wagons d'un train. Elles peuvent s'associer en forme de chaînes interminables. On parle de « polymère ». Comme pour le cristal on retrouve ici la répétition indéfinie d'un même motif. La différence, c'est que le cristal forme une structure rigide à trois dimensions, tandis que le polymère possède la souplesse des chaînes. Vis-à-vis de l'espace dans lequel il s'étend, il a la liberté de se tordre et de se replier sur lui-même. Cette aptitude à prendre une multitude de configurations, que nous rencontrons pour la première fois dans la nature, va jouer un grand rôle dans l'élaboration de la vie. Notons, en particulier, la possibilité de se refermer sur soi-même, en forme de boucle. Par l'addition d'autres molécules, la boucle peut ensuite se transformer en une sphère creuse. Nous voyons alors apparaître cette notion fondamentale de la physiologie : le « milieu intérieur ».

Catalyser

La fédération des individus en vue d'un objectif commun n'est pas pour nous un événement nouveau. Au sein des étoiles chaudes, déjà, des protons s'associaient aux noyaux de carbone pour accélérer leur fusion en noyaux d'hélium. C'est le cycle qui gouverne la génération d'énergie au cœur de Sirius, par exemple. En termes techniques, le carbone prend le rôle de catalyseur. Il se prête à la réaction. On le retrouve à la fin, inchangé, prêt à recommencer.

De tels phénomènes de catalyse, au niveau des réactions chimiques, vont se produire en grand nombre dans notre océan primitif. Voyons d'un peu plus près comment les choses se passent *(schéma 6)*. Deux molécules, appelons-les M et N, désirent se combiner en une nouvelle molécule MN. Malheureusement, dans le vaste milieu aqueux, M et N sont rares. Elles ont peu de chances de se rencontrer. Mais il existe une troisième molécule, O, qui possède deux crochets par lesquels elle peut capturer à la fois un exemplaire de M et un exemplaire de N. Ces deux isolés

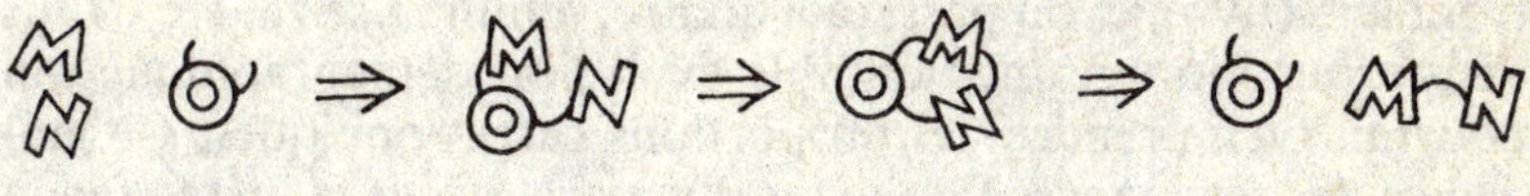

Schéma 6. La catalyse.

s'y retrouvent côte à côte. Ils se reconnaissent, se combinent et, de conserve, quittent O pour aller au loin vivre leur vie. Bon prince, O est prêt à recommencer. Il peut ainsi accroître considérablement le taux de formation de MN...

L'autocatalyse préfigure la reproduction

Le couple composé de M. et Mme Dupont reçoit Mlle Duparc et M. Ducharme. Mlle Duparc, célibataire, est une vieille connaissance de M. Dupont, tandis que M. Ducharme, également célibataire, est un camarade d'université de Mme Dupont. Mlle Duparc et M. Ducharme, de nature plutôt sociable, souffrent beaucoup de leur célibat et cherchent depuis longtemps, mais sans succès, une âme sœur. En désespoir de cause, ils ont demandé de l'aide au couple Dupont qui a organisé le dîner. Tout se passe très bien. Nos deux célibataires, manifestement, se plaisent. Ils décident de se revoir et puis de vivre ensemble. Un nouveau couple est né. Vous avez reconnu là les éléments d'une catalyse. Le couple Dupont a joué le rôle du catalyseur dans la rencontre Duparc-Ducharme. Plus encore, en un certain sens, on peut parler d'une *autocatalyse*. C'est un *couple*, en effet, qui a accéléré la formation d'un autre *couple*.

Par cet exemple, j'ai voulu illustrer la notion d'autocatalyse. Elle joue un rôle clef dans l'évolution. La première synthèse d'une molécule peut être très lente à se produire au sein de notre soupe océanique. Mais si, par chance, cette molécule possède cette propriété d'autocatalyse (c'est-à-dire si elle peut servir d'agent pour la formation d'une molécule identique à elle-même), elle donnera bientôt naissance à une compagne. Puis les deux se mettront à l'œuvre, et on passera à quatre, à huit, à seize, etc. Nous assisterons alors à une véritable explosion démographique qui pourrait bien prendre des proportions catastrophiques. Ce langage a des résonances familières. On parlerait de la même façon des souris, des lapins ou des êtres humains. C'est qu'en définitive l'autocatalyse est une forme de reproduction. La plus rudimentaire sans doute, mais elle en contient quand même tous les éléments essentiels. Il y a « production » d'un système nouveau, comme dans la catalyse simple. Il y a « reproduction », en ce sens que le système engendré est identique au premier.

Se nourrir

Grâce aux longs éclairs de l'orage primitif, la soupe océanique regorge de sucres et d'alcools, substances particulièrement riches en énergie. En parallèle, d'autres molécules se sont combinées qui ont la capacité de capturer et de briser l'alcool (ou le sucre) en lui « pompant » son énergie. C'est le début de la « prédation » ou de l'alimentation, une des principales activités des êtres vivants. À quoi va servir cette énergie acquise par la molécule prédatrice ? Il y a plusieurs possibilités. Peut-être à la faire éclater en molécules plus simples, qui auront perdu la propriété de prédation. Dans ce cas, c'est un échec. Mais peut-être aussi à faciliter de nouvelles combinaisons, qui donneront naissance à de nouvelles propriétés. Ici se profile pour la première fois un comportement de la matière qui jouera ultérieurement un rôle fondamental : les échecs sont éliminés, les succès persistent et ouvrent la voie à de nouvelles aventures.

Revenons un instant aux systèmes moléculaires qui possèdent un intérieur. Supposons qu'au moyen de leurs crochets atomiques ils puissent s'associer quelques-unes de ces molécules grasses qui nagent dans le milieu. Le propre des graisses, c'est de chasser l'eau, d'être « hydrophobes » comme on dit. C'est la graisse fixée à notre peau qui rend notre corps étanche. C'est elle aussi qui fait que les plumes de canard ne se mouillent pas. Que, donc, notre structure creuse arrive à tapisser sa surface extérieure de molécules de graisse, et la voilà imperméable à l'eau. Elle s'est alors véritablement isolée et peut commencer sa vie autonome, à l'abri de sa membrane. Certaines membranes possèdent la propriété de laisser passer certaines molécules et d'en exclure d'autres. On dit qu'elles sont sélectives. Supposons maintenant qu'à l'intérieur de la membrane se trouve une molécule capable de casser les sucres et de libérer leur énergie (une enzyme). On verra alors des sucres pénétrer dans l'enceinte, y déposer leur énergie. On verra ensuite les résidus sortir vers l'extérieur. C'est la première digestion. Ce schéma n'est pas purement spéculatif ; on a réalisé cette expérience en laboratoire.

En somme, les grandes fonctions de la vie, croissance, reproduction, alimentation, existent déjà, comme en préfiguration, au sein de la soupe primitive.

<Ces pages peuvent donner l'impression que le problème de l'origine de la vie sur la Terre est largement résolu. Elles reflètent assez bien un optimisme qu'on trouvait un peu partout chez les scientifiques à la fin des années soixante-dix. Depuis cette époque on est devenu plus réaliste.

La vie est-elle vraiment apparue dans l'océan ? Les objections sont nombreuses. Les systèmes fragiles nouvellement formés résisteraient-ils à la violence des mouvements aquatiques ? Rien n'est moins certain. On a pensé à des mares tièdes, ou encore au voisinage torride des geysers volcaniques. Mais, à chaque fois, il y a des problèmes.

Nous sommes forcés de l'admettre : sur la nature véritable et sur la localisation des phénomènes qui ont donné naissance aux premiers vivants, presque tout nous échappe. Pour une discussion critique, je recommande le livre *Origins* de Robert Shapiro publié chez Bantam Books.>

La première crise de l'énergie

Menacée par la famine, la complexité croissante survit et se développe grâce à l'énergie solaire.

Au début, les fonctions de nutrition et de reproduction (par autocatalyse) sont bien rudimentaires. Elles ne se produisent pas nécessairement au sein des mêmes molécules. Elles se développent, ici et là, avec plus ou moins de succès, en utilisant les vastes réserves d'énergie qui se sont accumulées dans l'océan. Au cours des millénaires, l'organisation s'y poursuit sans relâche. En observateurs extraterrestres, nous pourrions en marquer les étapes. En l'an X est apparue la première molécule capable de ceci ; en l'an Y, un système de plus de mille atomes a été observé pour la première fois, etc. Avec la multiplication des systèmes consommateurs, les réserves d'énergies océaniques sont bientôt largement entamées. Si grand est l'appétit qu'on en est à se disputer les derniers alcools fossiles. Cette crise pourrait se terminer par une famine généralisée, et par la destruction des molécules complexes si laborieusement constituées. Le progrès de l'organisation est alors sérieusement menacé.

Le Soleil brille toujours certes, mais face à la crise, son énergie ne sert à rien, jusqu'à ce qu'apparaisse une molécule spéciale, rudimentaire ancêtre de la chlorophylle. Par un mécanisme préfigurant la photosynthèse, elle sait capter et emmagasiner l'énergie des photons solaires. C'est le salut pour tous les systèmes affamés, qui trouvent le moyen de se fédérer avec cette précieuse partenaire. La première crise de l'énergie se résout par le développement de l'énergie solaire, qui, depuis ce jour, anime toutes les formes de vie végétales et animales *(N 12)*.

5. Images de l'évolution biologique

La machinerie de la cellule

À mi-chemin entre l'atome et l'animal, elle exerce déjà toutes les grandes fonctions de la vie.

Je ne suis pas biologiste. Je ne possède pas la compétence voulue pour poursuivre une narration détaillée de l'évolution darwinienne. Pourtant, je ne résiste pas à l'envie d'en signaler quelques hauts moments.

La cellule est l'élément de base, la brique fondamentale, de tous les êtres vivants. Nous sommes des « assemblages » de cellules. Notre corps en contient plus de cent mille milliards (10^{14}), agencées avec la plus extrême cohérence. Ces cellules ne sont pas identiques ; il y a environ deux cents variétés dans un être humain. Chaque variété joue un rôle déterminé. Les unes constituent les os, d'autres, les cheveux, d'autres encore nagent dans le sang sous forme de globules. Leurs dimensions, généralement, se mesurent en microns (millièmes de millimètre). Les formes sont sphériques, cylindriques, arborescentes, etc., selon la fonction qui leur est assignée *(fig. 30)*. Une cellule moyenne contient environ mille milliards (10^{12}) d'atomes, à peu près autant qu'une poussière interstellaire. Mais, entre les deux, il y a une différence abyssale. Au sein du grain céleste, l'organisation n'est pas nulle, mais elle est minime. Il s'agit d'un simple motif indéfiniment répété : un oxygène, un magnésium, un silicium, un fer, puis à nouveau un oxygène, etc. De plus, ces atomes sont fixés par des liens rigides ; seule la fusion du cristal entier pourra les déloger. Il faut, par contre, des volumes entiers pour décrire ce que nous savons de la complexité des cellules *(fig. 31)*. Et nous ne connaissons qu'une fraction infime des secrets de leurs structures et de leurs comportements.

En commun, les cellules ont un certain nombre d'éléments. D'abord un noyau. Là sont stockés, comme dans un coffre-fort, les « gènes ». Dans ces gènes est inscrit le « code génétique », c'est-à-dire toute l'information nécessaire à la poursuite de la vie et à la reproduction. Cette information est codée au moyen d'un alphabet spécial composé de molécules *(A 3)*. La séquence de ces molécules forme l'ADN. [Le nom précis est « acide désoxyribonucléique ». On utilise aussi le sigle anglais DNA.] On ne sait pas très bien à quel moment l'ADN est apparu pour la première fois sur la Terre. Ce fut probablement dans l'océan primitif. Depuis cette période, les molécules d'ADN sont fidèlement transmises au moment de la reproduction. Elles jouissent d'une sorte d'éternité. Elles dureront aussi longtemps que la vie sur la Terre (peut-être plus, si les voyages interstellaires deviennent des réalités). Autour du noyau, on trouve une substance gélatineuse, appelée « cytoplasme ». Cette substance est recouverte d'une membrane qui délimite le « monde intérieur » de la cellule. Le cytoplasme est peuplé d'une multitude de petites unités (les « organelles »). Elles ont des fonctions bien définies. On y retrouve des « poumons », des « foies », etc. Les « poumons », ici, se nomment « mitochondries ». L'oxygène, absorbé par la respiration animale, arrive à la membrane cellulaire par le biais de la circulation sanguine. Il pénètre dans la cellule et rejoint les mitochondries où il est utilisé. L'énergie dégagée est stockée par des molécules spéciales appelées ATP. Ce sont, en quelque sorte, des « batteries » qu'on recharge. Plus tard, elles iront libérer leur énergie là où les fonctions vitales de la cellule l'exigent. La respiration cellulaire n'est pas seulement une préfiguration de la respiration pulmonaire. Elle *est* la respiration. Le mouvement de va-et-vient de nos poumons n'est que le moyen d'amener l'air jusqu'aux cellules.

D'autres organelles de la cellule, les « ribosomes », ont pour mission l'assemblage des protéines nécessaires à la vie animale.

Ce sont de véritables « chaînes de montage ». Les éléments nutritifs franchissent, par la bouche, l'enveloppe extérieure du corps. Puis, apprêtés par le système digestif, ils traversent la membrane cellulaire et arrivent aux ribosomes sous forme d'acides aminés. Selon les plans fournis par le code génétique, ces acides aminés sont accrochés les uns aux autres pour constituer des protéines. Il y a des déchets. Rejetés hors de la cellule, repris en charge par le sang, ils sont filtrés et évacués dans l'urine. Comme dans le cas de la respiration, l'ultime digestion est celle de la cellule. Chez les cellules végétales, on trouve une organelle colorée appelée « chloroplaste », qui est responsable de la photosynthèse. Les plantes absorbent par leurs racines l'eau du sol, et par leurs feuilles le gaz carbonique de l'air. Les deux substances pénètrent la membrane cellulaire, se rejoignent dans les chloroplastes. Avec l'aide de la lumière du Soleil, elles se combinent pour former des sucres. Cette opération s'appelle photosynthèse. Ces sucres sont ensuite stockés sous forme d'amidon. Plus tard, ils serviront de nourriture aux animaux. Il y a un « déchet » de la photosynthèse, c'est l'oxygène. Évacué par la plante, ce gaz gagne l'atmosphère. Les plantes seules sont responsables de la présence d'oxygène libre dans notre atmosphère. Aucune autre planète du système solaire n'en possède.

La reproduction des plantes et des animaux passe par la reproduction des cellules. Les molécules d'ADN préparent d'abord une copie exacte d'elles-mêmes. Ces deux copies se séparent ensuite pour émigrer chacune vers deux régions opposées de la cellule. La cellule se scinde, les membranes se referment pour former deux cellules identiques, prêtes à recommencer. La vie, pour chacun de nous, a débuté par une seule cellule : l'œuf maternel, fécondé par le spermatozoïde paternel *(fig. 30)*. Cette cellule s'est divisée en deux, puis en quatre, puis en huit, jusqu'à plusieurs centaines de milliers de milliards (10^{14}) chez l'homme adulte. À l'occasion d'une rencontre sexuelle, tout le cycle recommence.

L'origine des cellules

Comment un système aussi évolué et aussi performant que la cellule est-il arrivé au monde ? À la vérité, on en sait peu de chose. Une théorie fascinante en fait le fruit d'une fédération. Il s'agirait de systèmes plus simples qui auraient trouvé avantage à vivre ensemble pour partager leurs aptitudes. Une sorte de symbiose.

Sur notre planète, les plus vieilles roches connues à ce jour sont situées au Groenland. Il s'agit d'un terrain *(N 13)* sédimentaire qui s'est déposé il y a 3,8 milliards d'années, c'est-à-dire moins d'un milliard d'années après la formation de la Terre.

<On a récemment contesté la présence de matières organiques fossiles dans le gisement de Isua. Le record temporel de la vie sur la Terre reviendrait plutôt à deux gisements un peu moins anciens. Âgés de 3,5 milliards d'années, ils sont situés respectivement en Australie et en Afrique du Sud.>

En ces temps, la puissance du volcanisme initial tirait à sa fin. Les premiers océans, quasi bouillants, regorgeaient des molécules complexes engendrées pendant le grand déluge. Or, découverte récente de la plus haute importance, ce terrain révèle la présence d'une vaste population de microfossiles. On y reconnaît, entre autres, des algues bleues. Il s'agit d'organismes microscopiques formés d'une seule cellule, capables de réaliser la photosynthèse. On les retrouve aujourd'hui dans les eaux chaudes issues des geysers d'Islande. Elles s'accommodent de températures voisines de cent degrés centigrades. À l'étude, la cellule de ces algues est assez déconcertante. Elle ne possède ni noyau ni aucun des éléments cellulaires habituels. On n'y voit qu'une masse gélatineuse enfermée dans une membrane. Sur les terrains désertiques qui entourent les geysers, on trouve, par ailleurs, de vastes populations bactériennes : organismes composés, là encore, d'une seule cellule, sans éléments internes apparents.

Selon la théorie de la « fédération », ce sont de telles cellules simples qui se seraient un jour associées pour former les cellules complexes des êtres vivants. Chaque organisme primitif devenait une organelle particulière. Les bactéries seraient devenues les mitochondries, responsables de la respiration cellulaire. Chez les plantes, les algues bleues seraient devenues les chloroplastes assignés à la photosynthèse. Fédérer des êtres déjà existants pour créer un être plus complexe et plus performant, voilà bien une des recettes favorites de la nature en gestation.

Le grand arbre darwinien

> En quatre milliards d'années, on passe des algues bleues aux êtres humains.

Encore une fois, malgré mon désir, je ne pourrai pas vous guider sur les sentiers de l'évolution biologique. D'autres l'ont fait avec une grande dextérité *(N 14)*. Je voudrais cependant, dans l'esprit des chapitres précédents, saluer au passage les grands moments de l'organisation naturelle. À la lumière de nos connaissances actuelles, essayons de dresser le palmarès de l'être le plus évolué à chaque instant de l'histoire de la Terre.

Bactéries et algues bleues semblent garder la palme pendant trois milliards d'années. Les organismes pluricellulaires les plus anciens, à notre connaissance, sont les méduses. On les voit apparaître il y a sept cents millions d'années. Sans doute y en a-t-il de plus vieilles. Les vestiges sont difficiles à identifier. Cent millions d'années plus tard, voilà les premiers coquillages et arthropodes (crustacés variés). Ils possèdent un squelette extérieur qui laisse des traces fossiles. Encore cent millions d'années (il y a cinq cents millions d'années), et le squelette passe à l'intérieur ; le règne des poissons commence.

La vie, jusqu'ici, était exclusivement confinée à l'océan et aux lacs. La sortie des eaux va se faire, il y a trois cent cinquante millions d'années. Grâce à la couche d'ozone, l'atmosphère est maintenant protégée contre les rayonnements létaux en provenance de l'espace. Cette couche d'ozone est elle-même apparue grâce à la respiration végétale aquatique des ères précédentes.

<Cette couche d'ozone est maintenant bien connue du public. Elle couvre à peu près uniformément notre planète, sauf aux pôles où elle s'amincit jusqu'à devenir quasi inexistante.

Des études récentes ont fait état d'un accroissement de la dimension du « trou » de la couche d'ozone au-dessus du pôle Sud. Cet accroissement pourrait être dû à l'activité humaine. Elle pourrait être provoquée par l'effet de certains gaz rejetés des aérosols ou des frigos éventrés dans les dépotoirs. Les données les plus récentes semblent accréditer la thèse d'une réduction progressive de l'ozone stratosphérique, vraisemblablement en relation avec la pollution atmosphérique industrielle. Il est urgent de stopper ce phénomène avant que le sol terrestre ne devienne inhabitable. >

C'est le début de la période des reptiles et des oiseaux. Les mammifères apparaissent peu après, mais ne s'épanouissent vraiment qu'après la disparition des dinosaures, il y a environ soixante-trois millions d'années *(voir section suivante)*. Parmi ces mammifères, une espèce de petite musaraigne *(fig. 32)*, venue au monde il y a environ soixante millions d'années, portait dans ses gènes la promesse du cerveau humain *(fig. 33)*. De sa descendance sortent les diverses lignées de singes. Puis, de l'une de ces lignées, les premiers hominiens et les premiers hommes. Le corps humain est fait d'environ trente milliards de milliards de milliards de particules élémentaires (3×10^{28}). C'est l'agencement de toutes ces particules qui vous permet de concentrer votre attention sur les pages de ce livre...

Une catastrophe à l'échelle planétaire

Un événement d'une ampleur considérable a eu lieu sur la Terre, il y a environ soixante-trois millions d'années. Des plantes, des animaux, par races entières, meurent et disparaissent à jamais. Des espèces aussi différentes que les dinosaures, les ammonites marines et les fougères géantes sont rayées de la liste des vivants. Que s'est-il passé ? Des études récentes montrent que la cause de l'hécatombe est fort probablement de nature astronomique...

Des analyses chimiques révèlent dans les couches géologiques de cette période des quantités « anormalement » élevées de certains métaux rares, comme l'iridium, l'osmium et l'or. Anormalement par rapport à ce qu'on trouve généralement à la surface de la Terre. Cependant, et c'est là le point crucial, les quantités relatives de ces métaux sont en bien meilleur accord avec les résultats obtenus sur les météorites étudiées au laboratoire. Tout se passe comme si une pluie de matière météoritique était tombée à cette époque-là sur la Terre. Imaginons qu'une météorite de plusieurs kilomètres de diamètre rencontre notre planète. Sous l'impact, elle se volatilise et des nuées de poussières rocheuses se répandent dans toute la haute atmosphère terrestre. Les grandes éruptions volcaniques (celle du Krakatau à la fin du siècle dernier, par exemple) provoquent généralement des obscurcissements analogues, mais de moindre importance, de la voûte céleste. Comment ces poussières ont-elles pu provoquer une telle hécatombe ? Nul ne le sait vraiment. La diminution prolongée du flux solaire aurait-elle détérioré les cycles de la végétation ? Pourquoi certains animaux ont-ils survécu et d'autres non ? D'ailleurs s'agit-il nécessairement d'une chute de météorite ? Le système solaire pourrait, à cette période, avoir rencontré un nuage interstellaire dense, comme ceux que nous voyons dans la constellation d'Orion. La traversée de ce nuage aurait provoqué une pluie de poussières interstellaires (également riches en iridium, osmium, or) à la surface de la Terre. L'important, ici, c'est que l'arrivée d'une couche de matière extraterrestre coïncide avec l'extinction massive d'individus et d'espèces animales sur toute notre planète.

<La situation est encore très confuse. D'une part on a mis en évidence plusieurs chapitres d'extinctions massives d'espèces vivantes au cours des ères géologiques. Ces chapitres se situent temporellement à environ trente millions d'années l'un de l'autre. Plusieurs chercheurs ont voulu y voir un phénomène périodique, associé à un événement astronomique récurrent (passage du Soleil dans le plan de la Galaxie ou proximité d'un hypothétique compagnon orbital de notre étoile). Mais la périodicité est très contestée.

De surcroît, plusieurs chercheurs pensent que ces hécatombes n'auraient pas eu la brièveté compatible avec des catastrophes célestes. Elles se seraient étalées sur des milliers ou même des centaines de milliers d'années. Il semble que le problème de la disparition des dinosaures puisse encore alimenter longtemps l'imagination des êtres humains. >

Cet événement va altérer d'une façon appréciable l'évolution de la vie terrestre. À l'époque, depuis deux cents millions d'années, les sauriens représentent la branche peut-être la plus importante du règne animal. Les mammifères existent aussi depuis longtemps, mais pour ainsi dire en retrait. Ce sont des bêtes minuscules, de la dimension de nos rongeurs, dont le nombre est restreint et le développement fort lent. Après la disparition des reptiles géants, tout change. La population des mammifères croît rapidement, et leur développement s'accélère. En quelques dizaines de millions d'années, ils atteignent le stade du singe, du primate et de l'homme... On a l'impression que la coexistence avec les sauriens n'a pas été très bénéfique aux premiers mammifères. D'où cette lenteur initiale de leur développement, suivie, après l'hécatombe, d'une véritable explosion. Si tel est le cas, cette chute d'une pierre céleste prendrait une importance considérable dans notre histoire de l'organisation de la matière. Elle viendrait éliminer l'obstacle constitué par la présence des dinosaures, et relancer la progression ascendante de la complexité...

La vie implique tous les niveaux du réel

Sur un lit défait, une femme repose. Tout respire le calme et la tranquillité. Mais, en son sein, une autre scène se déroule. C'est le tumulte, le chaos, la lutte impitoyable. Des milliards de spermatozoïdes montent à l'assaut de l'unique ovule qui leur assurera la survie. La compétition est inexorable ; tous les combattants, sauf un (ou peut-être deux), périront d'ici à quelques minutes dans une effroyable hécatombe. Sous la membrane de chacun de ces spermatozoïdes, c'est encore autre chose. Les réactions chimiques de production de protéines se poursuivent à leur rythme. Les atomes se joignent ou se dissocient, inconscients du tumulte qui règne à l'étage au-dessus, comme de la volupté paisible plus haut encore. Les nucléons des noyaux assistent en spectateurs passifs aux ébats des électrons qui réalisent les combinaisons moléculaires, tout comme d'ailleurs les quarks puissamment liés au cœur des noyaux.

Tous les niveaux du monde réel, dans le passé, le présent et l'avenir, interviennent dans cette scène de la vie courante. Les quarks se sont liés en nucléons dans la purée initiale des premières microsecondes de l'univers. Les nucléons se sont assemblés en noyaux, il y a quelques milliards d'années, dans la fertilité des cœurs d'étoile. Le code génétique, inscrit dans les cellules sexuelles, s'est édifié dans la soupe océanique primitive. Aujourd'hui, l'action se perpétue au niveau de la chimie, de l'activité cellulaire et sur le plan de la vie sentimentale des amants. Elle porte la promesse de sa propre prolongation dans l'avenir. La « vie » est présente à tous ces niveaux ; l'acte le plus simple prend sa source au début du temps.

Les éléments chimiques de la vie

Dans la soupe primitive, les éléments sont triés et choisis selon leurs mérites.

Revenons aux premiers temps de notre planète. Dans la croûte terrestre, dans l'atmosphère, dans l'océan primitif, en proportions très inégales, se trouvent les quelque quatre-vingts éléments chimiques stables, avec leurs propriétés bien définies *(A 3)*. Comme un enfant qui s'amuse, ou comme un maçon qui trie des pierres, la nature « essaie » les atomes. Au hasard des combinaisons, des succès et des échecs, à celui-ci sera assigné tel rôle, à celui-là tel autre. Certains seront réquisitionnés en masse, le calcium, par exemple, pour faire les os. D'autres, comme l'iode dans la thyroïde, occuperont, en quantités infimes, des postes clefs. Malgré leur rareté, leur absence suffirait à tout dérégler. La diversité de leurs aptitudes permettra à certains éléments d'intervenir à plusieurs titres dans le déroulement des processus vitaux.

La prédominance de l'hydrogène et de l'oxygène rappelle le rôle crucial de l'eau, dû à son pouvoir dissolvant. À partir du carbone s'agencent les molécules associées au code génétique : acides aminés, protéines, bases nucléiques *(A 3)*. En se combinant avec l'hydrogène, l'oxygène et l'azote, le carbone engendre une variété quasi infinie de structures capables d'assurer le stockage de l'information. Le soufre joue ici un rôle important. La circulation sanguine utilise le fer pour transporter l'oxygène des poumons aux cellules. On a découvert en laboratoire que l'atome de fer ne peut s'insérer dans l'hémoglobine sans la présence d'une protéine à base de cuivre. Mais comment la nature a-t-elle fait cette découverte ? Parmi toutes les molécules qui peuvent emmagasiner de l'énergie et la rendre au moment voulu, aucune ne surpasse en efficacité l'ATP, construite autour du phosphore. La nature l'a choisie pour assurer la digestion des aliments au niveau des cellules. La vie est fondée sur la chimie, et la chimie fondée sur les échanges d'électrons. Six éléments principaux participent à ces échanges : le chlore, le soufre et le phosphore comme donneurs d'électrons ; le magnésium, le sodium et le potassium comme récepteurs.

Avec les enzymes, nous retrouvons les phénomènes de catalyse déjà rencontrés dans les étoiles et dans l'espace. Ce sont des molécules hautement spécialisées, qui interviennent à des instants précis des cycles vitaux. Pour plusieurs d'entre elles, c'est la présence dans leur architecture d'un atome particulier qui assure leur spécificité. Le zinc participe à la digestion de l'alcool et des protéines ; le manganèse à la formation de l'urée et le cobalt à la synthèse du code génétique. Le cuivre, nous l'avons vu, sert à incorporer le fer dans le sang. Il sert aussi à la pigmentation de la peau, à l'élasticité des parois de l'aorte et à la photosynthèse. On a pu montrer que les organismes vivants utilisent encore (mais en quantités infimes) le bore, le fluor, le silicium, le vanadium, le chrome, le sélénium et l'étain. Au moins vingt-sept éléments interviennent dans la machinerie de la vie. Des biologistes cherchent à savoir jusqu'où se prolongera cette liste *(N 15)*.

Mais les éléments nobles (hélium, néon, argon, krypton, xénon) sont absents. On s'y attendait. La rigidité de leurs liens leur interdit le jeu des combinaisons. De même, le silicium, pourtant proche parent du carbone et cent fois plus abondant dans la croûte terrestre, n'intervient que dans des proportions infimes. Son grand tort, c'est de n'être pas soluble dans l'eau.

6. La vie hors de la Terre

La vie dans le système solaire

Y a-t-il des plantes ou des animaux sur d'autres planètes du système solaire ? Au siècle dernier, on parlait volontiers des Vénusiens ou des Martiens et de leurs longs canaux. Pourtant, depuis le début de l'exploration spatiale, on y croit moins.

La Lune et Mercure n'ont pas d'atmosphère. Pourquoi ? Elles ne sont pas assez massives pour retenir autour d'elles une enveloppe gazeuse. Au moment de leur naissance, elles contenaient, comme la Terre, de vastes quantités de gaz en dissolution dans la pierre chaude. Échappés par de multiples bouches volcaniques, ces gaz ont fui en direction de l'espace, laissant sans protection les sols dénudés. Continuellement bombardés par des particules rapides en provenance du Soleil et d'ailleurs, les pierres s'effritent. Une mince couche de poussière s'est accumulée au cours des ères. Les astronautes ont laissé les traces de leurs semelles sur la Lune. Mercure et la Lune sont arides et désertiques *(fig. 22 et 24)*.

À l'inverse, Vénus, qui possède une atmosphère d'une grande épaisseur, ne présente pas pour autant des conditions plus favorables. Cette masse de gaz carbonique fait office de « serre » planétaire. Elle piège la chaleur du Soleil et porte la surface à plus de cinq cents degrés centigrades. Il n'y a pas de liquide. Ici, c'est la trop grande chaleur qui décourage la structuration moléculaire.

Et sur Mars ? En 1976, les Américains y ont envoyé deux sondes Viking, sans astronaute, mais équipées d'un laboratoire de chimie entièrement automatisé. Elles se sont posées sur le sol rouge, en ont recueilli des spécimens qu'elles ont broyés et analysés. Comment décider si une planète possède une flore ou une faune ? Il y a un moyen simple : c'est la présence de molécules caractéristiques. Sur la Terre, même dans les déserts les plus arides, il y a toujours des myriades de molécules organiques variées. Le vent transporte partout les pollens et les spores microscopiques. Or, dans le sol martien analysé, il y a beaucoup moins de molécules complexes qu'au sein des glaciers antarctiques. On a peu d'espoir d'y trouver une vie, même bien primitive *(fig. 26).*

Et ailleurs ? Certains satellites de Jupiter et de Saturne possèdent des atmosphères *(fig. 27).* Ils pourraient bien abriter quelques formes végétales. Une découverte importante décrite dans la prochaine section justifie cet espoir.

Des acides aminés dans les météorites

Une ébauche de vie sur des planètes disparues.

Les météorites sont des pierres qui tombent du ciel. Chaque année, il en arrive plusieurs centaines, distribuées sur toute la surface de la Terre. Leurs dimensions vont de quelques centimètres à quelques mètres. En entrant dans l'atmosphère, elles laissent derrière elles une longue traînée lumineuse (les étoiles filantes), parfois accompagnée d'un coup de tonnerre. Elles heurtent le sol, violemment, et souvent s'y enfoncent. D'où viennent-elles ? Avant de rencontrer la Terre, elles gravitaient silencieusement autour du Soleil, comme n'importe quelle planète. On a pu photographier quelques météorites pendant leur entrée dans l'atmosphère, et retracer leurs orbites. Elles provenaient d'au-delà de Mars. Au lecteur qui n'a jamais vu de météorites, je conseille une visite à un musée de minéralogie (par exemple au Muséum d'histoire naturelle de Paris). Caresser de la main la surface polie d'une météorite qui gravitait il y a quelques années parmi les planètes du système solaire donne le vertige. Comme regarder la Voie lactée par une profonde nuit d'été...

Il y a, en gros, deux sortes de météorites : pierreuses et ferreuses. Les ferreuses se présentent comme des masses très denses, d'aspect métallique brun rouille. Leurs surfaces sont souvent creusées de cavités profondes, dues au frottement de l'air pendant la descente au sol. En réintégrant la Terre, les capsules des cosmonautes subissent des avaries analogues.

Les météorites pierreuses sont grisâtres comme les cailloux des champs. Certaines d'entre elles renferment dans leur texture des petites billes vitreuses appelées « chondres ». Ces météorites, nommées « chondrites », incorporent quelquefois d'importantes quantités d'eau (cristallisée) et de carbone. Ce sont les « chondrites carbonées ». À l'analyse, ce matériau carboné révèle la présence d'hydrocarbures (comme le goudron et le pétrole), et même d'acides aminés ! S'agit-il d'une présence préalable dans la météorite ou d'une contamination au sein de l'atmosphère terrestre ? Ces molécules pullulent dans l'air et dans l'eau de pluie. Comment savoir si la météorite n'en a pas hérité *après* son arrivée au sol ? Question épineuse, qui a suscité de longues discussions, chaudes et envenimées. Aujourd'hui, la réponse est nette. Ces acides aminés existaient déjà dans la météorite *avant* son entrée dans l'atmosphère. Dans la prochaine section, j'expliquerai comment, grâce aux travaux de Pasteur, on a pu trancher la question.

Pasteur et les sucres

On peut obtenir du sucre de deux façons différentes. Soit en l'extrayant de certaines plantes : la betterave ou la canne à sucre. Soit à partir d'eau et de gaz carbonique, au laboratoire de chimie. Ces sucres sont-ils semblables ? Il y a une différence, mais vous ne la sentirez pas dans votre café. On peut la mettre en évidence en faisant passer un faisceau lumineux dans une solution sucrée. Le sucre d'origine vivante réagira d'une façon précise, tandis que le sucre de laboratoire n'aura aucune réaction. [Plus précisément, on utilise de la lumière polarisée. Le sucre d'origine vivante va faire tourner le plan de polarisation. Le sucre de laboratoire ne le fera pas tourner. Cette rotation s'observe au moyen de verres polarisés.] Quelle est la cause de cette différence ?

C'est qu'en fait il y a deux sortes de molécules de sucre. Elles sont constituées des mêmes atomes (carbone, oxygène, hydrogène), mais l'architecture géométrique est différente. Imaginez, par exemple, un escalier en colimaçon. Il peut tourner dans un sens, ou dans l'autre. De la même façon, il y a des molécules dont la géométrie correspond à un sens, et d'autres à l'autre. À part cela, elles sont identiques, comme la main gauche et la main droite dans un miroir. Pasteur a montré que, si les sucres de laboratoire contiennent en quantités égales les deux variétés, les sucres d'origine vivante n'en contiennent qu'une seule variété. [Une solution constituée uniquement de cette variété fait tourner le plan de polarisation dans un certain sens. L'autre variété le ferait tourner dans le sens opposé. Quand les deux variétés coexistent, les influences s'annulent et le plan de polarisation reste fixe.] Chez les êtres vivants, les « moules » à fabriquer le sucre sont tels qu'ils ne peuvent produire que la variété dont ils sont eux-mêmes faits. Il y a là une sorte de sélection, semblable à celle que nous avons rencontrée dans la formation d'un cristal. Que tous les végétaux et animaux fabriquent le même sucre, voilà une manifestation profonde de la grande unité des êtres vivants sur la Terre.

Pourtant, au début, dans la soupe océanique, la situation devait être différente. Il n'y a pas de raisons pour que les longs éclairs du déluge initial aient favorisé un sucre plutôt que l'autre. Plus tard, une des variétés a disparu. Pourquoi ? C'est une question très débattue *(N 16)*. On peut imaginer qu'à l'apparition des premiers systèmes capables de se nourrir et de se reproduire, les deux clans ont dû s'entre-dévorer (les deux sucres peuvent servir de nourriture à tout le monde). Un des clans aura éliminé l'autre... Sur une autre planète, le clan vainqueur pourrait être différent. Cette situation (deux variétés possibles, une seule variété réalisée) n'est pas réservée aux sucres. Bon nombre de molécules complexes sont dans le même cas. Chez les vivants terrestres, il n'existe qu'une sorte d'acides aminés, l'autre sorte est absente. Or, dans les chondrites carbonées, les deux formes coexistent. Voilà la preuve qu'il ne s'agit pas d'une contamination atmosphérique, mais d'un apport indigène de la météorite. Voilà la preuve que ces molécules se sont formées ailleurs que sur notre planète.

Des planètes éclatées

Que savons-nous de la vie antérieure des météorites ? On a de bonnes raisons de penser que la majorité d'entre elles proviennent de corps plus gros, appelés « corps parents ». Il s'agirait de petites planètes, comme Phobos *(fig. 34)*, dont les diamètres ne dépasseraient pas quelques centaines de kilomètres. Au sein de ces planètes, comme sur la Terre ou sur la Lune, la matière se serait sédimentée. Les substances métalliques plus lourdes auraient coulé jusqu'au centre, alors que les matériaux de texture pierreuse, plus légers, se seraient retrouvés dans les couches supérieures. Plus tard, au cours de collisions catastrophiques avec d'autres corps solides, ces planètes ont volé en éclats. Leurs fragments, selon leur provenance, sont devenus des météorites pierreuses ou ferreuses.

Les acides aminés de nos chondrites carbonées se seraient formés sur ces corps parents aujourd'hui disparus. La présence d'eau dans ces chondrites ne nous étonne pas. Nous savons l'importance de cette substance dans l'élaboration de la vie terrestre. Notons en passant que Callisto, satellite de Jupiter, semble largement constitué d'eau gelée. Il ne faut pas perdre tout espoir… La présence simultanée des deux variétés d'acides aminés sur certaines météorites nous a démontré que ces molécules préexistaient à leur arrivée au sol. Cette même présence nous apprend encore autre chose. Rappelons que si, dans la biosphère terrestre d'aujourd'hui, une seule variété subsiste, dans la soupe primitive les deux variétés, sans doute, coexistaient. On peut conclure que, sur les planètes disparues, l'organisation de la matière avait atteint le stade où naissent les acides aminés, mais n'avait pas atteint le stade où, à cause de la compétition, une variété élimine l'autre.

Au même titre que l'observation inattendue des molécules interstellaires, la découverte des acides aminés au sein des chondrites carbonées a profondément remué la communauté scientifique. Elle illustre, une fois de plus, l'étonnante fertilité de la matière...

La vie dans l'univers

Il y a probablement des millions de planètes habitées. Mais elles sont bien discrètes...

Et ailleurs ? Au-delà du système solaire, parmi les milliards d'étoiles qui composent notre Galaxie, parmi les milliards de galaxies qui composent notre univers, y a-t-il des êtres vivants ? Les étoiles sont loin. L'exploration sur les lieux est un projet pour les millénaires à venir.

À défaut d'aller voir sur place, on peut observer et chercher des preuves, dans un sens ou dans l'autre. On peut se demander, par exemple, si, comme notre Soleil, d'autres étoiles possèdent un cortège planétaire. La planète, on l'a vu, présente une solution idéale aux multiples problèmes de la matière qui s'organise. Nous savons, en tout cas, que les étoiles célibataires sont une minorité. Plus de la moitié des étoiles vivent en ménage avec un ou plusieurs partenaires. Que certains de ces corps célestes aient une constitution semblable à la Terre, que, parmi ceux-ci, quelques-uns reçoivent, grâce à la position de leur orbite, une chaleur appropriée au développement de la vie, cela semble bien vraisemblable... Le nombre de planètes habitées pourrait être très élevé. Certains auteurs parlent d'un million dans notre seule Galaxie. Cette estimation, bien sûr, c'est la prise de conscience de l'acharnement avec lequel la vie se développe partout où les conditions le permettent ; et de son aptitude à altérer ces conditions pour améliorer ses chances de progrès.

Le Soleil est né assez tard dans la vie de notre Galaxie. Des milliards d'étoiles sont nées avant lui. Quelles bêtes foisonnent à la surface de leurs hypothétiques planètes ? Méduses, dinosaures, hominiens, ou tout autre chose ? Des planètes, par milliers, peuvent déjà avoir atteint une technologie bien supérieure à la nôtre, et communiquer entre elles par des messages radiophoniques ou des voyages interstellaires. Ces messages, nous devrions pouvoir les capter. Nos radiotélescopes sont assez puissants pour recevoir l'équivalent de France-Inter ou de la BBC émis à quelques années-lumière. Des tentatives d'écoute ont été faites à plusieurs reprises. Les meilleures antennes de la planète ont consacré plusieurs heures à cette recherche. Sans succès. Chacun de nous a, un jour, cherché à capter les émissions de pays lointains sur un poste récepteur à ondes courtes. En tournant le bouton approprié, on balaie le domaine des fréquences. Le plus souvent, on reçoit de la « friture » : une succession incohérente de sifflements, de grondements, de notes aiguës ou graves. Puis, tout d'un coup, faiblement, une voix ou une musique. Même si la langue nous est totalement inconnue, même si les distorsions sont importantes, il nous est possible de distinguer les émissions des bruits sans signification. Jusqu'à ce jour, du ciel, nous n'avons reçu que de la friture. Nul signal n'a été capté qui laisse deviner la présence d'un émetteur intelligent, nul « programme » qui manifeste une intention de communication. À vrai dire, on est loin d'avoir couvert toutes les possibilités. L'exploration systématique dans toutes les directions, sur toutes les fréquences, avec toutes les bandes passantes, est à peine entamée. Ne perdons pas espoir.

<Malgré de nouvelles tentatives nous n'avons encore rien de tangible sur ce sujet. J'ai discuté les multiples interprétations de ce silence à la page 50 de *l'Heure de s'enivrer*. Voir aussi *les Enfants d'Uranie* d'Evry Schatzman.>

Et le tourisme interstellaire ? Ici, ce ne sont pas les renseignements qui manquent ! Les rapports consignés (souvent accompagnés de procès-verbaux) d'observations d'objets volants non identifiés (OVNI) rempliraient des bibliothèques entières. Ils sont vus, photographiés, quelquefois sondés au radar. Des spectateurs sont enlevés, amenés à bord. Certains disparaissent à jamais. D'autres, comme Marco Polo, reviennent raconter des choses inouïes. Pourtant, la situation baigne dans la plus grande confusion. À l'analyse critique, la majorité des témoignages se dissout. On y retrouve de la fraude, de l'hallucination ou, plus banalement, le désir d'être intéressant. Les documents photographiques sont flous, les échos radars indécis. Aucun renseignement valable quant à l'aéronautique ou au mode de propulsion n'a pu en être extrait. Pas plus que d'informations crédibles quant à leur origine extraterrestre. Certains cas, bien sûr, restent inexpliqués, mystérieux et troublants, et il convient d'y prêter la plus grande attention.

Tâchons, quand même, de donner à notre discussion une dimension supplémentaire. Mettons-nous, un moment, dans la peau d'un homme préhistorique. Par exemple, un habitant de la grotte de Lascaux. Son cerveau est tout aussi développé que le nôtre ; les fresques polychromes dont il a décoré les murs de ses cavernes en font foi. Pourtant, il ignore tout des ondes radio et de la communication à distance. Il lui manque les millénaires de développements technologiques qui ont transformé notre perception de la réalité. Dans la nature, des forces existent qui échappent à nos sens. Aujourd'hui, on sait construire des téléviseurs qui rendent manifeste la présence des ondes électromagnétiques. Qui serait assez téméraire pour affirmer que nous connaissons et percevons toutes les forces, toutes les ondes et tous les moyens de communication ?

Les civilisations extraterrestres ne nous inondent pas de leurs messages radio. Leurs visites à notre planète restent plus que douteuses. Mais cela n'épuise pas le débat. Reste entière la possibilité d'autres types de voyages, d'autres types de télécommunication...

7. L'avenir de la Terre

La mort du Soleil

Le botaniste qui se promène dans une pinède peut mentalement classer les arbres par rangs d'âge. Il a devant lui l'image de leur vie entière. À ses pieds les plus jeunes pousses, au-dessus des adultes vigoureux, et au sol les troncs pourrissants des vieilles plantes. À l'un ou l'autre de ces pins, curieux de son avenir, il pourrait, à partir de ses observations, donner quelques renseignements prophétiques. Par rapport aux étoiles du firmament, l'astronome se trouve dans une position analogue. En identifiant dans le ciel les astres à différents stades de leur existence, l'astronome voit se dérouler devant lui la naissance, la vie et la mort des étoiles. Il y a une étoile pour laquelle notre intérêt est plus qu'académique : notre Soleil. L'avenir du genre humain dépend intimement du sort qui lui est réservé.

Dans un chapitre antérieur, j'ai décrit la mort des petites étoiles. Elles passent successivement par les phases géante rouge, nébuleuse planétaire et naine blanche, avant de s'éteindre en naine noire. Je vais maintenant tenter de reconstituer la séquence de ces événements tels qu'ils apparaîtront à l'observateur extraterrestre que nous avons choisi d'incarner.

Les réserves d'hydrogène solaire nous promettent encore cinq milliards d'années de tranquillité. Le Soleil restera ce qu'il est : une étoile jaune dont le disque énorme a, à cause de sa distance, la même taille apparente que la Lune. Avec l'épuisement de l'hydrogène central, le Soleil va devenir une géante rouge et amorcer la fusion de l'hélium en carbone et oxygène. Bételgeuse (l'épaule gauche d'Orion), Aldébaran (dans le Taureau), Antarès (dans le Scorpion) en sont là. On voit, même à l'œil nu (et mieux avec des jumelles), que ce sont des étoiles rouges. Géantes, ces étoiles le sont vraiment. Superposons par la pensée le centre d'Antarès à celui du Soleil. Le volume de cette étoile englobera non seulement le Soleil, mais aussi les orbites de Mercure, de Vénus et de la Terre.

Quand le Soleil atteindra cette phase, son volume va croître et sa surface va se refroidir lentement. Du jaune, sa lumière virera à l'orange puis au rouge. Et du bleu du ciel aux douces teintes des aubes et des crépuscules, tous les phénomènes atmosphériques en seront profondément altérés. La Terre se refroidira-t-elle ? Non, au contraire. L'accroissement de la surface solaire va surcompenser la diminution de sa température. Le disque rouge aux dimensions croissantes nous enverra bien plus de chaleur que notre disque jaune familier.

Essayons d'imaginer ce qui se passera sur notre malheureuse planète en ces temps avancés. Avons-nous les éléments requis pour établir un scénario à peu près vraisemblable, au moins dans ses grandes lignes ? Je le crois, sans en être totalement convaincu *(A 5)*. Sous la chaleur accrue, les glaces polaires vont commencer à fondre, élevant progressivement le niveau des océans et exhalant dans l'atmosphère d'épaisses couches nuageuses, qui, pour un temps, cacheront les étoiles. Ces nuages effaceront largement les contrastes climatiques entre pôles et équateur. Une vaste Amazonie, chaude et humide, s'étendra sur toute notre planète où, comme dans une serre, une végétation luxuriante s'installera. Puis l'atmosphère commencera à s'évaporer dans l'espace. Le ciel redeviendra clair. Sous l'ardeur de l'immense disque rouge, la végétation desséchée flambera spontanément. D'interminables feux de broussailles achèveront de consumer tout ce que la surface terrestre contient d'éléments organiques.

Des paysages lunaires feront leur apparition. Sur les continents, comme au fond des océans évaporés, le règne minéral reprendra la place qu'il avait aux premiers temps de notre planète et qu'il n'a jamais perdue sur la Lune *(fig. 23)*. Quelques centaines de milliers d'années encore et, comme dans les bouches volcaniques d'aujourd'hui, la pierre elle-même entrera en fusion. En cascades rougeoyantes, des nappes de lave incandescente descendront des montagnes, et s'amasseront au fond des antiques fosses océaniques.

Le ventre rouge du Soleil continuera son inexorable progression, projetant devant lui, issu de ses entrailles, un formidable vent. Sous l'impact, les planètes intérieures, Mercure, Vénus, la Terre, Mars peut-être, se vaporiseront lentement. Leur matière se joindra à cet ouragan et, en flots tumultueux, foncera vers l'espace. Plus tard encore, l'évacuation de la matière prendra une allure plus saccadée et plus violente. À leur tour, les planètes extérieures, Jupiter, Saturne, Uranus, Neptune et Pluton, se volatiliseront sous l'impact des bouffées torrides.

Vu de loin, l'événement prendra l'allure richement colorée des nébuleuses planétaires familières à l'astronome *(fig. 17)*. D'une étoile chaude, bleu-violet, située au centre, partent des anneaux concentriques, successivement vert-jaune puis rouges sur les bords. <Voir la figure en page 94 de mon livre *Poussières d'étoiles.*> L'astre central est le noyau résiduel de la géante rouge agonisante, tandis que les anneaux sont constitués de la matière stellaire évacuée au loin. Suffisamment diluées, ces masses gazeuses deviennent transparentes et s'illuminent, stimulées par la lumière de l'étoile qui les a rejetées. De l'oxygène provient la frange verte, de l'hydrogène et de l'azote, la couronne rouge. Le Soleil mourant ne s'effritera pas complètement. Un cœur dénudé restera sur les lieux, une « naine blanche » comme celle qui gravite autour de Sirius *(fig. 18)*. La matière de notre planète vaporisée retournera au gaz galactique dont elle a été formée il y a 4,6 milliards d'années. À partir de cette matière diluée, de nouvelles nébuleuses s'assembleront. Dans ces nébuleuses, de nouvelles étoiles et de nouveaux cortèges planétaires s'édifieront.

Images de pérennité dans un cycle perpétuellement retracé.

<La recherche de systèmes planétaires autour des étoiles voisines s'est fortement intensifiée, grâce à la mise en opération de télescopes infrarouges particulièrement adaptés à cette tâche. Au moins sept étoiles se sont signalées à notre attention. L'analyse des observations suggère la présence de cortèges planétaires autour de ces étoiles.>

Réanimer le Soleil défaillant

Du meilleur usage possible des bombes thermonucléaires.

Il m'arrive de me faire du souci pour nos arrière-arrière... petits-enfants qui vivront cette période critique de la mort du Soleil. Doivent-ils inexorablement périr ?

Je vois pour eux trois solutions possibles. D'abord, une migration vers des planètes plus éloignées du Soleil. Deux satellites de Jupiter, Ganymède et Callisto, possèdent d'importantes réserves d'eau. Réchauffés par les rayons de l'immense Soleil rouge, ils pourraient, moyennant certains aménagements, devenir habitables. Aujourd'hui, on sait déjà déposer des hommes sur la Lune et construire des habitacles sous-marins. Cette solution n'a rien d'utopique et pourrait être réalisable dans un futur pas trop éloigné. L'ennui, c'est qu'elle risque d'être réservée à quelques privilégiés. Et qui les choisira ?

La seconde solution consiste à déplacer la Terre entière pour la maintenir à une saine distance de notre Soleil menaçant. Pour cela, il faudrait arrimer au sol des batteries de fusées convenablement orientées, comme pour un satellite artificiel. Pour obtenir l'énergie requise, on devra d'abord avoir mis au point la fusion contrôlée de l'hydrogène. J'ai calculé qu'en brûlant environ dix pour cent de l'eau océanique, on pourrait déplacer l'orbite de la Terre au-delà de celle de Saturne. L'ennui, c'est que le niveau de l'océan descendra d'environ deux cents mètres. Mais, après tout, il faut ce qu'il faut !... Ces deux solutions (migration des populations et changement de l'orbite terrestre) ont en commun un point faible. C'est d'être de courte durée. Elles ne seront valables que pendant la phase géante rouge du Soleil (cent millions d'années environ). Quand il deviendra nébuleuse planétaire, puis naine blanche, tout sera remis en question.

Heureusement, il existe une troisième solution, beaucoup plus

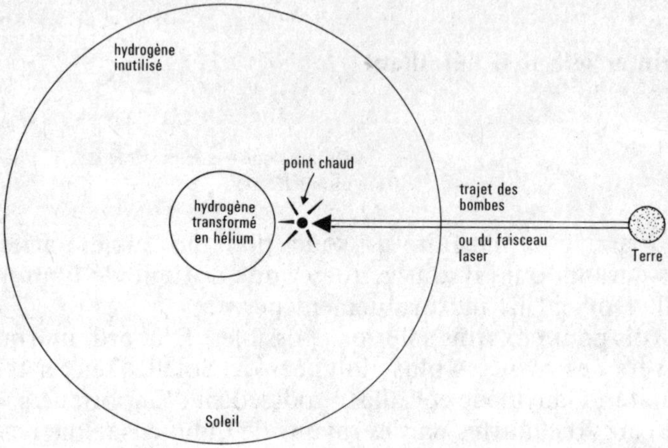

Schéma 7. La réanimation du Soleil.

difficile, mais aussi beaucoup plus durable. C'est la réanimation du Soleil — au sens où on réanime les cœurs défaillants *(schéma 7)*. Le Soleil, rappelons-le, obtient son énergie en brûlant de l'hydrogène en hélium. Les réactions nucléaires responsables de cette fusion ont lieu là où la température est élevée, c'est-à-dire au centre du Soleil. Aujourd'hui, environ cinquante pour cent de l'hydrogène central est déjà transformé en hélium. Dans cinq milliards d'années, il n'y aura plus d'hydrogène dans cette région chaude. C'est alors que le Soleil, privé de carburant, s'engagera dans les phases ultimes de son existence. Pourtant, il restera encore de vastes quantités d'hydrogène non consumé entre ce noyau chaud et la surface solaire. Il y a, en ce sens, un vice de fonctionnement dans la machinerie. Il faudrait une « pompe » pour faire circuler le carburant et l'amener au brasier central tout en évacuant les produits de la fusion. On pourrait ainsi prolonger la vie du Soleil de dix à cent milliards d'années.

À cet effet, il faudrait « touiller » périodiquement la matière solaire comme, pour le sucrer, on touille son café le matin. Ou encore comme on ramène le bois d'un feu de camp des bords au centre ardent. Et pour cela, il suffirait de créer un point chaud quelque part entre le centre et la surface, un peu à l'extérieur de la zone de fusion. Je vois deux possibilités. D'abord, y faire éclater une super-bombe H. Avec les bombes d'aujourd'hui, on arriverait déjà à créer des températures bien supérieures à celles du cœur solaire. La difficulté, c'est de faire parvenir la bombe à l'endroit voulu avant qu'elle ne se vaporise. Ici, je suis à court d'idées. Mais, après tout, nous avons encore le temps d'y réfléchir. Il ne me paraît pas exclu qu'on puisse un jour résoudre ce problème. Deuxième possibilité : diriger vers la surface solaire un puissant jet de lumière laser, extrêmement concentré. Là encore, nous rencontrons la même difficulté : comment arriver à ce que l'énergie ne se dissipe pas trop tôt.

<Ici une aide inattendue pourrait venir de « la guerre des étoiles »... De l'avis des physiciens consultés, ce projet de parapluie nucléaire de l'administration Reagan est parfaitement irréaliste. Mais cela n'empêche pas les travaux d'aller bon train. En particulier, on travaille à la mise au point de lasers à rayons X, extrêmement pénétrants. Peut-être, dans un avenir lointain, serviront-ils à percer les couches supérieures du Soleil... >

Il existe dans le ciel un certain nombre d'étoiles qui semblent avoir poursuivi la fusion de leur hydrogène bien au-delà de ce qu'on pourrait normalement attendre. On est encore à la recherche d'une explication « naturelle » de ce phénomène. Et s'il s'agissait précisément d'une intervention volontaire des populations planétaires que nourrissent ces étoiles ? Paniqués par l'approche de l'issue fatale, ces lointains collègues auraient trouvé le moyen de touiller leur astre et d'en prolonger l'existence. On objectera que ces étoiles, nommées « traînardes bleues » *(blue stragglers)*, durent peu et émettent beaucoup de rayons UV. En conséquence, il est peu vraisemblable qu'elles hébergent de la vie humaine. Mais, après tout, on sait si peu de chose sur le développement de la vie...

L'image d'un Soleil défaillant préoccupait déjà les Aztèques *(N 17)*. En vue de le réanimer, des sacrifices humains lui étaient périodiquement offerts, des jeunes gens dans la force de l'âge qu'on égorgeait au sommet des pyramides. Et si on lui offrait plutôt les dizaines de milliers de bombes atomiques que les grandes puissances stockent aujourd'hui dans leurs arsenaux...

8. Le cimetière de la Côte des Neiges dans la constellation d'Orion

Naissance et mort y sont intimement mêlées selon un schéma cher aux mystiques hindouistes : l'évolution en spirale.

Enfant, j'habitais près d'un grand cimetière de Montréal. Un parc immense planté de marronniers et d'érables à sucre. Aux premiers jours du printemps, bien avant que les pierres tombales ne soient cachées par les arbustes, les crocus émergent des nappes de neige fondante. J'allais les voir éclore et j'assistais ainsi aux enterrements. Le contraste des événements me fascinait. D'un côté, les fleurs et les arbres vigoureux, dont les racines saillaient aux flancs humides des fosses. De l'autre, les cercueils de bois verni que des hommes laissaient glisser dans les trous obscurs. C'était le commencement et la fin. La vie et la mort. Le transitoire et l'éternel intimement mêlés. Cela n'avait pas d'âge. Cela était. Rien d'étonnant que les civilisations antiques aient déifié la Terre et qu'elles aient confondu en un même symbole le ventre de la Terre et celui de la Mère, tous les deux générateurs de vie. À cette époque primitive, des cérémonies rituelles, accompagnées de vastes orgies sexuelles, annonçaient le printemps. Les moissons nouvelles allaient surgir de la Terre fécondée. Elle est la Vie. Mais elle est aussi la Mort. L'ultime agent de dissolution des êtres qui ont achevé leur existence. Enfouie dans le sol, la formidable machinerie moléculaire que constitue la moindre pâquerette ou la moindre fourmi s'y défait. Les cellules s'y brisent en molécules complexes qui elles-mêmes se scindent en molécules plus simples, etc.

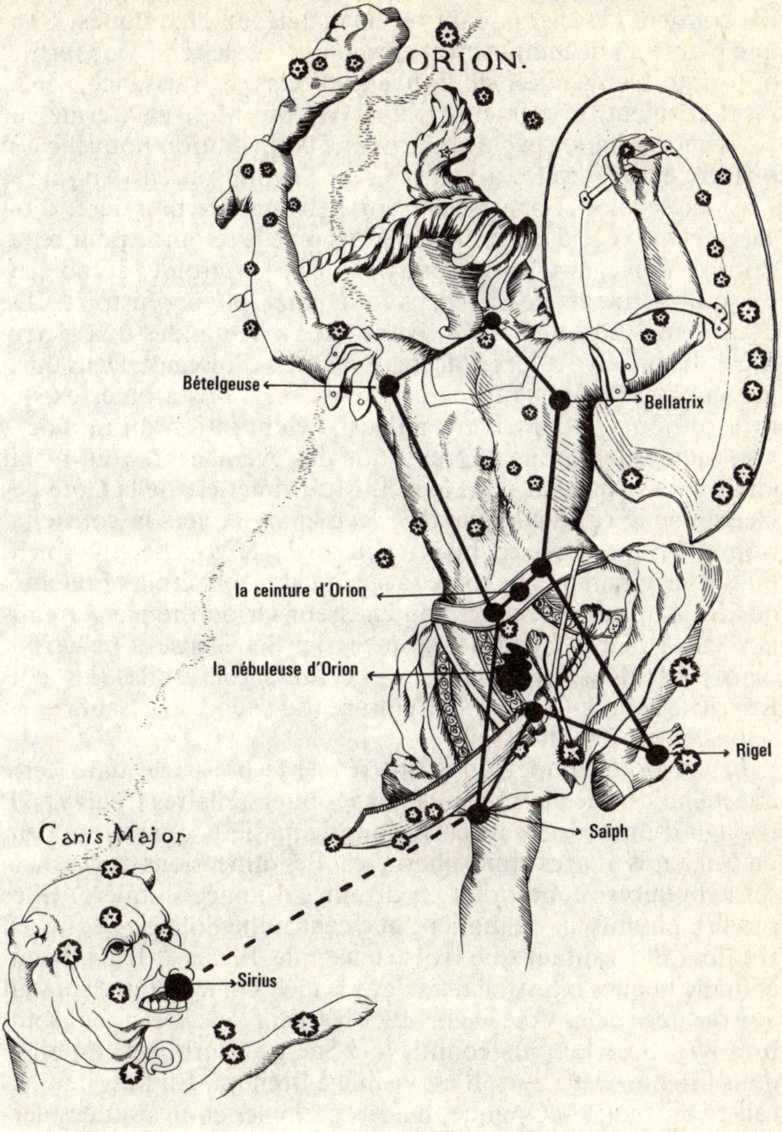

Schéma 8. Les constellations d'Orion et du Grand Chien d'après Vesalius.

Cette dissolution pourtant reste incomplète. Un terreau fertile contient de vastes quantités de matériaux organiques. Chaque plante en décomposition enrichit le sol, le rend plus fertile, plus apte à engendrer de nouvelles pousses. Naissance, vie et mort forment les éléments d'un cycle qui n'est pas fermé sur lui-même. Chaque cycle apporte une contribution nouvelle qui influencera les cycles à venir. C'est l'évolution en « spirale ».

En ce sens, la Terre est une sorte de matière première, d'où surgit la vie végétale et animale. Mais où elle retourne pour reparaître à nouveau. C'est la roue de la vie. Les atomes et molécules qui forment notre corps ont une longue histoire. De nombreuses fois déjà, le « vivant » les a demandés à la Terre-Mère. Ils ont été feuilles d'arbres et plumes d'oiseaux. Dans quelques décennies, nous ne serons plus, mais nos atomes existeront toujours, poursuivant ailleurs l'élaboration du monde.

L'astronomie nous apprend que des événements tout à fait analogues se passent dans le ciel. Mon cimetière de la Côte des Neiges, je le retrouve quand je lève les yeux vers la constellation d'Orion. C'est en hiver, peu après le coucher du soleil, qu'Orion apparaît dans toute sa splendeur : sept étoiles brillantes que les Anciens associaient au chasseur Orion tué par Artémis *(schéma 8)*. Deux épaules (marquées par Bételgeuse et Bellatrix), deux pieds (Rigel et Saïph) et, au centre, trois étoiles (les trois Rois Mages) qui forment la Ceinture (ou encore le « Baudrier », selon les représentations).

Les radiotélescopes nous ont révélé la présence, dans cette constellation, de deux grands nuages interstellaires *(schéma 9)*. Il s'agit d'immenses concentrations de matière, qui ressemblent un peu à nos nuages atmosphériques. Les dimensions de ces masses nébulaires se mesurent en dizaines d'années-lumière. Elles renferment autant de matière que cent mille Soleils. Lequel en contient déjà autant que trois cent mille Terres... Il y a beaucoup de nuages interstellaires dans le ciel. On les trouve surtout au voisinage de la Voie lactée. Ils y forment de vastes zones sombres *(fig. 35)*. Le plus connu, le « Sac de charbon », est situé dans l'hémisphère Sud. Il est visible à l'œil nu. En fait, il apparaît en « négatif ». Opaque, il nous cache les étoiles situées derrière lui. Tout comme, la nuit, les nuages atmosphériques obscurcissent localement la voûte étoilée. Ces nuages (ou nébuleuses) deviennent visibles quand, en leur sein, une ou plusieurs étoiles très chaudes se trouvent enfouies. Sous l'impact des rayonnements stellaires, la matière nébulaire s'illumine sur de vastes étendues. Elle se colore en jaune-vert, frangé de rouge et de violet. Il y a, par exemple, la nébuleuse du Trèfle *(fig. 36)*, semblable à un bouquet d'anémones. Il y a aussi la Rosette *(fig. 37)*, à la texture délicate d'une porcelaine rose. Mais, à mon goût, la plus jolie, c'est la nébuleuse d'Orion, située un peu en dessous des trois Rois Mages *(fig. 38 et 39)*. Quand la nuit est très claire, on la devine à l'œil nu. Avec une paire de jumelles, on la voit déjà assez bien. Quand on me demande : « À quoi sert l'astronomie ? » il m'arrive de répondre : « N'aurait-elle servi qu'à révéler tant de beauté, elle aurait déjà amplement justifié son existence. »

J'ai déjà décrit la relation intime entre les astres (étoiles et planètes) d'une part, et la matière interstellaire (gaz et poussières) de l'autre. J'ai dit comment les astres naissent de cette matière diluée et comment, en mourant, ils y renvoient leur substance. L'observation astronomique nous a révélé la présence, au voisinage de la nébuleuse d'Orion, d'une véritable *pépinière d'étoiles*. Plusieurs de ces astres ont des âges inférieurs à dix millions d'années. Ils sont contemporains des premiers hominiens...

Pour nous, Orion est un musée de la vie stellaire. Dans la section « biologie » du Muséum, on peut voir, par exemple, un embryon de lapin âgé d'une heure, un autre âgé d'un jour, un autre âgé d'une semaine, etc. Près de la nébuleuse, on a déjà identifié cinq « portées » d'étoiles d'âges différents. Les plus jeunes se sont formées à partir de la matière nébulaire, il y a moins de cent mille ans... À cette époque, on taillait déjà des silex sur la Terre. Ce sont véritablement des embryons stellaires. Pas encore assez réchauffés pour émettre de la lumière visible, ils brillent en infrarouge. C'est vraisemblablement à ce stade de la vie stellaire que s'élaborent les cortèges planétaires.

Comme les alevins dans un aquarium, les étoiles naissent très rapprochées les unes des autres. Au sein de l'amas infrarouge d'Orion, les distances entre les étoiles sont de quelques *semaines-*

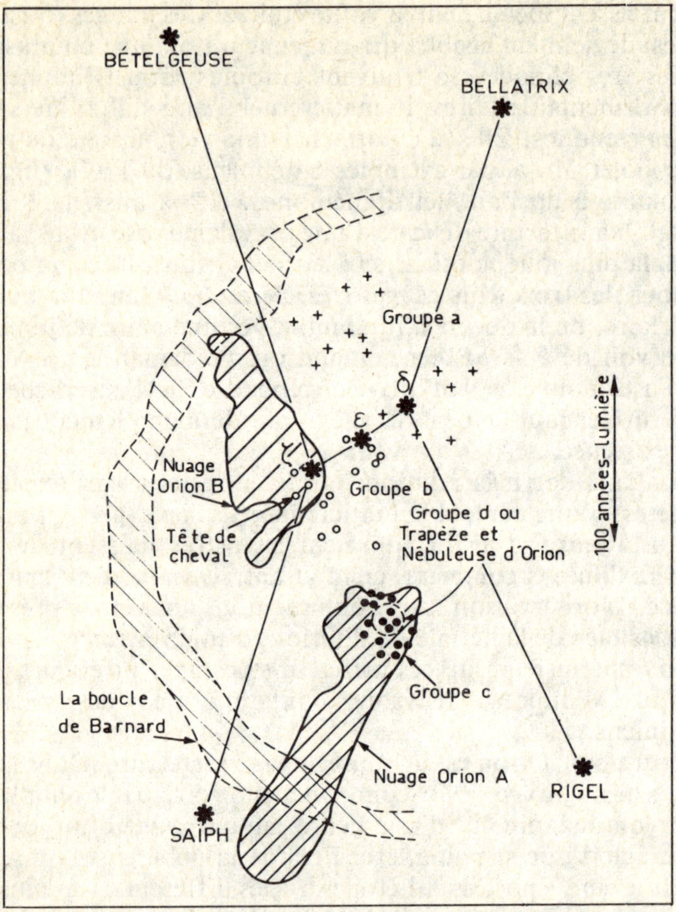

Schéma 9. La constellation d'Orion. Les signes * sont les étoiles qui marquent la constellation dans le ciel. Les zones hachurées sont les nuages interstellaires visibles au radiotélescope.

Les étoiles marquées d'une croix + constituent le groupe le plus ancien *a* (huit millions d'années). Les étoiles du groupe *b*, marquées d'un petit cercle ouvert o, ont cinq millions d'années. Celles du groupe *c*, marquées d'un point noir •, ont trois millions d'années. Le groupe *d*, dans lequel se trouve le Trapèze, a moins d'un million d'années. L'amas infrarouge (moins de cent mille ans) et le groupe *d* sont situés à l'intérieur du cercle en tirets. La Boucle de Barnard, dont on voit ici la moitié la plus brillante, couronne le tout.

lumière, alors que, dans le ciel, elles sont en général de quelques années-lumière. Au début, les alevins vivent en rangs serrés. Puis, peu à peu, ils se détachent, s'éloignent et, finalement, se hasardent seuls dans tout l'aquarium. De même, les étoiles abandonnent progressivement leur amas natal pour aller vivre leur vie d'adulte dans l'étendue galactique.

Tout près de l'amas infrarouge, on trouve l'amas du Trapèze. Il doit son nom à quatre étoiles supergéantes bleues. Elles sont responsables de l'illumination de la nébuleuse d'Orion. Cet amas contient également plusieurs dizaines d'étoiles moins lumineuses. Nées ensemble il y a environ un million d'années, elles sont aujourd'hui assez chaudes pour émettre de la lumière visible. Elles constituent la seconde phase stellaire de notre musée Orion *(fig. 40)*. Dans la constellation, il y a encore trois groupes de jeunes étoiles, âgées respectivement de trois, cinq et huit millions d'années. Les volumes occupés par ces groupes croissent avec l'âge. On assiste ici à la dispersion des étoiles dans le ciel, comme, dans notre aquarium, les bancs de poissons se répandent dans tout le volume accessible. Après douze millions d'années, la dispersion stellaire est presque achevée. Il devient pratiquement impossible d'identifier les familles d'étoiles encore plus âgées.

Par ailleurs, douze millions d'années, c'cst plus que la durée de vie totale des étoiles massives. En conséquence,certaines d'entre elles vont mourir *avant* de quitter leur amas natal. Comme la supernova de juillet 1054, elles vont exploser et projeter dans l'espace un rémanent de supernova. Sur des dizaines d'années-lumière, la matière stellaire va s'étaler en un vaste réseau de filaments gazeux, turbulents et déchiquetés. On évalue à plus d'une dizaine le nombre des étoiles qui, déjà, ont achevé leurs jours dans cette pépinière d'étoiles. Autour de la constellation d'Orion luit une sorte d'auréole lumineuse circulaire. Son centre coïncide assez bien avec la position des jeunes amas stellaires. Elle se nomme la Boucle de Barnard. Selon toute vraisemblance, elle provient de l'éclat accumulé de tous ces rémanents de supernovae *(fig. 38)*.

Et voilà retrouvé dans la constellation d'Orion mon cimetière de la Côte des Neiges. La naissance et la mort intimement mêlées...

Des régions où se déroulent des phénomènes semblables existent en grande quantité dans le ciel. J'ai choisi Orion parce que c'est une des plus proches (mille cinq cents années-lumière). On la repère facilement. Un jour, quelqu'un m'a écrit : « Depuis que je vous ai entendu parler d'Orion, je regarde cette constellation d'un œil nouveau, impressionné de savoir que sous mes yeux des étoiles sont en train de naître. » Il y a 4,6 milliards d'années, notre Soleil naissait dans des circonstances analogues. Mais où sont aujourd'hui les « frères » du Soleil ? Ils sont dispersés dans toute la Galaxie. Nous n'avons plus aucun moyen de les identifier.

Revenons sur ces cycles parallèles : *Terre - êtres vivants - Terre* et *matière interstellaire - étoiles - matière interstellaire.* L'important ici, je l'ai mentionné plus tôt, c'est que la séquence de ces cycles n'est pas une simple répétition. Les étoiles ont une activité propre ; elles engendrent des atomes nouveaux. Ces atomes fertilisent l'espace ; ils rendent la matière interstellaire plus apte à produire de nouvelles étoiles et de nouvelles planètes. La Galaxie n'est pas la même *avant* et *après* le passage d'une génération stellaire. De même, issus des plantes mortes, les matériaux organiques servent d'engrais aux cultures. Sur la Terre et dans le ciel se poursuivent des activités cycliques, agents de la complexité croissante. Nous sommes en pleine cosmologie hindouiste. On y retrouve Kali, la déesse mère qu'on présente à la fois comme matrice et tombe de toute vie. Et aussi la notion du « temps cyclique » engendrant une évolution en spirale.

< « La terre qui est la mère de la nature,
C'est aussi sa tombe.
Et ce qui est son cercueil
Est aussi sa matrice profonde »,

dit le frère Laurent, dans *Roméo et Juliette* de Shakespeare. >

9. De la musique avant toute chose

à Gilles Tremblay

Pourquoi de la musique plutôt que du bruit ?

Après la question : « Pourquoi quelque chose plutôt que rien ? », nous sommes maintenant amenés à nous demander : « Pourquoi de la musique plutôt que du bruit ? »

Quand je parle de « musique » ici, je m'exprime d'une façon analogique. C'est une musique généralisée. Un peu comme l'antique « musique des sphères », provenant non seulement des corps célestes, mais aussi des atomes et des molécules. C'est tout ce qui rend manifeste l'ordre somptueux de notre cosmos. Pour écrire de la musique (au sens propre du terme), le compositeur choisit un certain nombre d'éléments, les sons. Il les aligne en une suite qui va se dérouler dans le temps. Si les sons ont été choisis au hasard, s'il n'y a aucune relation entre celui qui précède et celui qui suit, on a du « bruit ». Si, au contraire, ils sont agencés selon un certain ordre, celui de J.-S. Bach ou celui des Beatles, on a de la musique. Il existe un nombre infini de façons de faire du bruit, mais un nombre beaucoup plus restreint de façons de faire de la musique...

Devant ma fenêtre, une hirondelle plane, gracieuse. Elle apporte à manger à ses petits. Les sciences biologiques nous ont révélé l'époustouflant degré d'agencement et d'organisation matérielle, la quantité fantastique de réactions chimiques parfaitement synchronisées qui se cachent derrière cet événement simple de la vie courante. C'est, par analogie, la musique de la nature qui se manifeste. Quels sont les « sons » de cette musique ? Ils se présentent en fait à plusieurs niveaux. Les êtres vivants sont des agencements de cellules, qui sont elles-mêmes des agencements de macromolécules (protéines, acides nucléiques), qui sont elles-mêmes des agencements de molécules plus modestes (acides aminés, base nucléique), qui sont elles-mêmes des agencements d'atomes (carbone, azote, oxygène, hydrogène, etc.), qui sont eux-mêmes des agencements de nucléons (protons, neutrons), qui sont eux-mêmes des agencements de quarks... L'échelle s'arrête-t-elle là ? Nul aujourd'hui n'aurait la témérité de l'affirmer.

Ce qui ressort clairement, en tout cas, c'est la hiérarchie des agencements. Certains auteurs l'ont comparée aux poupées gigognes, par exemple aux *matriochka* en bois coloré que les touristes ramènent de Russie. Or, et c'est là le point crucial de notre discussion, on pourrait imaginer que les unités ne se soient *jamais* agencées. On pourrait imaginer que, de leur multiplicité quasi infinie, ne soit jamais né que du bruit. Pourtant, il y a de la musique. Pourquoi ? La question se pose à chaque niveau : les particules auraient pu ne pas s'agencer en atomes, les atomes ne pas s'agencer en molécules, etc. Pourquoi ?

La première réponse qui vient à l'idée, c'est que, dans la nature, il existe des forces. Ces forces créent des liens. Elles sont responsables de l'existence de « systèmes liés » : noyaux, atomes, molécules, cellules, ou planètes, étoiles, galaxies. Les structures organisées que nous avons rencontrées à tous les niveaux de l'évolution cosmique dépendent essentiellement de la présence de ces liens. On serait tenté de dire que les unités « musicales » s'agencent parce qu'entre elles s'exercent des forces.

Mais est-ce bien là une explication ? Qu'est-ce qui est premier : la force ou la structure ? Procédons d'abord à un rappel historique. Commençons avec la gravitation. Newton, peut-on dire, découvrit d'abord l'existence d'une *force* : la pomme tombe. Il en *déduisit* l'existence de structures liées par la gravitation : le système Terre-Lune, le système composé de Jupiter et de ses satellites, le système solaire qui incorpore le Soleil, les planètes, les satellites et des myriades de petits corps célestes. Puis vint l'électricité, au début du XIXe siècle. Là encore, on considéra d'abord la force : celle qui s'exerce entre des sphères chargées.

Il a fallu près d'un siècle pour comprendre que les atomes et les molécules sont des systèmes liés par la force électrique. Pour le nucléaire, ce fut l'inverse. Le physicien Rutherford découvrit d'abord l'existence, au centre des atomes, de noyaux composés de plusieurs unités (les protons et les neutrons). Puis, Fermi et ses collaborateurs mirent en évidence l'existence d'une force très puissante qui lie ces unités entre elles et donne au noyau sa formidable cohésion et sa stabilité. Ils avaient découvert la force nucléaire.

Qu'est-ce qui est « premier » ? La force ou la structure ? Ni l'un ni l'autre. On peut inférer l'existence de structures à partir de l'existence de forces, on peut inférer l'existence de forces à partir de l'existence de structures. On peut inférer les deux premières à partir d'une troisième notion (un principe de symétrie, par exemple) *(N 18)*. On peut inférer la troisième notion à partir des deux premières. C'est équivalent. C'est là une situation familière en physique. Au départ, il y a toujours un énoncé admis sans discussion. À partir de là, on échafaude. On théorise. On formalise. On relie les énoncés les uns aux autres. Mais on ne part jamais de zéro. On ne peut jamais *tout* prouver.

On peut commencer en disant : « Il y a de la musique. » On l'entend, on cherche à en comprendre la structure et à en pénétrer les harmonies. Mais on ne sait pas *pourquoi* il y a de la musique plutôt que du bruit. On admet, mieux : on pose comme principe, qu'*il y a* de la musique...

Quelle sorte de musique ?

On peut classer les musiques selon le degré de liberté qu'elles laissent à l'exécutant. En musique classique, les partitions sont complètement écrites à l'avance. Chaque note est prévue selon un ordre et un tempo immuables. À l'inverse, les sessions de jazz laissent au musicien une grande part de liberté. À partir de quelques thèmes, plus ou moins sommaires, l'artiste improvise au gré de son inspiration. Sa musique s'adapte à ses auditeurs. Chaque session est un événement unique, jamais répété, un *happening*.

La musique de la nature, comment se définit-elle dans ce contexte ? Tout le déroulement de l'univers, dans l'espace et dans le temps, était-il déjà écrit dans le jeu des interactions entre les particules ? Le vol de l'hirondelle devant ma fenêtre, les dernières sonates de Beethoven ou votre prochain week-end à Deauville étaient-ils déjà inscrits sur la partition qu'il y a quinze milliards d'années les quarks, les électrons et les photons s'apprêtaient à lire et à exécuter ?

Aux premiers instants de l'univers, aucune structure, aucune architecture, aucun agrégat organisé n'existe. Tout est fluide et mouvance, comme à marée haute. La chaleur extrême et omniprésente réprime inexorablement tout essai de liaison ou de stabilisation. Les rochers que la marée basse découvre existent aussi à marée haute. Même si je ne les vois plus. Avec un équipement de plongée, je peux à tout instant aller les observer. Je peux en faire le relevé topographique. Je peux m'assurer qu'à des détails près (disposition des sables et des cailloux) le départ de l'eau n'a rien modifié au paysage minéral. En est-il de même de l'univers quand la chaleur l'évacue ? « Savait »-il, quand il baignait dans la chaleur destructrice du début, quelle forme il allait prendre avec le refroidissement ? Pour emprunter une image à la biologie, les « niches » nucléaires et atomiques qui allaient s'offrir à lui étaient-elles prévues dans quelque Grand Livre ?

La quête de la stabilité

Une quête utopique.

Au sommet d'une haute montagne se trouve un tas de cailloux. Au hasard des événements : tempêtes, avalanches de neige, tremblements de terre, visites d'alpinistes, les pierres auront tendance à s'acheminer vers la plaine. Le système pierres-dans-la-plaine est plus stable que le système pierres-au-sommet-de-la-montagne. On pourrait en conclure que l'avenir de ces pierres est parfaitement déterminé par leur quête de stabilité. Elles iront inexorablement vers la plaine.

D'une façon analogue, la partition musicale de l'univers serait, selon certains auteurs, déterminée par le fait que la matière cherche constamment à atteindre les états de plus grande stabilité. À mesure que l'océan de chaleur évacuait l'univers, nous avons vu les particules s'agencer et se disposer dans les « niches » qui leur sont offertes par les forces de la nature. Elles se sont installées dans des états de plus en plus stables. On pourrait effectivement être tenté de décrire l'histoire de l'univers comme celle d'un ensemble de particules occupant successivement toutes les niches de façon à s'assurer la plus grande stabilité. Dans ce cas, la musique cosmique serait prédéterminée, la partition serait du style musique classique, l'invention et la fantaisie n'y auraient eu aucune place.

Une analyse plus approfondie fait apparaître une situation toute différente. Dans son état le plus stable, l'univers serait composé uniquement de noyaux de fer. Or, aujourd'hui, après quinze milliards d'années, moins d'un atome sur trente mille est un atome de fer... De plus, après une croissance assez rapide au début de la vie galactique, ce nombre augmente de plus en plus lentement. Au train où vont les choses, le fer n'atteindra jamais le millième de l'abondance de l'hydrogène. La stabilité nucléaire ne sera *jamais* atteinte. Pourquoi ? Essentiellement parce que l'expansion est trop rapide. Si la nucléosynthèse primordiale, au lieu de durer quelques minutes, avait pu s'attarder pendant des millions d'années, l'univers serait aujourd'hui constitué de fer (et nous ne serions pas là pour en parler). [En termes techniques, on dit que l'univers n'est plus en état d'équilibre nucléaire. Il l'a été pendant ses premières secondes. La rupture de cet équilibre, garant de la stabilité maximale, correspond précisément à l'éveil au nucléaire qui a amorcé la nucléosynthèse initiale.] < J'ai décrit ces instants fertiles au septième chapitre de *l'Heure de s'enivrer.* >

Pour revenir à notre comparaison, on pourrait dire que les pierres s'enlisent dans les marécages à flanc de montagne et n'atteindront jamais la plaine. Dans ces conditions, la recherche de stabilité n'est tout au plus qu'une préoccupation grossière de la matière. Elle ne décrit qu'un aspect général du déroulement des choses. L'évolution de l'univers ne se réduit pas à sa quête de l'état le plus stable. Imaginons, de surcroît, que notre montagne ait un relief assez compliqué. De nombreuses vallées y sont perchées. Plusieurs de ces vallées sont à peu près à la même altitude. Selon la terminologie utilisée précédemment, elles possèdent le même degré de « stabilité », intermédiaire entre celui du sommet et celui de la plaine. Vis-à-vis de la pierre qui dévale, elles sont équivalentes.

On retrouve une situation semblable aux tables du casino de Monte-Carlo. Une boule blanche est placée au centre d'une grande roue horizontale de forme légèrement conique. Elle roule vers le bord de la roue. Les joueurs misent sur les cases numérotées qui, à la périphérie de la roue, attendent la boule. Si les tenanciers du casino sont honnêtes, toutes les cases sont équivalentes et ce n'est pas la quête de stabilité qui suffira à orienter la boule. Le devenir des grandes structures moléculaires ressemble à celui de la pierre qui est « libre » de choisir sa vallée, ou de la boule qui est « libre » de choisir sa case. Elles ont accès à une multitude d'états de même stabilité *(N 19)*.

En résumé, pour la matière moléculaire qui s'organise, la quête de stabilité est un guide très peu directif. Il se contente d'indications générales. Sur les innombrables voies possibles, il est incapable de spécifier l'itinéraire à suivre.

Jazz

« Pourquoi de la musique plutôt que du bruit ? » Nous n'avons pas trouvé de réponse. Nous avons dû accepter que la musique existe. Mais, encore une fois, quelle est la nature de cette musique ? Se déroule-t-elle selon une partition fixée à l'avance dans ses moindres détails ou au contraire s'invente-t-elle au fur et à mesure ?

Le récit des grandes étapes de l'évolution nucléaire et chimique ne nous a pas beaucoup éclairés sur cette question. Nous avons vu l'importance des notions de forces, de systèmes liés tout au long de la montée de l'organisation. Un moment, nous avons cru voir dans la quête de stabilité la règle de la partition. Cet espoir n'a pas résisté à l'analyse. La quête de stabilité, comme toutes les lois de la physique, n'explique que d'une façon fragmentaire et épisodique le comportement de la matière.

Il existe pourtant un élément de réponse à notre question sur la nature de la musique. Il ne nous vient ni du ciel ni des atomes, mais de l'observation du monde végétal et animal. Qui n'a pas été frappé par la richesse des espèces et la variété des formes que révèle la plus modeste exposition de papillons ou de coquillages marins ? Sur la Terre, la vie se répand « tous azimuts ». Elle s'installe dans tous les endroits possibles, dans toutes les conditions imaginables et même quelquefois inimaginables. Le cadre est donné : la surface de la planète. Elle présente une large variété de situations physiques : tropicales, glaciales, désertiques, humides ou aqueuses. Elle change au cours des âges. Les continents se déplacent, les ères glaciaires succèdent aux périodes chaudes. Il faut s'adapter, ajuster le tir. Si des espèces disparaissent, d'autres prennent leurs places, plus souples, plus résistantes, plus performantes. La nature n'invente pas une, mais cent façons de régler un problème. Je pense, en particulier, aux innombrables modalités et fantaisies qu'utilisent les plantes et les animaux pour se faire la cour *(N 20)*. Je pense encore aux grandes migrations animales. Non contente d'avoir progressivement envahi et investi la planète entière, la vie « s'amuse » à la parcourir en tous sens. Des oiseaux minuscules, les bruants par exemple, franchissent les océans en poussant à leurs limites les performances physiques. Ils retournent à leur région natale, toujours au même bosquet, en se guidant sur tout ce qui peut servir : Soleil, étoiles, champs magnétiques, tracé des littoraux. Leur système de guidage nous est encore largement mystérieux.

Cet aspect ludique et généreux de la nature est, depuis longtemps, reconnu par les mystiques hindouistes. Pour eux, la nature est l'activité créatrice de la divinité, activité non pas prédéterminée, mais analogue à l'œuvre d'art. Brahma est le poète suprême. La nature (nommée, en ce sens, le « lila ») est son moyen d'expression. Nous serons, en toute naïveté, tentés de conclure que les variétés et fantaisies quasi illimitées de la vie terrestre relèvent plutôt de la souplesse d'une partition de jazz que de la rigidité d'un manuscrit classique. Les progrès récents de la biologie moléculaire vont appuyer cette conclusion.

Le hasard bridé

> Bien sûr, Dieu joue aux dés. Mais il ne retient que les coups gagnants.

Les Anciens se demandaient pourquoi les chiennes ne donnent jamais naissance à des chatons. Et pourquoi le morceau de poulet que l'on mange ne nous fait pas pousser des ailes. Aujourd'hui, nous connaissons les réponses à ces questions. Il nous faut ici les expliciter…

Nous allons revenir au cœur de la cellule et utiliser une analogie *(N 21)*. Animaux et végétaux seront comparés à d'immenses usines, bourdonnantes d'activités. Chaque usine est composée d'un grand nombre d'ateliers distincts (les cellules). Chaque atelier possède un coffre-fort (le noyau), dans lequel sont enfermés les plans de fabrication (le code génétique). Il s'agit d'instructions détaillées sur toutes les opérations prévues dans l'usine. Ces instructions sont codifiées en un certain nombre de volumes (les chromosomes). Les êtres humains en possèdent quarante-six. Chaque volume contient un certain nombre de pages (les gènes). Sur ces pages sont alignées des lettres (les bases nucléiques). Notre alphabet latin possède vingt-six lettres. Celui de nos gènes n'en comprend que quatre : A, C, G, T. Dans un gène, ces lettres sont alignées. Cette ordonnance forme le code génétique, comme l'alignement des lettres constitue le texte du Code civil *(A 3)*. Les plans ne sortent jamais de leur coffre-fort. À tout instant, des techniciens (les molécules d'ARN-messager) viennent en faire des copies, qu'ils portent ensuite aux différents ateliers (les ribosomes). Là, des ouvriers spécialisés suivent aveuglément les plans et effectuent les opérations commandées. L'usine fonctionne très bien. Mais elle vieillit et se détériore. Il faut essaimer, créer de nouvelles unités de production. Cela est prévu : le code génétique possède aussi les plans de l'usine elle-même.

Dans cette organisation quasi parfaite, il y a cependant un point faible : c'est la conservation des documents. Malgré tous les soins et toutes les vigilances, des altérations se produisent occasionnellement. Des inversions ont lieu, des lettres sont déplacées ou même effacées. Quelles sont les causes de ces « mutations » ? On ne sait pas très bien. Elles peuvent provenir du rayonnement cosmique. J'ai parlé plus tôt de ces voyageurs de l'espace qui bombardent en permanence la surface de notre planète. Leur pouvoir de pénétration est grand. Certaines particules traversent notre atmosphère, s'introduisent dans nos cellules. Là, elles arrachent quelques électrons. Les molécules affectées se replient quelquefois sur elles-mêmes. Les messages sont altérés. Les opérations sont perturbées. Quelles qu'en soient les causes, les biologistes affirment que les mutations se font sans planification préalable. J'accepte leur parole là-dessus. Je sais par expérience que, pour jauger la crédibilité d'un argument dans un domaine de recherche, il ne suffit pas de connaître ce domaine, il faut encore y travailler activement. Comme en artisanat, il y a, dans la recherche, une chose très importante qui s'appelle le « métier ». Il s'acquiert au cours d'années d'expérience. On finit par « sentir » les choses. C'est ce que les physiciens appellent le « sens physique ».

Voici le hasard de nouveau à l'œuvre. Il nous a accompagnés tout au long de cette histoire. Au cœur des étoiles, comme dans l'océan primitif, il a été l'agent des « contacts ». Son rôle, à ces niveaux élémentaires, ne pouvait être que bénéfique. Mais maintenant, les choses ont évolué. À l'échelon de complexité des molécules d'ADN, est-il prudent de faire confiance au hasard ? Sa réputation est douteuse. Un projet bien organisé ne laisse rien au hasard ; une planification stricte est la meilleure garantie de succès.

Cette méfiance est amplement justifiée dans le domaine qui nous intéresse. Les mutations du code génétique ont pour effet d'altérer les instructions requises pour le fonctionnement du corps. Ces modifications sont généralement nocives. Elles perturbent les cours d'exécution et provoquent des catastrophes de plus ou moins grande importance. Pour certains biologistes, ces catastrophes constitueraient la trame même du vieillissement. Leurs accumulations provoqueraient une sorte d'empoisonnement progressif des fonctions essentielles à la vie.

À l'occasion, cependant, ces modifications auront un rôle bénéfique. Par exemple, elles accéléreront le taux d'une réaction chimique qui activera la production d'une hormone importante. L'individu ainsi favorisé profitera de cet avantage (généralement minime) pendant toute sa vie. Les mutations qui se produisent au sein des cellules sexuelles (ovaires, testicules) avant l'âge de la procréation seront parfois transmises aux enfants et aux petits-enfants. La mutation peut avoir pour effet d'améliorer l'adaptation d'un individu à son environnement. Il aura plus de chances d'atteindre l'âge de la reproduction et de transmettre cet avantage à ses descendants. On verra ainsi paraître une nouvelle population d'individus dotés de cette mutation. Elle croîtra plus vite que les populations non favorisées et s'imposera bientôt par le nombre de ses individus.

Il convient de faire une pause pour exprimer notre admiration. Par un extraordinaire retournement des choses, le hasard, largement connu comme agent de désorganisation et de désordre, devient maintenant l'agent même de l'organisation. La nature a « su » créer les structures biochimiques qui permettent de retenir ses bons coups et d'ignorer ses bavures. C'est la « sélection » naturelle. Einstein disait : « Dieu ne joue pas aux dés. » C'est faux. Dieu adore les jeux de dés. On le comprend. *Dans son casino, les croupiers sympathiques ignorent les coups perdants*... Encore fallait-il inventer ce casino. Comment vint-il au monde ? Est-il le fruit du pur hasard ? Les biologistes, ici, ne sont pas d'accord. Les discussions vont bon train. <Pour une discussion des idées à la mode sur ce sujet, voir *Origins*, de R. Shapiro, Bantam Books.>

Comme l'homme préhistorique a réussi à « brider » le cheval pour s'en faire un puissant auxiliaire, la nature, par l'invention de l'ADN, a « bridé » le hasard. Monod, dans son livre *le Hasard et la Nécessité*, a bien illustré l'importance de ce gain. Les unités fondamentales de la vie (protéines, enzymes, acides nucléiques) contiennent des milliers d'atomes. Les modes de combinaison sont quasi innombrables. [Ils se font avec des échanges d'énergie quasi nuls. Nous retrouvons là la liberté que procure la « dégénérescence ». Les contraintes imposées par la quête de stabilité sont pratiquement inexistantes.] C'est, en état de marche, une « roulette » gigantesque qui correspond à des millions de configurations nouvelles, à des millions de « performances » possibles. On apprécie la souplesse inouïe de cet instrument et sa capacité d'adaptation (au sens de la sélection naturelle) à des conditions variées. L'immense variété des formes animales et végétales me glisse à l'oreille que la thèse de l'ADN et du hasard bridé doit posséder certains éléments de vérité.

Nous sommes loin des conditions rigides qui ont vu naître noyaux et molécules. Les bilans énergétiques limitaient singulièrement les possibilités. Ici, libres de ces contraintes, le débordement, le foisonnement et la luxuriance sont la règle. C'est la nature ludique et généreuse, c'est le « lila » des hindous. Le lecteur de Monod aura noté combien ma vision des événements diffère de la sienne. C'est une question d'interprétation. Les faits, je les apprends des biologistes. Ils ont été acquis au moyen d'une technologie scientifique qui présente tous les caractères de l'objectivité. Mais l'interprétation des faits procède de la personne entière, y compris sa logique, ses émotions, ses pulsions, son vécu antérieur. Elle implique à la fois l'observation et l'observateur. À ce titre, elle n'est pas « objective ». Chaque personne a la sienne, qu'il convient de respecter, mais pas forcément d'adopter. Pour Monod, le rôle essentiel du hasard dans l'évolution biologique prouve l'absence d'une « intention » dans la nature. À ce titre, il dénonce comme illusoire l'ancienne alliance de l'homme avec l'univers. L'homme est un accident de parcours, dans un cosmos vide et froid. Il est un enfant du hasard. Certes. Mais du « hasard bridé ». Levons notre chapeau à la nature qui a assujetti le « hasard » pour s'en faire un admirable allié...

Le principe anthropique

« S'il ne s'était produit tel fait, nous ne serions pas ici pour en parler. » À plusieurs reprises, au cours de ces pages, nous avons rencontré des événements, en apparence fortuits, qui semblent indispensables à l'apparition de l'être humain. Une concordance tout à fait extraordinaire entre plusieurs paramètres nucléaires a rendu possible la naissance du carbone dans les géantes rouges. Les populations relatives des photons et des nucléons donnent à l'univers la longévité requise pour l'apparition de la vie et en même temps permettent la formation des étoiles et des galaxies, etc. La liste est longue de ces « coïncidences miraculeuses ».

Le principe anthropique a été inventé, sinon pour expliquer, du moins pour éclairer un peu cette situation étonnante. Le principe s'énonce à peu près comme ceci : « Étant donné qu'il existe un observateur, l'univers a les propriétés requises pour l'engendrer. » La cosmologie doit tenir compte de l'existence du cosmologiste. Ces questions *ne se seraient pas posées* dans un univers *qui n'aurait pas eu* ces propriétés...

On objectera avec raison que la matière a de formidables capacités d'adaptation. À plusieurs reprises, au long de notre épopée de la vie, des milieux naturels se sont altérés de façon à accroître leur aptitude organisatrice. Au sein des étoiles, la gravité vient au secours de l'évolution nucléaire et reprend avec succès l'expérience ratée des premières secondes. Le taux de formation d'étoiles et, en conséquence, l'évolution nucléaire sont accélérés par la formation d'atomes lourds dans les brasiers stellaires. Sur notre planète, les premiers vivants transforment notre atmosphère. Le gaz carbonique est remplacé par l'oxygène, éminemment plus propice aux échanges d'énergie. Sur la Terre, des animaux s'implantent dans les climats les plus inhospitaliers, tirent le meilleur parti des circonstances les plus contraires. Un regard sur les planètes voisines nous montre pourtant que cette adaptabilité a ses limites. L'aridité de la Lune et de Mercure, les hautes températures de Vénus ont eu raison de la frénésie vitale. Même Mars, où les conditions ne sont pas aussi dures, semble stérile.

La puissance élaboratrice de la matière a manifestement ses limites ; elle ne s'épanouit pas n'importe où. Il nous faut admettre que les propriétés de l'univers « autorisent », au moins en certains lieux, l'avènement de l'observateur. Et nous voilà ramenés au principe anthropique *(N 22)*. <Voir les entretiens de Marie-Odile Montchicourt avec J. Barrow et F. Tipler intitulés *l'Homme et le Cosmos* (Publications Imago, distribution Payot, Paris). J'ai présenté quelques considérations personnelles en postface de ce livre.>

L'expérience-univers

« Comme nos préoccupations humaines doivent paraître futiles à ceux qui vivent dans le monde des astres. » Voilà une remarque que j'entends souvent. À tous coups je proteste vivement. D'abord parce que, même si les étoiles sont très grosses, leur degré d'organisation est infime comparé à celui de la plus petite violette des bois. La machinerie stellaire est simple. Elle met en jeu des énergies énormes, qu'elle utilise, somme toute, assez brutalement. Avec un support énergétique infiniment plus faible, mais intégré dans un ensemble de cycles biochimiques de la plus haute sophistication, la violette bourgeonne, éclôt en fleurettes ravissantes et répand au loin les graines qui assureront sa reproduction. Ensuite parce que les préoccupations des astres et des hommes ne sont pas indépendantes. Tout au long de ce livre, j'ai tenté de montrer comment les êtres humains s'insèrent dans une longue histoire qui implique tout l'univers depuis sa naissance. Nos nucléons sont nés dans le grand brasier originel ; ils ont été assemblés en noyaux au cœur ardent des étoiles. Ces noyaux se sont habillés d'électrons pour former des atomes et des molécules simples dans l'espace interstellaire. Dans l'océan primitif et sur les continents, les combinaisons se sont poursuivies inlassablement. À chaque étape, de nouveaux niveaux de complexité sont apparus. Il y a vingt millions d'années, les singes étaient les êtres les plus organisés, les plus performants sur la Terre. Aujourd'hui, le flambeau a changé de main. Il nous a été confié.

Quel est l'avenir de cette évolution ? Vers quelles nouvelles perfections le cosmos se dirige-t-il ? Quels projets en gestation mûrissent en nous ? De quoi sommes-nous le germe ? Nous ne le saurons probablement jamais. Nous n'assisterons pas à l'éclosion. Mais nous sommes investis d'une mission : favoriser cette éclosion par tous les moyens possibles, comme une femme enceinte prend soin d'elle-même. Cette mission prend, aujourd'hui, une dimension nouvelle. Ni les dinosaures, ni les singes, ni même les hommes jusqu'au siècle dernier ne pouvaient s'autodétruire. Nous pouvons maintenant interrompre le concert de jazz...

« Nous », le lecteur l'aura compris, c'est plus que vous et moi. C'est toute l'« expérience-univers » qui se joue *en* nous et *par* nous. La connaissance du cosmos est beaucoup plus qu'un luxe pour homme cultivé. Elle est le fondement d'une conscience cosmique. Elle éclaire la lourde responsabilité qui nous échoit... La menace la plus grave provient évidemment de l'armement nucléaire. Les arsenaux des superpuissances sont aujourd'hui en mesure de nous tuer tous individuellement plus de quarante mille fois *(N 23)*. Cela porte le nom sympathique d'*overkill power*. Plusieurs fois déjà, nous sommes passés à deux doigts de l'holocauste. Loin de s'amenuiser, cet arsenal s'enrichit en force et en précision. D'année en année, de nouvelles nations rejoignent le « club des nucléaires ».

Comment tout cela se terminera-t-il ? On entrevoit le pire. L'aventure-univers serait-elle foncièrement absurde ? Elle se résumerait de la façon suivante. Sous l'effet des forces de la nature, les particules se joignent et se coordonnent. Avec le nombre d'éléments combinés, les structures voient croître leur aptitude à réaliser des opérations de plus en plus complexes. Déjà présente, mais rudimentaire, au niveau animal, la capacité d'utiliser l'environnement physique — le singe cueille des fruits avec un bâton — se développe prodigieusement chez l'homme, où elle prend le nom de technologie. Guidée par la science qu'elle-même fait naître, la technologie met à la portée des hommes des sources d'énergie de plus en plus puissantes. Aussitôt maîtrisés, le feu, la dynamite et la fission nucléaire ont servi à la guerre et à la destruction. L'extrême instabilité de la situation ainsi créée provoquerait bientôt la fin du cycle et le retour à l'état initial *(fig. 41 et 42)*.

De ce train de considérations surgit une image désolante : des milliers, des millions de planètes mortes couvertes des débris toxiques de leurs civilisations irresponsables. Est-ce pour cela que nous ne recevons pas de communications interstellaires ? Ce fatalisme est-il justifié ? Est-il trop tard ? L'espoir de survie passe d'abord par une *prise de conscience à l'échelle mondiale de l'extrême gravité de la situation présente (N 24)*.

Nous n'y pouvons rien ? Ce n'est pas si sûr. Le cycle infernal de l'escalade sera rompu lorsque suffisamment de personnes auront manifesté leur opposition *inconditionnelle*. Nous ne pouvons plus jouer à la guerre. Il faut sauver la musique...

Dans le même esprit, il faut, à mon avis, voir avec beaucoup de préoccupation l'expansion que prend aujourd'hui l'industrie nucléaire. Les problèmes de sécurité ne sont pas tous résolus, tant s'en faut.

<L'accident catastrophique de Tchernobyl est venu nous le rappeler. Ajoutons que, si les risques dus à des défaillances techniques sont de moins en moins probables, les risques dus aux erreurs humaines sont beaucoup moins contrôlables.>

Mais ce n'est pas de cela que je veux parler ici. Pour construire des bombes, il faut du plutonium ou de l'uranium enrichi, produits directs de l'industrie nucléaire. La multiplication des centrales ne peut qu'encourager la prolifération de l'armement. Chaque kilo de plutonium produit accroît le poids de notre dramatique insécurité. L'humanité a besoin d'énergie. Mais c'est à long terme qu'il faut prévoir. Les solutions nucléaires, dangereuses et polluantes, n'y suffiront pas. Seule l'énergie solaire peut subvenir aux besoins de la population terrestre pendant cinq milliards d'années.

troisième section

Dans les coulisses...

Au théâtre, derrière la scène il y a les coulisses. Derrière les brillantes prestations des acteurs, il y a les auxiliaires, les machinistes, etc. Personnages invisibles mais indispensables. Sans eux rien ne se passerait.

Il est temps pour nous d'aller un peu explorer les coulisses de l'évolution cosmique. Nous y retrouverons à l'œuvre des entités à la fois familières et énigmatiques. Personne ne sait vraiment ce que sont le temps, l'espace, la matière, l'énergie, le hasard ou les lois de la nature. Ils ne se laissent enfermer dans aucune définition. Nous avons sur eux des intuitions fragmentaires. Quand on les talonne de trop près, ils mènent droit au mystère…

1. Le temps cosmique

« Chaque atome de silence est la chance d'un fruit mûr. » L'épopée de l'organisation cosmique s'est installée dans le temps. À chaque seconde, quelque chose mûrit quelque part. La nature sourdement fait son œuvre et s'épanouit en son temps.

Mais, au fait, savons-nous ce qui se cache derrière cette réalité complexe que nous appelons le temps ? Depuis Einstein, la notion même s'est considérablement compliquée. Il n'y a plus « un » temps, il y en a un nombre infini, chacun avec son rythme propre. Le rythme du temps est lié à la vitesse de celui qui le mesure. Il est lié aussi à la quantité de matière qui se trouve à proximité de celui qui le mesure. Dans cette nouvelle optique, quel sens donner au « temps cosmique » dans lequel s'inscrit l'histoire de l'univers ?

Ce sont les questions que je vais aborder dans ce chapitre. On peut à bon droit parler d'un « temps cosmique ». Sur tous les autres temps, il a un seul avantage : la commodité. On pourrait raconter la même histoire dans n'importe quel autre temps. Rien ne serait fondamentalement différent, mais tout serait beaucoup plus compliqué.

Temps, espace, vitesse

Le réalisateur de théâtre qui monte une pièce doit remplir deux « contenants » différents. D'abord la scène. Un espace vide bien délimité. Il le meublera de décors, d'objets et de gens : les acteurs. Puis la durée de la pièce ; un temps également vide et bien délimité (trois heures, par exemple). Le réalisateur y placera des événements : l'héroïne entre en scène quinze minutes après le début de la pièce. Elle meurt deux heures plus tard. Le temps et l'espace sont des cadres inertes et indépendants qui se remplissent dans un ordre donné. Leur seul rapport avec les contenus (les choses, les événements), c'est... de les contenir.

Le physicien « classique », celui d'avant Albert Einstein, aurait certainement adopté le même point de vue. Il l'aurait volontiers étendu à tout l'univers. Les théories de Galilée, comme celle de Newton, se situent dans ce contexte de temps fixe et absolu. L'homme « cultivé » aurait également donné son adhésion à cette façon de voir les choses. Pourquoi ? « Parce que c'est évident, parce que cela relève du bon sens. » Par quelles opérations psychiques une personne est-elle amenée à invoquer l'évidence ? Dire : « C'est le bon sens », c'est faire bien confiance à l'esprit humain. C'est supposer qu'il peut, par sa seule réflexion, arriver à une certaine « vérité ». Le peut-il vraiment ? Peut-être s'il s'agit de porter des jugements sur des situations familières et quotidiennes. Dès qu'on s'éloigne de ces situations, la plus grande méfiance s'impose. Les progrès importants de la physique sont souvent nés de la remise en question des évidences et du « bon sens ». C'était le grand art d'Einstein.

Le physicien d'aujourd'hui sait que, loin d'être indépendants, le temps et l'espace sont au contraire intimement liés. Il faut tenir compte de la vitesse de *celui* qui observe, par rapport à *ce* qu'il observe.

La foire du Trône en accéléré...

Transportons-nous, par la pensée, à la foire du Trône. Devant un théâtre à ciel ouvert, des bancs sont alignés sur lesquels des spectateurs sont assis. Plus loin, il y a toute la panoplie traditionnelle des attractions foraines : des manèges de chevaux de bois, des montagnes russes, des grandes roues illuminées. Imaginons que tous les mouvements de ces attractions soient formidablement accélérés. Chaque siège se déplace à une vitesse voisine de celle de la lumière. Du parterre, comme de chacun de ces appareils en mouvement frénétique, on surveille l'action qui se déroule sur la scène. Deux lampes se sont allumées sur la scène. On demande aux spectateurs à quel moment ces lumières sont apparues. Ceux du parterre sont unanimes : les lampes ont été allumées en même temps. Ceux des manèges et autres montures en mouvement ont des opinions différentes. Certains prétendent que celle de droite s'est allumée avant celle de gauche ; d'autres prétendent le contraire...

Einstein arrive et fait office de Salomon. Il explique que les notions de temps et d'espace sont influencées par la vitesse. Ce qui apparaît simultané au spectateur immobile du parterre ne l'est pas pour le spectateur emporté par le mouvement des manèges. Ce qui est à gauche pour l'un peut être à droite pour l'autre. Chacun a sa notion du temps et de l'espace, et tous ont raison. Il n'existe ni espace absolu ni temps absolu, mais un complexe « espace-temps » dont la perception dépend de la vitesse de l'observateur.

Les chevaux de bois de la vraie foire de Vincennes ne vont pas si vite. Les événements décrits plus haut pourraient se passer, mais, pour des spectateurs normaux, les différences de temps seraient imperceptibles. Pourtant, au moyen de chronomètres suffisamment précis, on *pourrait* les observer et les mesurer. Il y a quelques années, deux équipes de physiciens ont volé autour du monde, en partant l'une vers l'est, l'autre vers l'ouest. Au terme de leur périple, ils ont vérifié que, par rapport aux horloges de la base aérienne, le temps s'était écoulé plus vite pendant le voyage vers l'est, et plus lentement pendant le voyage vers l'ouest. Les différences se mesuraient en milliardièmes de seconde. Elles concordaient avec les prédictions de la théorie d'Einstein. [En allant vers l'est, la vitesse de l'avion s'additionne à la vitesse de rotation de la Terre ; en allant vers l'ouest, elle s'en soustrait.]

Le chien d'Einstein et les jumeaux de Langevin

Un homme se promène avec son chien. Tandis qu'il marche posément sur la route, le chien va et vient, fait cent mètres devant lui, revient, fait cent mètres derrière lui, en courant à vive allure. La longue queue du chien s'agite rapidement de droite à gauche. Quand le promeneur fait un kilomètre, le chien en fait cinq et la queue en fait vingt-cinq. Le soir venu, le chien est plus jeune que le promeneur, et la queue du chien plus jeune que le chien...

Deux jumeaux identiques se donnent rendez-vous sur une base de lancement de fusées. L'un reste au sol, l'autre entreprend un long voyage en capsule spatiale. Il atteint des vitesses voisines de celle de la lumière, fait le tour de Sirius et revient. D'après les horloges de la base, cent ans ont passé. Ses arrière-arrière-petits-enfants lui font une ovation. Lui a à peine changé. À son horloge de bord, trois mois se sont écoulés...

Voilà deux fables qui illustrent l'influence de la vitesse sur le passage du temps. À quel titre peut-on affirmer que, si un jour l'expérience des jumeaux de Langevin devenait techniquement réalisable, on obtiendrait le résultat décrit ? C'est qu'il découle de la théorie de la relativité. Or les prédictions de cette théorie ont été vérifiées chaque fois qu'on a pu faire une expérience. Ces succès sans défaillance sont pour nous les garants de la valeur de la théorie.

La matière retarde le temps et déforme l'espace

D'une pression du pied sur l'accélérateur, le pilote d'un engin spatial transforme le temps et l'espace. On peut y arriver d'une autre façon. Il suffit d'ajouter de la matière. Le champ de gravité que la matière engendre retarde le cours du temps de celui qui s'y trouve par rapport à celui qui ne s'y trouve pas. Le temps s'écoule relativement plus lentement au fond d'une vallée qu'au sommet d'une montagne (le sommet se trouve un peu plus loin de la masse terrestre). Prenons encore le cas de deux jumeaux identiques, dont la durée de vie (mesurée par exemple en nombre de battements de cœur) serait très exactement la même. Imaginons que le premier choisisse de vivre au bord de la mer, tandis que le second campe au sommet du mont Everest. Le cœur du second s'arrêtera près d'un milliardième de seconde avant celui du premier... Le temps s'écoule relativement plus lentement à la surface du Soleil qu'à la surface de la Terre. Ce ralentissement du temps a pour effet une altération de la couleur des raies lumineuses émises par sa surface. Elles nous paraissent toutes un petit peu plus « rouges » que sur la Terre. La différence est minime, mais *mesurable* et *mesurée*.

Comment savons-nous que la matière influence l'espace et le temps ? Revenons un instant à Newton couché sous son pommier. « Pourquoi la pomme tombe-t-elle ? Parce que la Terre l'attire. » À partir de cette idée, il invente la théorie de la gravitation. Dans cette théorie, le temps et l'espace sont des « contenants » inertes. Les choses s'y passent comme dans la pièce de théâtre décrite précédemment. Cette théorie a un succès énorme. Elle rend compte du mouvement des planètes avec une très grande précision. Pourtant, un détail lui échappe. Elle n'arrive pas à rendre compte parfaitement du comportement de Mercure. L'axe de l'orbite de cette planète n'est pas fixe dans l'espace, il tourne autour du Soleil d'une façon non prévue par la théorie.

Einstein reprend le problème de Newton et le creuse plus à fond. « Mais *pourquoi* la Terre attire-t-elle la pomme ? » Il arrive à une nouvelle réponse : « C'est parce qu'elle "déforme" l'espace dans lequel elle est plongée. » Il reformule la relation entre la Terre et la Lune. Cela donne : « La Lune file droit devant elle, comme un train sur des rails. Mais à cause de la Terre, les rails sont courbés. Ils dessinent autour de la Terre une ellipse que la Lune suit aveuglément. » On dira : « Vous jouez sur les mots. » Quelle différence entre la proposition de Newton : « La Terre attire la Lune », et la proposition d'Einstein : « La Lune circule dans un espace déformé par la Terre ? » Il faut transcrire ces deux propositions en langage mathématique. Elles prédisent alors des orbites légèrement différentes. Contrairement à celle de Newton, la proposition d'Einstein prévoit correctement le comportement de Mercure. C'est en ce sens qu'elle est plus « vraie ».

L'adaptation au réel, la capacité de rendre compte avec la plus grande précision des observations, est le critère ultime de la vérité scientifique. Le *quantitatif* joue ici un rôle fondamental. Au voisinage du Soleil, les rails tordus *(N 25)* de l'espace altèrent la course des rayons lumineux. C'est pour cela qu'au moment des éclipses on peut voir des étoiles que le disque solaire devrait normalement nous cacher. Déviée par la masse du Soleil, leur lumière arrive quand même jusqu'à nous. Ce fait, prédit par Einstein, a été vérifié lors de l'éclipse de 1919. Les prédictions réalisées sont la pierre de touche de l'excellence d'une théorie. « Je ne comprends pas. Comment cela est-il possible ? » dit l'homme de bon sens. La réponse, c'est qu'il n'y a rien à « comprendre ». C'est comme ça. Il faut d'abord constater les choses, savoir comment elles se passent avant d'essayer de « comprendre ». Nier ce qu'on voit parce que ça ne colle pas avec ce que l'on pense, c'est de la politique d'autruche. La nature n'a pas à s'adapter à notre façon de penser. C'est à nous de changer notre façon de penser pour qu'elle s'adapte à la nature. Les bonnes idées, les bonnes images sont celles qui savent négocier les courbes de la nature, comme le bon chauffeur négocie les sinuosités d'une route de montagne...

Le temps cosmique, l'espace cosmique

Le temps absolu s'est dissipé sous l'œil inquisiteur d'Einstein. Le temps, on l'a vérifié expérimentalement, ne s'écoule pas au même rythme pour tout le monde. Comment peut-on parler, dans ce contexte, d'une histoire du monde ? Quel sens donner au terme « âge de l'univers » ? C'est la matière qui va nous permettre de parler, de façon cohérente, d'un « temps cosmique ».

Imaginons-nous à bord d'un vaisseau spatial, naviguant à quatre-vingt-dix pour cent de la vitesse de la lumière par rapport à la Terre. L'univers, à nos yeux, est un vaste arc-en-ciel. Bleu dans la direction de notre mouvement, il devient progressivement vert et jaune sur les côtés, puis rouge profond vers l'arrière. Pourquoi ? À cause du mouvement des galaxies dans l'espace. Emportés par notre mouvement, nous approchons à grande vitesse des galaxies situées devant nous, et nous nous éloignons de celles qui sont situées derrière nous. Ce mouvement influence notre perception des couleurs, les « bleuit » quand nous nous approchons, et les « rougit » quand nous nous éloignons. Diminuons la vitesse de notre vaisseau. Progressivement, l'arc-en-ciel s'estompe. Quand nous regagnons notre base terrestre, nous nous retrouvons dans la situation familière où toutes les galaxies s'éloignent de nous. Le fond du ciel redevient uniformément rouge. [Pas tout à fait. La Terre se meut à trente kilomètres par seconde autour du Soleil ; le Soleil à deux cents kilomètres par seconde autour de l'axe de la Galaxie ; la Galaxie a une vitesse (mal connue) de quelques centaines de kilomètres par seconde au sein de l'amas et du superamas. Toutes ces vitesses sont faibles (moins d'un pour cent de la vitesse de la lumière). Elles procurent quand même à notre base terrestre une vitesse « propre » qui fait que la couleur de notre fond du ciel n'est pas parfaitement uniforme. Ces différences de couleur, minimes, ont pourtant été mises en évidence.]

On appellera « temps cosmique » celui des observateurs pour lesquels le fond du ciel est uniformément rouge. Ce temps n'est pas « meilleur » que celui du premier voyageur spatial venu. Tous les temps « se valent ». Mais il a l'avantage pratique d'être, à la fois, celui de la Terre, du Soleil et des étoiles. Il est celui *du plus grand nombre d'atomes*. Il est celui de la majorité de la matière. C'est par rapport à lui que nous avons mesuré l'âge de l'univers et ses dimensions.

2. Énergies, forces, et l'ailleurs

Présentation du Grand Ailleurs

J'aimerais maintenant vous présenter un des personnages les plus importants, quoique bien discret, de notre histoire. Nous l'appellerons le Grand Ailleurs. C'est le vaste espace en expansion entre les galaxies. Sans lui, aucune organisation de la matière n'est possible. Sans lui, l'univers n'aurait jamais franchi les étapes de la complexité.

Pour comprendre son rôle, il faut revenir d'une façon plus quantitative sur les forces de la nature. Dans les pages qui suivent, je présenterai la notion d'énergie de liaison. Puis, au moyen d'expériences fictives, je l'appliquerai à chacune de ces forces. Nous verrons qu'aucun système ne peut se former sans *émettre* de l'énergie, et qu'aucune énergie ne peut être émise s'il n'existe pas un « ailleurs » pour la recevoir.

La monnaie-énergie

> Derrière ce qui change, il y a quelque chose qui ne change pas.

Dans le monde, il y a du changement. Du chaud devient tiède. Des corps tombent. Le feu brûle et les bûches se consument.

Ces transformations ne se font pas d'une façon arbitraire. Elles sont reliées entre elles par une sorte d'échange monétaire. La monnaie, ici, c'est l'énergie. Elle permet au physicien de tenir la comptabilité des phénomènes qu'il étudie.

Dans un canon, une charge de poudre explose. De l'énergie chimique (d'origine électromagnétique) est transformée partiellement en énergie cinétique (l'obus est lancé) et partiellement en énergie thermique (le canon s'échauffe). La somme des énergies, cinétique et thermique, est égale à l'énergie chimique libérée.

Il nous faut une unité d'échange. À la banque, on utilise le franc ou le dollar. En physique, il existe plusieurs unités. Pour nous, la plus utile sera l'« électron-volt ». Le nom de cette unité pourrait laisser croire qu'elle ne peut s'appliquer qu'aux électrons. Il n'en est rien. Comme la valeur-or n'est pas restreinte au commerce des bijoux, cette unité vaut bien au-delà. Voici quelques exemples. Un proton qui se déplace à quinze kilomètres par seconde possède une énergie cinétique d'un électron-volt. Un électron, plus léger, doté de la même énergie cinétique, se déplace à six cents kilomètres par seconde. L'énergie des photons lumineux se chiffre également en électrons-volts. Les photons bleus en ont trois. Les rouges, un. L'arc-en-ciel se développe entre un et quatre électrons-volts. Les rayons X en ont des milliers, et les rayons gamma des millions. À l'autre extrémité, le rayonnement fossile est constitué de photons d'un millième d'électron-volt, tandis que France-Inter envoie dans l'espace des photons d'un milliardième d'électron-volt environ. Par rapport aux événements de notre vie quotidienne, l'électron-volt est une quantité d'énergie minuscule. Une calorie équivaut à vingt-six milliards de milliards d'électrons-volts ($2,6 \times 10^{19}$), tandis qu'un litre d'essence en dégage un milliard de milliards de milliards (10^{27}).

L'expression « loi de conservation de l'énergie » signifie que la quantité d'énergie *avant* un événement doit être égale à cette quantité *après*. Cette loi est-elle absolue ? Vers les années 1930, les physiciens découvraient l'existence du neutron, particule instable (demi-vie d'environ quinze minutes), qui se transforme en un proton et un électron *(A 3)*. Le bilan révélait moins d'énergie après la désintégration qu'avant. Confiant malgré tout dans la valeur de la loi, le physicien Pauli imagina l'existence d'une nouvelle particule, invisible, émise au moment de la réaction. Cette particule, nommée « neutrino » (petit neutron), devait, par définition, posséder exactement l'énergie manquante et équilibrer le bilan énergétique de la réaction. Quelques années plus tard, cette particule fut effectivement détectée au laboratoire. Elle a progressivement pris une très grande importance en physique et en cosmologie *(A 2)*. Cet événement est significatif. Il montre que la notion d'énergie est fructueuse et bien adaptée à la réalité.

Pourtant, la loi de conservation n'est pas « absolue ». Ses exigences sont reliées à la durée du phénomène observé. L'importance de la « transgression » tolérée est inversement proportionnelle à sa durée. (Plus correctement, il faudrait dire que ces « transgressions » émanent du fait que, si les durées sont courtes, les énergies sont mal définies.) *Tout se passe comme si* l'énergie n'était pas rigoureusement conservée. Ces écarts jouent un rôle fondamental dans le comportement des particules individuelles. Au niveau de notre réalité quotidienne, qui implique des myriades de particules, ils se compensent et deviennent pratiquement négligeables. La loi de conservation de l'énergie reprend alors ses exigences de précision.

Les liaisons électromagnétiques

Le poids de liberté : la liaison rend plus léger.

Au moyen d'une balance très précise, nous allons nous livrer à quelques expériences instructives. D'abord, nous pesons séparément un proton et un électron et nous faisons la somme de leurs masses. Puis nous mettons l'électron en orbite autour du proton pour en faire un atome d'hydrogène, et nous mettons le tout sur une balance. Surprise ! *L'atome est plus léger que la somme de ses constituants*. La différence est faible : une partie

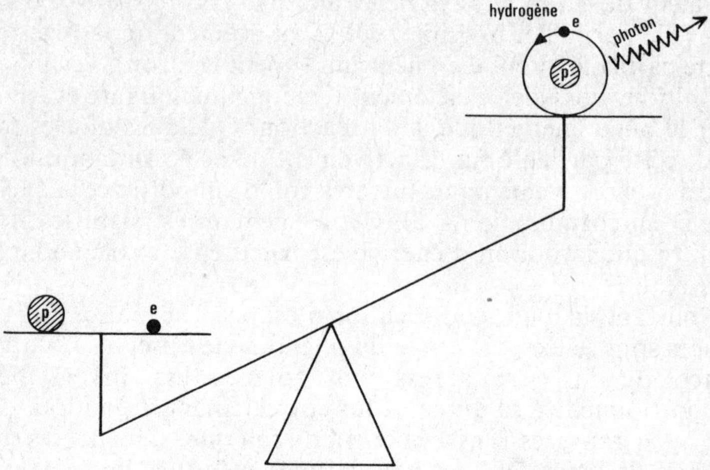

Schéma 10. Une liaison électromagnétique. L'électron et le proton, isolément, sont plus lourds que le système lié formé par ces deux particules (l'atome d'hydrogène). La différence de masse est émise sous forme d'énergie (un photon ultraviolet) au moment de la combinaison. Cette différence de masse, voisine d'un cent millionième, caractérise la force électromagnétique au niveau des structures atomiques et moléculaires.

pour cent millions ! Mais elle est *réelle* et c'est ce qui importe ici *(schéma 10).*

Pour comprendre cet événement, il faut introduire une nouvelle sorte d'énergie : l'énergie de masse. On peut transformer de la masse en énergie thermique, ou en énergie cinétique. Et, inversement, on peut transformer de l'énergie lumineuse, par exemple, en masse. [C'est ce qu'exprime la fameuse relation d'Einstein $E = mc^2$. Un gramme de matière peut donner 6×10^{32} électrons-volts.] On le fait quotidiennement au laboratoire de physique nucléaire.

Reprenons notre expérience. Joignons le proton et l'électron pour en faire un atome d'hydrogène. Sous l'influence de la force électromagnétique qui s'exerce entre lui et le proton, l'électron se met en orbite. Cet événement s'accompagne de l'émission d'un photon lumineux ultraviolet. L'énergie de ce photon correspond exactement à la différence de masse entre l'atome d'hydrogène et les deux particules libres. La masse du proton équivaut à neuf cent trente-huit millions d'électrons-volts ; la masse de l'électron est de cinq cent onze mille électrons-volts. La différence entre la somme des masses du proton et de l'électron et la masse de l'atome d'hydrogène est de 13,6 électrons-volts, soit environ un cent-millionième de la somme des masses du proton et de l'électron pris séparément. C'est l'énergie du photon émis. En d'autres mots, au moment de la « capture », une fraction de la masse a été transformée en énergie du photon. Celui-ci *quitte* l'atome, transportant ainsi *au loin* l'équivalent énergétique de cette « masse manquante ». J'ai souligné, pour attirer l'attention, les mots « quitte » et « au loin ». Ils sont très importants. Nous en reparlerons et nous leur découvrirons une dimension étonnante.

Dirigeons maintenant vers un atome d'hydrogène un faisceau de lumière ultraviolette. Si les photons ont l'énergie requise, l'un d'entre eux pourra être absorbé par le système. L'électron sera alors arraché au proton et libéré dans l'espace. On dit que l'atome d'hydrogène est dissocié. Les particules ont repris leur masse initiale et leur liberté. Tous les atomes, toutes les molécules, même les plus complexes, ont un comportement analogue. Dissociés, séparés en leurs constituants, ils sont toujours plus lourds qu'à l'état lié. En se combinant sous l'effet de la force électromagnétique, ils émettent l'énergie correspondant à la masse manquante. Cette énergie ne va pas nécessairement se transformer en lumière. Elle peut aussi se transformer en énergie mécanique, électrique, etc.

Une pile déchargée est moins lourde qu'une pile chargée. La masse manquante s'est transformée en électricité, puis en lumière. De l'essence brûle dans l'air. Des réactions chimiques forment de nouvelles molécules. La masse totale de ces nouvelles molécules est très légèrement inférieure à la masse de l'essence et de l'oxygène combinés. La différence est transformée en chaleur. Au moyen de pistons et de bielles, je la retransforme en mouvement mécanique. Ma voiture roule. En parallèle, je transforme des molécules très instables (l'essence) en molécules beaucoup plus stables (le gaz carbonique et l'eau). C'est l'énergie gagnée lors de la liaison de ces molécules stables que j'ai utilisée pour faire rouler ma voiture. Vous mangez un steak assaisonné de poivre et d'herbes de Provence. Les réactions chimiques qui s'ensuivent sont extraordinairement nombreuses et complexes. Si, par une comptabilité détaillée, vous parveniez à faire la somme des masses des molécules *après* la digestion, vous les trouveriez, encore une fois, inférieures à la masse totale des participants initiaux. La masse perdue, après avoir charmé vos papilles, vous tient chaud et libère l'énergie qu'il vous faut pour tourner les pages de ce livre. En chauffant notre bloc de fer, nous avons fait l'expérience inverse. Dans le réseau cristallin, les atomes de fer sont liés. Pour les libérer, il faut de l'énergie. La chaleur, ou énergie thermique, va se transformer en énergie de masse pour combler le déficit. L'ensemble des atomes de fer est plus lourd que le bloc de fer.

Toutes les réactions chimiques impliquent une variation de masse d'échelle bien définie. Les fractions de masse gagnées ou perdues vont d'une partie pour un milliard à une partie pour cent millions environ. Les réactions chimiques se font par échange de charges électriques. Cette échelle de fraction de masse *caractérise* les énergies électromagnétiques dans le domaine des atomes et des molécules. [Certains phénomènes électromagnétiques sont nettement en dehors de cette fourchette. Mais ils n'interviennent guère dans le déroulement des événements que je veux raconter ici.]

Les liaisons nucléaires

Sur le plateau de gauche de notre balance, nous plaçons un proton et un neutron libres. Sur le plateau de droite, un « deutéron ». Le deutéron est un noyau composé d'un proton et d'un neutron en orbite l'un autour de l'autre (c'est le noyau de l'hydrogène lourd). Les deux particules sont très rapprochées. Leur distance moyenne est environ vingt mille fois plus faible que la distance entre le proton et l'électron d'un atome d'hydrogène *(schéma 11)*. Encore une fois, le système lié (le deutéron) est plus léger que ses constituants. Mais, cette fois, la différence est d'environ un pour mille, c'est-à-dire cent mille fois plus

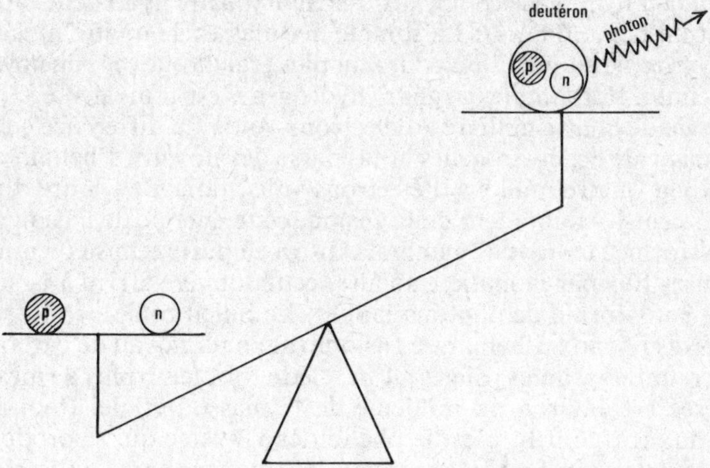

Schéma 11. Une liaison nucléaire. Le proton et le neutron, isolément, sont plus lourds que le système lié formé par ces deux particules (le deutéron). La différence de masse est libérée sous forme d'énergie (un rayon gamma) au moment de la combinaison. Cette différence de masse, voisine d'un millième, caractérise les forces nucléaires.

grande, relativement, que dans le cas de l'atome d'hydrogène (où elle était d'une partie pour cent millions). Ces chiffres illustrent la puissance du lien nucléaire. Ils expliquent en même temps l'intérêt économique de l'énergie nucléaire et les efforts qui ont été déployés pour la contrôler. Une tonne d'uranium donne autant de chaleur que les centaines de milliers de tonnes de pétrole enfermées dans les réservoirs d'un grand pétrolier.

En rapprochant le proton du neutron, un photon énergétique est émis, qui transporte au loin cette différence de masse. Inversement, en bombardant un deutéron avec un photon approprié, on peut le dissocier et libérer les deux nucléons qui le composent. Ce photon est un rayon gamma dont l'énergie est de 2,2 millions d'électrons-volts. Les masses du proton et du neutron étant toutes deux voisines du milliard d'électrons-volts, on retrouve bien la fraction d'un millième mentionnée plus haut.

Nous retrouvons dans le domaine nucléaire le même comportement que dans le domaine électromagnétique. Le Soleil tire son énergie des réactions nucléaires. Il réalise la fusion des noyaux d'hydrogène en noyaux d'hélium (quatre hydrogènes donnent un hélium) *(A 4)*. La somme des masses de quatre noyaux d'hydrogène est près d'un pour cent plus grande que celle du noyau d'hélium. [La somme de quatre hydrogènes est équivalente à une énergie de quatre milliards d'électrons-volts. La différence entre la masse de ces hydrogènes et la masse des noyaux d'hélium est de vingt-quatre millions d'électrons-volts, donc de l'ordre d'un pour cent.] Au moment de la fusion, cette énergie de liaison est transformée en rayons gamma. Absorbée puis réémise de nombreuses fois par la matière solaire, cette lumière arrive à la surface sous forme de photons jaunes. Le Soleil brille.

Trois noyaux d'hélium se fusionnent en un noyau de carbone au cœur des géantes rouges *(A 4)*. Cette fois, le surplus de masse libérée est environ un millième de la masse initiale. Pour les noyaux très lourds, c'est le phénomène inverse qui se produit. Au lieu de se fusionner, les noyaux fissionnent parce qu'ils sont plus massifs que leurs constituants. L'uranium, par exemple, dégage un millième de sa masse en explosant. Dans un réacteur, cette énergie chauffe l'eau puis actionne les turbines. Le fer est le noyau le plus stable. Il faut fournir beaucoup d'énergie pour arracher un à un les cinquante-six nucléons qui composent son noyau. Il faut des milliards de degrés de température pour le décomposer en nucléons.

Les liaisons quarkiennes

La physique contemporaine s'oriente vers un schéma semblable à un niveau plus fondamental *(A 3)*. Les nucléons sont des systèmes liés, constitués de trois quarks. Les énergies de liaison sont encore bien supérieures à celles des systèmes nucléaires. Elles sont comparables aux masses des nucléons qui leur doivent l'existence. Ce phénomène s'éclaire dans le contexte d'une physique trop complexe pour que je m'y attarde plus longtemps. De toute façon, nous sommes ici à la pointe de la recherche et rien n'est encore solidement acquis.

<Depuis 1980, la théorie des quarks, appelée « chromodynamique quantique », a fait de grands progrès. Elle s'impose maintenant comme une théorie crédible des forces nucléaires. Mais on est loin d'en avoir exploré tout le contenu. >

Les liaisons gravifiques

Vous étonnerais-je maintenant en vous apprenant que la masse du système Terre-Lune est inférieure à celle de la Terre et de la Lune prises séparément *(schéma 12)*? La différence est d'un milliard de tonnes ! Cela paraît énorme. Mais cela ne représente en fait qu'une partie pour trente mille milliards (3×10^{-14}) des masses combinées de la Terre et de la Lune. C'est donc une fraction beaucoup plus faible que toutes celles que nous avons rencontrées jusqu'ici. Même dans le domaine

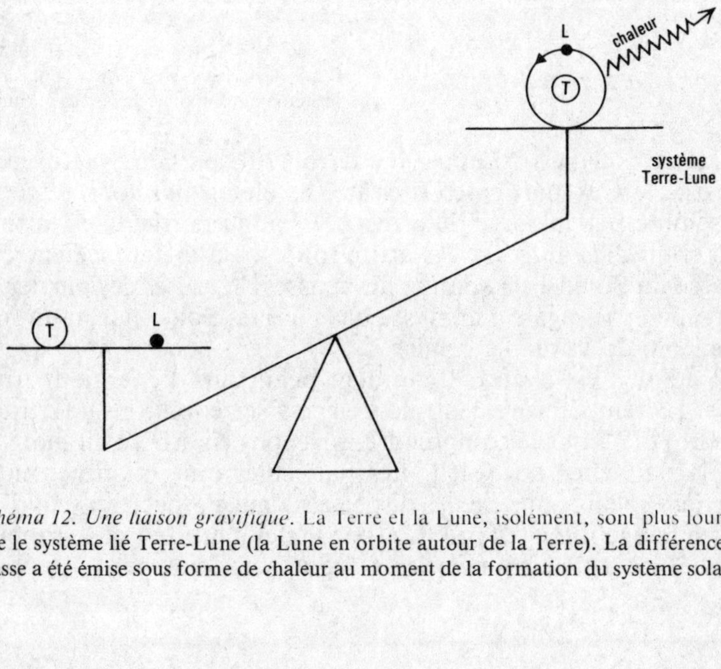

Schéma 12. Une liaison gravifique. La Terre et la Lune, isolément, sont plus lourdes que le système lié Terre-Lune (la Lune en orbite autour de la Terre). La différence de masse a été émise sous forme de chaleur au moment de la formation du système solaire.

électrique, les fractions de masse manquante sont au moins cent à mille fois plus grandes.

Prenons maintenant deux trous noirs *(A 6)* tournant autour l'un de l'autre, en orbite très rapprochée. Cette fois, la fraction de masse manquante sera voisine de l'unité. C'est-à-dire supérieure aux fractions de masse caractéristiques des forces nucléaires et électromagnétiques. Nous touchons ici un point très important. Alors que, pour ces deux dernières forces, les fractions de masse appartiennent à des fourchettes assez bien définies (d'un centième à un millième pour le nucléaire, d'un cent-millionième à un trillionième pour l'électromagnétique), pour la gravitation cette grandeur peut varier beaucoup plus largement. C'est ce fait qui permet à la gravité de jouer un rôle si fondamental dans l'élaboration de la complexité. On en verra l'illustration dans les pages qui suivent.

Les jeux de la chaleur et de la gravité

Deux agents complices qui s'amusent à sauter d'un domaine de forces à l'autre.

Notre Soleil est composé d'environ 10^{57} particules (1 avec 57 zéros...). Ces particules (noyaux et électrons) sont retenues ensemble par la force de gravité. Chaque particule est attirée par toutes les autres et les attire toutes. La différence entre la masse du Soleil et la somme des masses de toutes ces particules est à peu près égale à la masse de la Terre. Soit environ un millionième de la masse solaire.

Le Soleil est chaud. Il contient beaucoup d'énergie thermique. La température centrale s'élève à seize millions de degrés. Pourquoi ? Pour le comprendre, revenons en arrière au moment de la naissance du Soleil. Les particules qui constitueront la matière solaire sont encore dispersées dans l'espace au sein d'un vaste nuage interstellaire. Ces particules s'attirent et se rapprochent. Le nuage tout entier se contracte lentement. Le voici maintenant confiné dans un volume plus petit *(schéma 13)*.

On peut faire la comptabilité de cette opération. On montre que l'énergie de liaison, libérée par cette contraction, s'est transformée en chaleur et en émission lumineuse. La « chaleur », ici, c'est ce qui *reste* dans l'enceinte du nuage ; c'est l'énergie thermique qui agite les particules et les porte à une température croissante. L'émission lumineuse, par contre, c'est ce qui *s'en va*, ce qui traverse la surface et se retrouve *ailleurs*. À la naissance du Soleil, il s'agissait de rayonnement infrarouge ; aujourd'hui, de lumière visible *(A 1)*. À mesure que le nuage se contracte, il émet de plus en plus de lumière, tandis que sa température interne croît continuellement. Quand la température du nuage atteint quelques centaines de degrés, les forces électromagnétiques dominent la scène. Quand il atteint quelques millions de degrés, les forces nucléaires entrent en action.

La gravité sert, en quelque sorte, d'« ascenseur » entre ces domaines de forces. Selon son état de contraction (ou d'expansion), une masse de matière verra s'établir en son sein un niveau de température qui favorisera différents types d'interaction. Comme un four dont on peut régler la température pour faire cuire soit un poulet, soit un gâteau. C'est la gravité qui gouverne les fours de la cuisson cosmique.

L'ailleurs, condition indispensable des liaisons

Les systèmes liés (nucléons formés de quarks, noyaux formés de nucléons, molécules formées d'atomes, galaxies formées d'étoiles) doivent forcément, au moment de leur formation, « émettre » leur surplus d'énergie. Cette énergie s'en va « ailleurs ». Aucune structure, aucune organisation de la matière ne peut venir au monde s'il n'y a pas cet ailleurs pour absorber le rayonnement qui s'échappe.

Où est cet « ailleurs » ? Dans un univers stationnaire (sans expansion), il n'y aurait pas d'ailleurs. Tout rayonnement émis par la création d'*un* système serait un jour absorbé, amenant

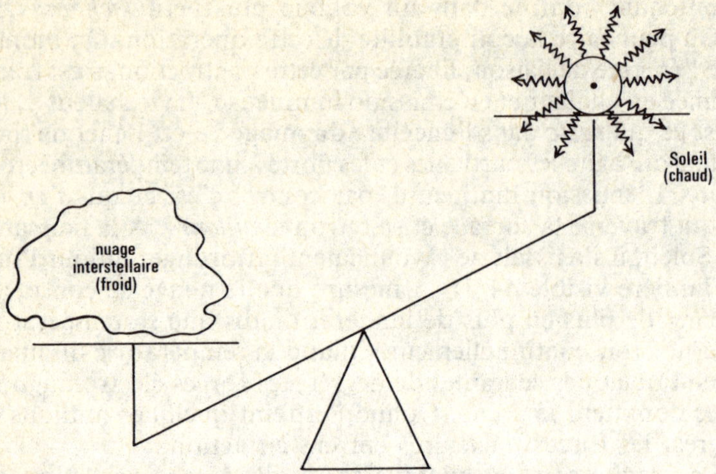

Schéma 13. La masse du Soleil. Le Soleil est plus léger que le nuage interstellaire dont il a hérité ses atomes. L'énergie gagnée a été transformée pour partie en rayonnement. L'autre partie a servi à le réchauffer.

ainsi la dissociation d'un *autre* système. À tout instant, le nombre d'atomes formés serait égal au nombre d'atomes détruits. Le bilan net de la structuration à l'échelle universelle serait toujours nul. En d'autres mots, l'« ailleurs » de l'un serait l'« ici » de quelqu'un d'autre. Aucun roc n'émergerait définitivement de l'océan de chaleur.

C'est l'expansion qui, en quelque sorte, engendre l'ailleurs, c'est-à-dire la possibilité que la grande majorité des rayonnements ne soient plus absorbés. Les photons émis gagnent l'espace entre les galaxies. Là, ils avancent dans un univers de plus en plus dilué, de plus en plus vide. Plus le temps passe, plus faibles sont leurs chances d'être réabsorbés. Le temps joue en leur faveur. L'univers est transparent vers le futur. Sa transparence est la garantie de la longévité des structures.

Kepler se demandait pourquoi la nuit était noire. Selon lui, dans un univers infini, la voûte céleste devrait avoir partout la brillance du Soleil. Nous avons vu que l'obscurité de la nuit était reliée à la jeunesse de l'univers. Maintenant, nous allons beaucoup plus loin. Sans l'expansion, aucune étoile n'aurait jamais pu se contracter et se former. L'existence des noyaux d'hélium, au même titre que l'obscurité de la nuit, témoigne de l'expansion universelle. [Il ne s'agit pas ici de preuves, mais plutôt d'arguments de cohérence. Ce qu'on peut dire, strictement, c'est que les noyaux d'hélium ne sont pas en équilibre avec les photons gamma émis au moment de leur formation.]

L'ailleurs, condition indispensable de l'organisation

Au cours des pages précédentes, nous avons vu comment les forces de la nature créent des liens entre les « particules élémentaires » *(N 26)* de la matière. Particules et liens, comme briques et ciment, sont les éléments essentiels de toutes les architectures. Grâce à eux, la matière s'ordonne et s'organise en systèmes complexes.

Pour décrire cet agencement de la matière, il est utile d'introduire ici les notions d'« information » et d'« entropie ». La cathédrale de Chartres est constituée d'un grand nombre de pierres, mises en place par des ouvriers spécialisés, selon des instructions bien définies. On dira que la cathédrale contient « plus d'informations » que l'ensemble des pierres initiales. Cet accroissement d'information est proportionnel au nombre d'instructions données par l'architecte. Chartres en incorpore plus qu'une simple église de campagne. L'entropie est, d'une certaine façon, l'inverse de l'information. Elle est une mesure du désordre dans un objet donné. La cathédrale, une fois terminée, a tendance à se détériorer. L'érosion du vent et de la pluie, les hivers rigoureux, la pollution urbaine, les tremblements de terre, ne lui font pas de bien. En l'absence de soins, son entropie ira croissant. Elle rejoindra un jour celle du tas de pierres dont elle fut formée.

Dans un verre de whisky tiède nagent quelques glaçons. Puis ces glaçons fondent et le whisky se rafraîchit. Le premier état contient deux phases : du liquide et des solides à la surface. Le second état n'en contient qu'une : du liquide partout. Le premier état est plus ordonné, plus « informé » que le second : il me faut plus de renseignements pour le décrire. L'entropie du second état est plus grande que celle du premier. L'expérience de tous les jours nous apprend que, lorsqu'elles sont abandonnées à elles-mêmes, les choses ont tendance à se « désorganiser ». Les cathédrales tombent en ruine, et les glaçons fondent dans l'eau tiède. Il existe en thermodynamique un principe (le second) qui sanctionne cette sagesse traditionnelle. Il affirme qu'au cours de l'évolution des événements l'entropie s'accroît (ou, plutôt, ne peut pas décroître).

Pourtant, l'histoire de l'univers semble nous montrer le contraire. Nous avons assisté à l'inexorable progression de la matière vers les hauts sommets de l'organisation, dont nucléons, noyaux, atomes, molécules, cellules et organismes forment les paliers. En ce sens, l'apparition de la vie semble aller à contre-courant de la tendance naturelle des événements. <Ces questions sont abordées aux chapitres 3, 4 et 5 de *l'Heure de s'enivrer.*>

Un exemple familier va nous aider à résoudre ce paradoxe. Quand vient l'hiver, les lacs gèlent. Pourtant, la glace est une structure bien plus ordonnée que l'eau liquide. Les molécules de la glace sont agencées selon une géométrie rigoureusement déterminée. Dans le liquide, les molécules sont libres. Elles se meuvent au hasard et changent continuellement de position. L'entropie de l'eau liquide est beaucoup plus élevée que celle de la glace. Comment le lac peut-il acquérir l'organisation requise pour que les molécules s'agencent en cristaux glacés ? La clef du paradoxe, c'est que le lac dégage, en gelant, une grande quantité de chaleur. Cette chaleur, sous forme de rayons infrarouges qui possèdent leur propre entropie, quitte la Terre et gagne l'espace extragalactique. On peut calculer la quantité d'entropie qui a été évacuée par ces photons infrarouges et montrer que la somme des entropies de la glace et de ce rayonnement est *supérieure* à celle du lac avant le gel. Grâce à la force électromagnétique qui lie les molécules entre elles, le lac a acquis de l'ordre dans son lieu propre. Mais, en même temps, il a rejeté un rayonnement à entropie élevée. Son gain d'organisation a été payé par un accroissement du désordre de l'univers.

De la même façon, les noyaux d'hélium sont nés aux premières secondes de l'univers. Ils ont été produits par la jonction de quatre nucléons en un seul lieu. Nous l'avons vu, la masse du noyau d'hélium-4 est inférieure de près d'un pour cent à la somme des masses des quatre nucléons pris individuellement. Cette masse résiduelle a été transformée en énergie. Cette énergie a été « émise » sous forme de rayonnement lumineux. « Émise » veut dire rejetée au loin du système dont elle est issue. Où ? Ailleurs. En fait, elle s'est ajoutée au rayonnement universel. Elle réchauffe un peu l'univers. Plus exactement, elle retarde, quoique presque imperceptiblement, son refroidissement... Ce noyau d'hélium possède une structure interne ; les nucléons confinés en son sein gravitent sur des orbites stables, avec des propriétés bien définies. Ce noyau est plus « organisé » que la somme des quatre nucléons dont il est constitué. Cette organisation est apparue *spontanément* dans la purée universelle. Outre qu'ils transportent au loin le surplus de masse, les photons émis lors de la fusion nucléaire emportent de l'entropie. C'est l'entropie que l'hélium doit débourser pour obtenir l'autorisation de se structurer sans transgresser le principe d'accroissement du désordre global. Ces noyaux d'hélium sont comme des archipels d'organisation dans un océan plus désordonné que jamais.

Ce comportement est général. On le retrouve à chaque stade d'organisation. Dans le grand désordre universel apparaissent spontanément des archipels d'ordre. L'acquisition de l'organisation est coûteuse. Elle s'accompagne d'un suraccroissement de l'entropie cosmique. Cette entropie est « déposée » dans le Grand Ailleurs extragalactique. Ainsi, au long des ères, une fraction de plus en plus réduite de la masse cosmique, disséminée en une multitude d'îlots favorisés, renfermera une organisation de plus en plus élevée, au détriment d'un univers de plus en plus désorganisé. Dans la section précédente, nous avons vu que, sans l'expansion, aucun lien stable ne pouvait se former. L'ailleurs est requis par le principe de la conservation de l'énergie (appelé aussi le premier principe de la thermodynamique). Ici, nous sommes allés plus loin. Sans l'ailleurs, aucune organisation ne peut être acquise par la matière. Cet ailleurs forme une condition indispensable à la formation d'îlots de matière organisée, tant sur le plan de la conservation de l'énergie que sur celui de son inexorable dégradation (second principe de la thermodynamique).

Nous arrivons ici au terme d'un long cheminement. À la question : « Pourquoi la nuit est-elle noire ? » posée au début de ce livre, nous avons vu que le phénomène de récession des galaxies et d'expansion pouvait offrir une réponse. En termes lapidaires, nous ajoutons ici : « Si la nuit n'était pas noire, il n'y aurait personne pour s'en rendre compte... »

3. Le hasard

Tout au long de notre épopée, le hasard a joué un rôle de première importance. Pourtant, parmi nos personnages, c'est certainement le plus mystérieux et le plus ambigu. Existe-t-il vraiment ? Ou bien n'est-il qu'une simple couverture à notre ignorance ? Avant d'aborder cette question, il nous faudra soigneusement distinguer deux « sortes » de hasard. Celui de nos vies quotidiennes (« Vous ici, quelle coïncidence ! ») et celui, plus fondamental, de la vie privée des atomes. Dans une anecdote fictive, nous les retrouverons tous deux à l'œuvre à la Tour de Londres. La physique moderne nous apprend que les deux sortes de hasard existent de plein droit et qu'aucune connaissance ne peut les éliminer. Nous verrons comment ils coexistent pacifiquement avec les lois et forment ensemble la trame sur laquelle s'élabore la tapisserie de la complexité.

La cause et le hasard

Pourquoi ? Parce que. L'effet et la cause. Voilà un tandem qui a fait ses preuves. Depuis la Grèce antique (et peut-être bien avant...), il sert d'assise à la philosophie et à la science. On observe des phénomènes, on suppose qu'il doit y avoir une cause. On cherche à l'identifier.

L'idée de causalité s'impose par sa richesse et son utilité. Elle se vérifie à l'usage. Mais à quoi correspond-elle exactement ? Que nous apprend-elle sur la réalité profonde ? Elle nous enseigne que la réalité n'est pas le chaos complet. Tout n'est pas laissé au hasard. Il y a une certaine « détermination » des choses. Jusqu'où se prolonge cette détermination ? Les progrès de la science nous révèlent chaque année de nouvelles relations causales entre des événements qui semblaient sans rapport. Le hasard sera-t-il un jour complètement éliminé ? L'univers se révélera-t-il complètement déterminé jusqu'en ses moindres détails ?

Les physiciens du début du XIXe siècle auraient répondu oui à ces questions, si on en croit un texte célèbre de Laplace : « Nous devons envisager l'état présent de l'univers comme l'effet de son état antérieur et comme la cause de celui qui va suivre. Une intelligence qui, pour un instant donné, connaîtrait toutes les forces dont la nature est animée, et la situation respective des êtres qui la composent, si d'ailleurs elle était assez vaste pour soumettre ces données à l'analyse, embrasserait dans la même formule les mouvements des plus grands corps de l'univers et ceux du plus léger atome : rien ne serait incertain pour elle et l'avenir comme le passé serait présent à ses yeux. L'esprit humain offre, dans la perfection qu'il a su donner à l'astronomie, une faible esquisse de cette intelligence. Ses découvertes en mécanique et en géométrie, jointes à celle de la pesanteur universelle, l'ont mis à portée de comprendre dans les mêmes expressions analytiques les états présents et futurs du système du monde » *(N 27)*. Ce rêve de Laplace, nous le savons aujourd'hui, ne sera jamais réalisé *(N 28)*. Et c'est tant mieux... Quel ennui que ce monde terne et sans fantaisie... À deux niveaux distincts, la réalité est réfractaire aux expressions analytiques de Laplace. Nous allons les étudier tour à tour.

Le hasard des agents d'assurances

Vous voulez assurer votre grange contre la foudre. « Cela vous coûtera tant », dit votre assureur. En partant de données fournies par la préfecture, la compagnie prévoit assez exactement le nombre de granges foudroyées dans les années à venir. Faisant l'hypothèse que la foudre frappe « au hasard », elle calculera la probabilité que cela vous arrive. Mais elle est incapable de prévoir *quelles* granges seront frappées.

Le hasard semble servir ici d'alibi à son ignorance ou, plus exactement, à son manque d'intérêt pour les granges individuelles de ses assurés. La compagnie aurait pu, par exemple, consulter un géophysicien. Il lui aurait appris que l'éclair est constitué d'une myriade de charges électriques accumulées sur un nuage. Chacune de ces charges a une histoire personnelle qui fait intervenir un jeu de forces physiques. Remontant la filiation des causes et des effets, on pourrait, en principe, prévoir les lieux de chute des éclairs. En pratique, cependant, cette tâche est irréalisable. Pour la mener à bien, il faudrait avoir des renseignements extrêmement précis non seulement sur la position de toutes les charges électriques impliquées dans ces éclairs, mais aussi sur toutes les forces extérieures qui agissent sur ces charges. La compagnie pourrait savoir quelle grange sera brûlée, mais il lui faudrait pour cela embaucher un nombre infini de géophysiciens et d'informaticiens. Mieux vaut, pour son budget, s'en tenir à sa béate ignorance.

Les formules cogitées par Laplace pour décrire l'ensemble du monde rencontrent une difficulté analogue. Elles n'ont de chance de prédire correctement l'avenir que si elles incorporent un nombre infini de données infiniment précises. Tout écart à cette règle se traduira fatalement par une détérioration progressive du pouvoir prédictif. Or cette exigence de mesures infiniment précises est non seulement irréalisable en pratique, mais elle est en conflit avec la physique elle-même. C'est ce que nous verrons dans les pages qui suivent.

Le hasard et la vie privée des atomes

La physique des atomes (qu'on appelle « mécanique quantique ») nous a révélé que le hasard s'inscrit à un niveau plus profond dans la nature. Un niveau où il existe de plein droit et d'où, ni en pratique ni en principe, il ne peut (jusqu'à nouvel ordre) être délogé par la connaissance.

L'uranium-235 est un noyau instable dont la demi-vie est d'un milliard d'années. Quelle est la cause de cette instabilité ? La physique nous apprend que ce noyau se casse parce qu'il est trop chargé électriquement. Quatre-vingt-douze protons sont confinés dans son infime volume. Ces particules se repoussent violemment. Cette répulsion crée une tension. Cette tension « finit par faire éclater » le noyau. Quel est le sens des mots « finit par faire éclater » ? C'est autour de ces mots que la discussion va tourner maintenant.

Plaçons mille noyaux d'uranium-235 sur un plat et attendons. Après un milliard d'années, il en restera cinq cents. Après deux milliards d'années, il en restera deux cent cinquante, etc. Voilà un effet statistique qui rappelle le domaine des assurances. La différence, c'est que, selon la physique moderne, *on ne peut savoir à l'avance lesquels des atomes seront désintégrés*. Au départ, ils sont identiques. Malgré leur hérédité lourdement « chargée », ils n'ont pas d'histoire personnelle qui nous permettrait de deviner leur futur individuel. Nous touchons ici aux limites mêmes de la causalité (au sens traditionnel du terme, c'est-à-dire du déterminisme). Elle ne décrit qu'une partie de la réalité. Elle me sert à savoir qu'à cause de la surcharge électrique le noyau *doit* éclater. De l'uranium-235, elle m'apprend que, sur mille noyaux, après un million d'années, un d'entre eux, en moyenne, aura éclaté. Mais je ne devrais pas m'étonner si cette première explosion a lieu après cinq minutes ou après dix millions d'années. Cet aspect échappe à la causalité traditionnelle.

Il est normal de supposer que la théorie est tout simplement incomplète. Et que nous prenons pour un aspect de la réalité ce qui n'est, en définitive, qu'une preuve de notre ignorance. Or, en regardant de plus près, on constate que cette « indétermination » n'est pas une simple vicissitude accessoire de la théorie, vicissitude qu'on pourra éventuellement éliminer. Elle en constitue un des piliers. Comme Dante entrant aux enfers, le physicien voit, inscrit au fronton du temple de la mécanique quantique, les mots : « Renoncez à jamais à l'histoire individuelle des atomes. »

On peut vouloir répudier la théorie pour cause d'arrogance. On peut en chercher une autre qui soit moins exigeante et qui permette la restauration du règne de la causalité absolue. Le problème, c'est que la mécanique quantique fait merveille. Ses succès prodigieux lui ont universellement conquis droit de cité. C'est, indiscutablement, une « bonne » théorie. Plusieurs physiciens ont cherché à la remplacer par une théorie aussi satisfaisante mais moins exigeante. Peine perdue. À ce jour, elle reste sans rivale. De plus, elle a depuis quelques années démontré la justification de son arrogance *(N 29)*. Les théories qui veulent rétablir l'histoire individuelle des atomes *sont en contradiction* avec les résultats expérimentaux. [D'autres théories retrouvent le bon accord expérimental mais au prix d'hypothèses qui sont équivalentes à celles de la mécanique quantique.]

Einstein, en particulier, n'a jamais accepté cet état de choses. Il cadrait mal avec sa vision de l'intelligibilité du monde. Pour lui, Dieu ne joue pas aux « dés ». Il a passé de nombreuses années en vaines tentatives pour éliminer cet élément d'indétermination.

Comment la causalité arrive-t-elle à coexister avec ce hasard des vies atomiques individuelles ? Elle met de l'eau dans son vin. Tout se passe comme si les lois n'étaient plus absolues ; elles tolèrent des infractions. Je prends comme exemple le comportement des charges électriques de même signe. La loi veut qu'elles se repoussent. Fixons une charge (+) et lançons une seconde charge (+) vers elle. La loi dira qu'elle devra se rapprocher jusqu'à une certaine distance de la première. Puis, sous l'effet de la répulsion, elle devra s'arrêter et s'éloigner à nouveau. C'est ce qui se passera *généralement, mais pas toujours*. Quelquefois, la charge continuera son mouvement en ignorant totalement la présence de sa consœur. D'autres fois, la distance atteinte ne sera pas celle que prévoyait la loi. La mécanique quantique autorise toutes ces possibilités, leur assigne une probabilité, mais ne s'aventure pas plus loin... Elle se refuse à répondre à des questions qui sortent de son domaine.

Et la Terre sur son orbite ? Ne risque-t-elle pas de souffrir de cette tolérance ? Si elle s'avisait un jour de traverser le Soleil au lieu d'en faire le tour ! L'événement *n'est pas impossible !* Il y a une certaine probabilité qu'il arrive. On peut la calculer. Elle est, fort heureusement, extraordinairement faible. Mais elle n'est pas nulle... Cet exemple illustre un point crucial. La tolérance vis-à-vis des lois est importante au niveau des atomes individuels. Elle diminue progressivement quand on étudie des groupes d'atomes de plus en plus nombreux. À notre échelle, elle est pratiquement nulle. C'est la raison pour laquelle elle a passé longtemps inaperçue.

Le diamant de la Tour de Londres

Le touriste qui descend la Tamise en bateau aperçoit au bord de l'eau la sinistre Tour de Londres. Elle a longtemps servi de prison. Aujourd'hui, elle sert de reposoir aux joyaux de la Couronne. Ils y sont enfermés dans des cages de verre.

Parmi les pierres précieuses, il y a un diamant particulièrement magnifique, gros comme un œuf de poule. Bien protégé par les parois de verre, il semble hors d'atteinte. Pourtant, avec un peu de patience, il est dans votre poche. Mieux, il peut y arriver de deux façons différentes. D'abord par les mouvements de l'air. Dans la cage, les molécules s'agitent dans tous les sens et frappent le diamant à peu près également sur chacune de ses facettes. Il pourrait se passer qu'à un moment donné, par hasard, les molécules arrivent toutes sur une même face. Soulevé par un puissant courant d'air, le diamant s'élèverait dans l'espace, casserait le verre et se retrouverait dans votre main. C'est le hasard des agents d'assurances. La seconde façon d'obtenir le diamant fait appel à l'indétermination des lois de la physique. Aucun objet n'est définitivement et inexorablement assigné à un lieu. Généralement, on le retrouve où on l'a mis ; mais, à l'occasion, il sera ailleurs. Là encore, c'est une question de probabilité. Il existe une certaine probabilité que le diamant placé dans la cage se retrouve dans votre poche. Et cette fois sans avoir cassé la paroi de verre...

Les risques dans l'un ou l'autre cas sont minimes. Je ne crois pas que la Couronne anglaise se soit assurée contre eux. Mais ils ne sont pas nuls. C'est là l'important...

Observer, c'est perturber

> Personne ne sait comment sont exactement les choses quand on ne les regarde pas.

Quiconque a vu un car de touristes débarquer dans un village indien d'Amérique centrale n'aura aucune peine à reconnaître la justesse de ce titre. Avec un peu plus de discrétion, la perturbation pourrait s'amenuiser. Oui, mais jusqu'à un certain point seulement.

Cette difficulté d'observer sans influencer existe aussi au niveau des objets. Pour combattre les excès de vitesse, les gendarmeries installent des postes de radar. Ces instruments projettent en direction des voitures des paquets de photons d'une longueur d'onde bien déterminée. Ces photons se réfléchissent sur la voiture et reviennent en écho vers le poste. La longueur d'onde des photons réfléchis sera légèrement différente de celle du départ. Cette différence permet au gendarme de connaître votre vitesse et de savoir si vous êtes en infraction. Ce que le gendarme ignore sans doute, c'est qu'en lançant son faisceau radar il a changé la vitesse de la voiture ! Les ondes possèdent de l'énergie. En se réfléchissant sur le coffre arrière, elles ont donné un élan supplémentaire. La différence, bien sûr, est faible, et personne n'aura ressenti l'impact des photons. L'automobiliste aura quelque mal à faire valoir cette perturbation pour justifier son excès de vitesse.

Mais s'il s'agit d'observer non pas des voitures mais des atomes, le problème de la perturbation ne pourra plus être négligé aussi facilement. Voici un atome dont je voudrais prédire l'avenir. Il me faut pour cela savoir avec la plus grande précision *où il est* et *vers où il va*. Pour ne pas le perturber, je choisirai de l'observer avec un rayonnement de très basse énergie. Or, selon la théorie, plus l'énergie est basse, plus la longueur d'onde est grande. Mais, et c'est là que les choses se gâtent, il est impossible de localiser l'atome avec une précision supérieure à une longueur d'onde. Par exemple, si je choisis d'éclairer l'objet avec une onde de type radiophonique, je m'imposerai une marge d'incertitude de plusieurs centaines de mètres sur sa position. Nous retrouvons ici la situation rencontrée à propos du diamant de la Tour de Londres. La position des objets est incertaine à cause du caractère ondulatoire que la nature leur impose. Pour obtenir une mesure très précise de la position d'un atome, je suis donc contraint d'utiliser un rayonnement de très courte longueur d'onde. Par exemple, un rayonnement X ou gamma. À cause de la grande énergie de ces ondes, le choc sera violent et la perburbation importante. En fait, quelle que soit l'onde utilisée, il est impossible de mesurer simultanément et avec une précision absolue la vitesse et la position de la particule. Tout ce que je gagne d'un côté, je le perds de l'autre. J'arriverai, au mieux, à un compromis qui rendra toute description approximative.

L'élément de « flou » que la nature se réserve au niveau des atomes va influencer la possibilité de connaître le futur. Ce flou va dégrader la description de demain, description dont nous avons besoin pour parler d'après-demain. Avec la distance dans le futur, les contours s'estompent. Pour envisager l'avenir des atomes, la nature nous a donné des yeux de myopes. Rappelons cependant que ces effets ne jouent plus au niveau des grandes masses de matière. L'indétermination des lois atomiques ne nous empêche pas de prévoir l'avenir des étoiles ou des galaxies. Les comportements individuels se compensent. Ce n'est pas demain que la Terre changera spontanément d'orbite...

Les « lois de la physique » et leurs cadres

> L'explication des événements les plus simples
> fait intervenir toute l'histoire de l'univers.

La Lune tourne autour de la Terre. La Terre et les autres planètes tournent autour du Soleil. Tous les corps du système solaire obéissent à la loi de la gravité universelle. Tout ici respire l'ordre, l'harmonie, la stabilité et l'éternité. Il n'y a, en apparence, pas de place pour l'historique ou le fortuit.

Et pourtant... La loi de Newton exige que l'orbite de la Terre soit une ellipse. Rien de plus. Elle n'exige pas que cette orbite soit décrite dans un sens plutôt que dans un autre. Elle n'exige pas que le plan de l'orbite soit orienté dans un plan plutôt que dans un autre. Qu'est-ce qui fixe le sens du mouvement de la Terre autour du Soleil ? Pourquoi les orbites des planètes et des satellites sont-elles à peu près toutes dans le même plan ? Cela échappe à la loi de Newton. Il faut chercher ailleurs...

J'ai pris l'exemple particulier du système solaire pour illustrer une situation très générale en physique. Les lois de la physique n'expliquent en fait qu'une partie de la réalité. Elles décrivent *comment* les événements se passent *si* certaines conditions sont réalisées. Elles n'ont pas de contrôle sur ces conditions que les physiciens appellent les « conditions initiales », ou « aux limites ».

Revenons à notre exemple de la Terre. Pour trouver l'explication détaillée de son mouvement, il faut remonter le temps. D'abord jusqu'à la naissance de la Terre. Son mouvement d'aujourd'hui a gardé la mémoire de son « lancement » (comme on lance un satellite). C'est de la nébuleuse gazeuse dont elle est née qu'elle a hérité le sens et l'orientation de sa course. Cette nébuleuse, en forme de disque aplati, tournait sur elle-même. Elle a communiqué cette rotation à tous les corps qui se sont formés en son sein : Soleil, planètes, satellites, astéroïdes. Voilà pourquoi les plans de leurs orbites coïncident à peu près. Ils étaient primitivement inscrits dans le disque de la nébuleuse. [Cela explique aussi pourquoi, vus de la Terre, ils ne quittent pas la bande du Zodiaque.] Cette nébuleuse obéissait elle-même à un ensemble de lois physiques. La situation ici est beaucoup plus complexe. Nous connaissons mal les agents qui donnent aux nuages interstellaires leur orientation et leur rotation. Il y a le mouvement général de la Galaxie, mais il y a aussi des turbulences locales et, parmi tout cela, de puissants liens magnétiques qui relient les nébuleuses comme les perles d'un chapelet.

Ces facteurs pourraient, en principe, se comprendre et s'apprécier en faisant l'histoire de tous les éléments de matière dans notre Galaxie, ainsi que de toutes les interactions auxquelles ils sont soumis. En pratique, cette tâche serait encore plus irréalisable que celle de notre assureur de granges. Supposons que, malgré tout, nous y arrivions. Nous ne sommes pas au bout de nos peines... Nous voilà confrontés avec le problème redoutable de l'origine des galaxies, de leur turbulence et de leur champ magnétique. La seule chose que les cosmologistes s'aventurent à affirmer, c'est que ces phénomènes trouvent, vraisemblablement, leur genèse dans quelques propriétés de la matière préexistant à l'apparition des galaxies. En termes caricaturaux : les choses sont ce qu'elles sont parce qu'elles étaient ce qu'elles étaient... Pour expliquer un fait aussi banal que le sens de la rotation de la Terre, nous devons remonter jusqu'au début de l'univers, dans un passé où de toute façon nos pistes se perdent dans la « nuit des temps » (l'expression, évidemment, est mal choisie : ces temps baignaient dans la lueur éblouissante du rayonnement originel...).

En résumé, pour comprendre un fait ou un événement, il faut connaître à la fois les lois physiques qui les régissent et les cadres dans lesquels ils se situent. Ces cadres impliquent le jeu d'autres lois dans d'autres cadres. De proche en proche, ces cadres et ces lois font intervenir tout l'univers, dans le temps, dans l'espace. C'est dans cette trame que s'insère le hasard.

Le hasard, élément essentiel de la fertilité cosmique

Tout au long de notre épopée, nous avons vu le hasard à l'œuvre. Les noyaux errent au cœur ardent des étoiles. Une collision a lieu et un noyau plus lourd en résulte. Deux molécules viennent en contact dans l'océan primitif. Elles se combinent et donnent naissance à un système plus complexe. Au sein d'une cellule, un rayon cosmique provoque une mutation. Une protéine acquiert des propriétés nouvelles.

Bien sûr, chacune de ces particules possédait déjà la capacité de se combiner ou de se transformer. Mais il a fallu un événement fortuit pour que cette possibilité se matérialise. L'organisation du monde exige que la matière s'abandonne aux jeux du hasard.

4. Trois énigmes

Dans ce chapitre, nous allons méditer sur trois faits énigmatiques mais riches d'enseignement. Ils appartiennent à trois domaines différents. Le premier est à notre échelle : c'est le pendule de Foucault. Le second est de nature astronomique : il porte sur l'observation des objets les plus lointains de notre univers. Le troisième relève du monde des atomes : il s'agit d'une expérience faite au laboratoire de physique nucléaire.

Ils ont en commun que, pour aucun d'entre eux, nous n'avons d'explication complète et satisfaisante. Nous sentons confusément que, peut-être, ils nous ouvrent des fenêtres nouvelles sur la réalité des choses. Déjà, ils nous laissent entrevoir des relations insoupçonnées entre les mystérieux personnages de notre histoire.

Le pendule de Foucault et le principe de Mach

> L'univers tout entier est présent dans la grande salle du Panthéon. C'est lui qui oriente le pendule fixé dans la voûte.

Il s'agit d'un pendule tout ordinaire, sauf que sa corde est très longue et que l'objet suspendu est très lourd. Une fois mis en mouvement, par l'huissier attitré, il continue à osciller pendant de nombreuses heures. Au sol, on a disposé autour de l'axe du pendule un petit monticule de sable en forme d'anneau. Une pointe métallique, fixée à la base du pendule, vient creuser une tranchée dans l'anneau de sable, aux deux extrémités de la course.

Je vous rappelle le comportement surprenant du pendule. Au cours des heures, le plan dans lequel il se déplace — le plan d'oscillation — tourne autour de l'axe vertical. L'huissier attestera que, lancé par exemple dans le plan est-ouest, le pendule s'oriente progressivement vers le plan nord-sud. Il continuera ensuite, revenant vers son plan initial. Le monticule de sable, balayé par la pointe acérée, témoignera de son mouvement. Pourquoi ce mouvement du pendule? Quelle est la *force* qui l'amène à changer son plan d'oscillation? On est tenté de répondre que c'est la Terre qui tourne, et non pas le plan d'oscillation. Le plan reste fixe ; il *semble* tourner à cause du mouvement de la Terre. Cela ne résout pas le problème. Il n'y a pas de mouvement absolu. On tourne relativement à quelque chose qui, par définition, ne tourne pas. Ici, de la Terre ou du plan d'oscillation, *lequel* tourne? Et par rapport à *quoi*?

Reprenons notre expérience dans un cadre fictif. Imaginons que la surface de la Terre soit continuellement couverte d'une couche nuageuse parfaitement opaque (comme la surface de Vénus). Personne ne connaît le Soleil. Pourtant, l'humanité est apparue; la science est développée et un nouveau Foucault s'affaire avec un pendule. [Pour la facilité de la discussion, je vais aussi supposer qu'il a installé son pendule au pôle Nord. L'avantage, c'est que là le plan d'oscillation fait en un jour le tour complet de l'axe vertical. À Paris, à cause d'un effet compliqué de latitude, il ne fait qu'une fraction de tour.] Notre nouveau Foucault ne sait pas que la Terre « tourne ». Il se demande pourquoi le plan de son pendule tourne, et personne ne peut lui répondre. Il se demande aussi pourquoi la période de rotation est de vingt-quatre heures, plutôt que de trente-six, ou soixante et onze.

Dans notre fable arrive ici un matin radieux. Tous les nuages se dissipent comme par enchantement. Les hommes découvrent le Soleil et les étoiles. Ces luminaires ne sont pas fixes sur la voûte céleste. Ils la parcourent périodiquement. Et Foucault réalise alors que la période de leur course coïncide bien avec celle du plan de son pendule. Il s'amuse à faire démarrer son pendule de telle façon que le Soleil soit dans le plan d'oscillation. Tandis que le Soleil se déplace dans le ciel, le plan d'oscillation tourne comme pour rester orienté vers lui. Serait-ce que le Soleil attire le pendule et fige le plan d'oscillation dans sa direction ?

Foucault améliore la suspension, prolonge ainsi la durée de l'expérience. Il réalise alors que le Soleil dérive lentement hors du plan pendulaire. Après un mois, il en est éloigné de quinze degrés. Tout se passe comme si le plan d'oscillation tournait un peu plus vite que le Soleil... Maintenant, les astronomes ont répertorié les étoiles du ciel nocturne. Foucault, après quelques essais, décide d'orienter son pendule, non plus vers le Soleil, mais vers une étoile brillante, Sirius par exemple. Le résultat est nettement meilleur. Sirius reste dans la direction du plan depuis déjà plusieurs mois. Véga ou Arcturus, d'ailleurs, auraient aussi bien fait l'affaire. Est-ce l'ensemble des étoiles brillantes qui fixe l'orientation du plan d'oscillation ? Au cours des années qui suivent, Foucault réalise que même les étoiles brillantes ne lui sont pas fidèles. Lentement, mais inexorablement, elles quittent le plan pendulaire. Cela ne l'étonne pas vraiment. Les astronomes lui ont appris que les étoiles ne sont pas fixes dans le ciel. Elles tournent autour du centre de la Galaxie. Faudrait-il choisir le centre de la Galaxie ? Aller plus loin encore ? Prendre pour repère les Nuages de Magellan ? La galaxie d'Andromède ? Peine perdue. Ils finissent tous, après des temps très longs il est vrai, par dériver hors du plan d'oscillation. Foucault note cependant que plus la galaxie repère est loin, plus longue est la période de fidélité. Il découvre ainsi qu'en choisissant comme ultime repère un ensemble de galaxies situées à plusieurs milliards d'années-lumière, il obtient enfin un alignement stable (je néglige ici une faible correction due à la relativité générale).

En d'autres termes, le pendule de Foucault, conscient de la hiérarchie des masses cosmiques, « ignore » la présence de notre petite planète, pourtant à proximité, pour aligner son comportement sur la confrérie des galaxies qui renferment la majorité de la matière universelle. Or ces galaxies représentent la quasi-totalité de notre univers observable. Tout se passe *comme si le plan d'oscillation était contraint de rester immobile par rapport à l'univers dans son ensemble.* [En termes techniques, on énoncerait le problème de la façon suivante. Parmi tous les systèmes en rotation relative, il y en a un dans lequel les projectiles en course libre se déplacent en ligne droite. C'est ce qu'on appelle un système « inertiel ». On peut en définir un second en exigeant qu'il reste fixe (c'est-à-dire qu'il n'ait pas de mouvement de rotation) par rapport à un ensemble de galaxies lointaines. On trouve *expérimentalement* que ces deux systèmes coïncident. Pourquoi ?]

La découverte du rayonnement fossile a magnifiquement corroboré cet énoncé. Ce rayonnement a été émis il y a quinze milliards d'années, quand l'univers était mille fois plus chaud qu'aujourd'hui et qu'aucune étoile ni galaxie n'existait encore. Nous pouvons mesurer la rotation, par rapport à nous, de la couche de matière qui, à quinze milliards d'années-lumière, a émis le rayonnement fossile que nous captons aujourd'hui sur la Terre. *Cette source est immobile par rapport au plan d'oscillation.* [Le rayonnement fossile n'est pas tout à fait le même dans toutes les directions. Mais cette déviation varie avec l'angle d'observation. Cette variation montre qu'elle vient du mouvement propre de la Terre et non d'une rotation de la source par rapport au plan d'oscillation.]

Comment expliquer le comportement du pendule ? À la fin du siècle dernier, le physicien allemand Mach (celui des vitesses supersoniques) voulait y voir la présence d'une influence mystérieuse qui émanait de la masse de l'univers dans son ensemble. On n'a jamais pu aller très loin dans cette direction. On a fait de cette hypothèse le « principe de Mach ». D'autres physiciens ont critiqué, et à bon droit ce me semble, l'appellation de « principe ». J'aime mieux y voir une intuition séduisante, mais difficile à poursuivre et à utiliser.

D'où viennent les lois de la physique ? Leur existence même est profondément mystérieuse. Quelle puissance occulte ordonne aux charges électriques de s'attirer ou de se repousser ? Sur quelles tables de pierre sont gravées les modalités d'interaction des particules élémentaires ? Mach a peut-être soulevé un coin du voile. La « force » qui oriente le plan d'oscillation naît d'une action du « global » de l'univers sur le « local » du pendule. Le même schéma s'applique peut-être à toutes les forces de la physique. L'intuition de Mach devient un programme, une démarche nouvelle à poursuivre... [L'évolution récente des recherches en physique des particules élémentaires semble aller dans ce sens. On arrive à regrouper différentes forces de la nature dans un cadre unique. On invoque alors le comportement de l'univers dans son ensemble, et notamment son expansion, pour expliquer comment elles se sont différenciées.]

De Mach, nous retiendrons ceci : tout l'univers est mystérieusement présent à chaque endroit et à chaque instant du monde. Cela nous mène assez loin de nos conceptions traditionnelles de la matière, du temps et de l'espace...

La loi est la même partout

Le pendule de Foucault nous a suggéré une sorte d'omniprésence de la matière, ou plutôt de son influence. Bien que située en moyenne à des milliards d'années-lumière, elle contraint le plan pendulaire à rester fixe dans l'espace, malgré la rotation de la Terre. Nous allons maintenant étudier deux observations d'un tout autre type, mais qui ne sont peut-être pas sans relations avec la situation précédente.

Quand, en hiver, vous allez dans votre maison de campagne, la première chose que vous faites, c'est d'allumer le chauffage. Vous savez par expérience qu'il faut attendre de nombreuses minutes avant que la pièce atteigne une température uniformément confortable. Il faut que, de proche en proche, toutes les molécules d'air aient reçu une part de la chaleur dégagée par la cheminée. Les « causes », de quelque nature qu'elles soient, mettent toujours un certain temps à produire leurs « effets ». Dans l'exemple donné ici, cette transmission est particulièrement lente. En d'autres cas, elle sera beaucoup plus rapide. La voix (quand j'appelle quelqu'un) se propage à environ mille kilomètres à l'heure. Mais la physique moderne nous impose une limite : aucun effet ne peut se propager plus vite que la lumière. Depuis plusieurs années, des radioastronomes envoient des messages dans l'espace. Ils espèrent que ces messages seront reçus et que des réponses reviendront. Mais ils savent qu'il leur faudra beaucoup de patience... Nul signal ne peut atteindre l'étoile la plus proche en moins de quatre ans, et la galaxie d'Andromède en moins de deux millions d'années. Il nous est physiquement impossible de communiquer *aujourd'hui* avec les habitants d'Andromède.

Pour décrire cette situation, les physiciens emploient l'expression « être causalement relié ». Nous ne sommes pas causalement reliés à Andromède aujourd'hui (c'est-à-dire qu'Andromède ne peut pas ressentir *aujourd'hui* l'effet d'une cause qui aurait lieu aujourd'hui sur la Terre), mais nous sommes causalement reliés à Andromède dans deux millions d'années. [L'emploi du présent « nous sommes » n'est pas une erreur : *nous sommes aujourd'hui* causalement reliés à Andromède telle qu'elle *était* il y a deux millions d'années et telle qu'elle *sera* dans deux millions d'années. Ce point est fondamental.] Munis de cette notion, nous allons revenir aux observations de la « lumière fossile ». Une caractéristique très importante de cette lumière est son homogénéité. Avec une très grande précision, au millième près, sa température est la même dans toutes les directions. Cette lumière, rappelons-le, a été émise un million d'années après le début de l'univers par un ensemble d'atomes situés maintenant à environ quinze milliards d'années-lumière de nous.

Dirigeons successivement notre télescope vers l'est et vers l'ouest. On peut montrer que les atomes qui ont émis la lumière fossile venant de l'est n'étaient pas (et n'avaient jamais été) causalement reliés aux atomes émetteurs à l'ouest. D'où la question qui préoccupe aujourd'hui les astrophysiciens : comment des régions du ciel qui, depuis le début de l'univers, n'avaient jamais été causalement reliées ont-elles exactement la même température ? Comment le mot d'ordre a-t-il été transmis ?

<On pense pouvoir répondre à cette question par une étude plus détaillée du lointain passé de l'univers. Dans l'immense chaleur qui règne à cette époque, des phénomènes physiques se passent qui ont pour effet d'accélérer brutalement l'expansion du cosmos. On parle de « périodes d'inflations ». À cause de ces événements, notre sphère de causalité serait beaucoup plus vaste qu'on ne le croyait en 1980.

Si cette expansion paraît qualitativement satisfaisante, il nous faut quand même admettre qu'une formulation quantitativement satisfaisante est encore à venir. Tout cela reste un peu vague... >

Et voici une autre observation, peut-être plus mystérieuse encore. L'expérience de laboratoire nous apprend que les atomes émettent des rayonnements de longueurs d'onde bien déterminées. Les atomes d'hydrogène, par exemple, peuvent émettre, entre autres, un rayonnement de type radio dont la longueur d'onde est de vingt et un centimètres. L'analyse des rayonnements émis par les étoiles nous permet d'identifier les atomes de leur surface et ainsi de connaître leur composition chimique. La physique nous apprend pourquoi un atome émet tel rayonnement plutôt que tel autre. Sans entrer dans les détails, disons que ces rayonnements reflètent l'action de la force électromagnétique sur les particules qui constituent l'atome. C'est, en définitive, l'intensité de cette force qui, pour un atome donné, permet l'émission de telle longueur d'onde et interdit telle autre. On a observé les rayonnements émis par des quasars situés à des milliards d'années-lumière les uns des autres. En comparant ces rayonnements, on a montré que la force électromagnétique qui gouverne l'émission de la lumière était très exactement la même dans toutes ces sources. Une différence d'intensité, même minime, aurait des effets observables sur les longueurs d'onde reçues à la Terre. Or nous avons toutes raisons de croire qu'au moment où ces quasars émettaient ces photons, *ils n'étaient pas causalement reliés entre eux*. [Ici, la prudence s'impose. Il est possible qu'une explication soit proposée qui résolve très simplement ce mystère. Mais, pour l'instant, ce n'est pas le cas.]

En résumé, voilà des objets qui obéissent aux mêmes lois de la physique sans que leur matière respective ait jamais eu de communication dans le passé. Comme pour la température du rayonnement fossile, on se demande comment le « mot d'ordre » a pu se transmettre au-delà des barrières de la causalité.

Ces questions ont-elles un sens ? Y a-t-il quelque intérêt à les poser ? Certains de mes collègues pensent que non. Pour eux, c'est de la « métaphysique ». Ils acceptent l'existence des lois et leur omniprésence comme des données d'observation. Je ne peux pas les suivre. J'ai l'impression que la physique arrive à un point de son évolution où ces questions vont légitimement entrer dans son domaine.

Des atomes qui gardent le contact

Voilà un sujet particulièrement difficile. Il fera appel à des notions assez inhabituelles. Le lecteur qui aura perdu pied trouvera un résumé succinct un peu plus loin.

Au laboratoire de physique, on considère une particule instable, de charge électrique nulle, que nous appellerons O *(schéma 14)*. Bientôt, elle se désintègre et se casse en deux particules de charges opposées : appelons-les (+) et (-). Ces deux particules s'éloignent ensuite à grande vitesse dans deux directions opposées. [Pour simplifier l'exposé, j'ai décrit un événement fictif. Des réactions à peine plus complexes se produisent, qui contiennent tous les éléments que nous retrouvons ici.] Rien, au départ, ne spécifie leurs directions. Elles pourraient être nord-sud, est-ouest, haut-bas. Toutes ces orientations sont *a priori* également probables. À quelques mètres de là, disons vers l'est du lieu de désintégration, on place un détecteur. La particule (+) est enregistrée. On en déduit qu'au moment de la désintégration cette particule (+) a été accélérée dans la direction est. En conséquence, on est autorisé à penser que la particule (-), elle, a été accélérée vers l'ouest. On vérifie. Tout se passe tel que prévu.

Le problème, c'est que nous avons utilisé là des arguments qui n'ont pas cours dans le domaine des atomes. Nous avons supposé que les particules émergentes possédaient, dès le départ, une direction bien déterminée *(schéma 14 a)*. La mécanique quantique affirme, au contraire, qu'entre le moment de la désintégration et le moment de la détection aucune direction n'avait été assignée à ces deux particules. C'est l'acte même de la détection qui fixe cette propriété *(schéma 14 b)*.

On peut tenter d'ignorer cette affirmation. On peut formuler une théorie plus « raisonnable » basée sur l'idée que les particules possèdent une direction bien définie *dès* le moment de la désintégration. Des expériences de laboratoire ont été effectuées pour départager la mécanique quantique et les théories « plus raisonnables ». Elles donnent raison à la mécanique quantique. En d'autres mots : si on refuse l'idée que le choix n'est fait qu'à la détection, on prévoit des résultats contraires à l'expérience, tandis que si on accepte cette idée, on prévoit les bons résultats.

On peut dramatiser la situation en imaginant de placer un des détecteurs sur Andromède. Plusieurs millions d'années-lumière sépareront la désintégration (sur la Terre) et la détection. Pourtant, on a toutes raisons de croire que la seconde particule apprendra instantanément les propriétés qui lui échoient. Bien sûr, cette expérience n'a pas été réalisée, mais la mécanique quantique ne laisse aucune ambiguïté à ce sujet. D'où la question clef : comment la particule (-) non détectée, qui ne connaissait pas sa direction avant que la particule (+) ne soit détectée à l'est, apprend-elle qu'elle « doit » maintenant se propager vers l'ouest ? Cette énigme porte, dans la littérature spécialisée, le nom de « paradoxe EPR » (ou Einstein-Podolsky-Rosen). Ces auteurs l'ont formulé pour tenter (sans succès) de prendre en défaut la mécanique quantique, à laquelle l'expérience jusqu'ici donne toujours raison. L'énigme demeure...

Je reprends l'énoncé avec une comparaison pour le lecteur moins familier avec la physique des atomes. À deux messagers, on a donné la consigne suivante : ils devront répondre à une question par *oui* ou par *non*. Si le premier répond *oui*, le second devra répondre *non*, et *vice versa*. Les choses se passent telles que prévues. Il serait raisonnable de supposer qu'ils se sont donné le mot au départ et qu'à chaque instant du trajet chacun savait ce que l'autre allait répondre. Pourtant, on montre que tel n'est pas le cas. Aucun des deux n'a choisi avant l'arrivée quelle réponse il allait donner. Comment expliquer que le second connaisse la bonne réponse ?

Selon bon nombre de physiciens (mais pas tous), la situation peut s'éclairer de la façon suivante. Les deux particules (ou les deux messagers) forment un système qu'il faut considérer dans son ensemble, quelles que soient les dimensions de ce système.

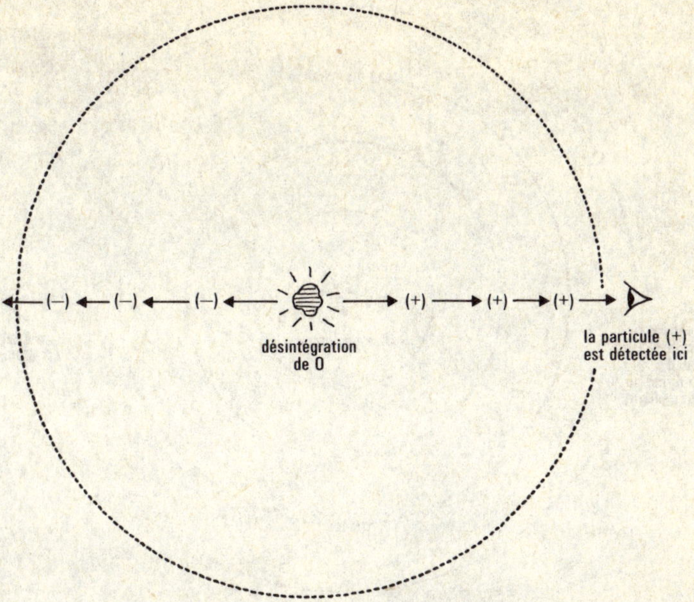

Schéma 14 a. Vision classique : les deux particules connaissent à tout instant leur direction.

La solution de beaucoup de paradoxes de la physique (ou de la science en général) a nécessité le rejet de préjugés unanimement partagés et considérés comme « évidents » par tous les chercheurs. Ici, le « préjugé », c'est que les propriétés des particules sont « localisées » à l'intérieur du système. La situation paradoxale vient du fait qu'on a supposé l'information localisée sur les particules. En conséquence, elle doit se « propager » pour aller de l'une à l'autre particule. La mécanique quantique implique au contraire que les deux particules restent en contact permanent quelle que soit leur distance, même si elles ne sont plus reliées causalement. De ce fait, aucune information ne se trouve dans l'obligation de voyager d'une particule à l'autre.

On peut se demander s'il y a une relation entre le problème de la température de la lumière fossile et le problème posé par le paradoxe EPR. Dans le second cas il s'agit de deux particules, dans le premier de toutes les particules de l'univers obser-

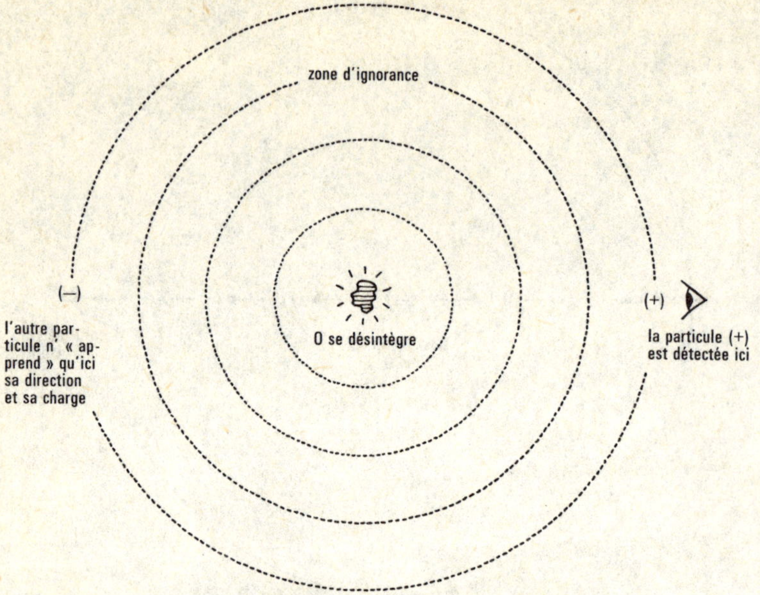

Schéma 14 b. Vision quantique : entre le moment de la désintégration et le moment de la détection, aucune direction n'a été assignée aux particules.

vable (au temps d'un million d'années à l'horloge cosmique). On est tenté d'expliquer l'homogénéité de la température à cet instant en faisant appel à ce contact permanent entre les particules, pardelà les exigences de la causalité. L'uniformité des lois de la physique relèverait aussi de cette même propriété de la matière. En un sens, l'univers resterait toujours et partout « présent » à lui-même.

Dans les trois cas (pendule de Foucault, observation d'objets lointains, détection de particules), nous avons été amenés à assigner à la matière des influences qui dépassent largement celles auxquelles nous sommes habitués. Il y aurait en quelque sorte deux niveaux de contact entre les choses. D'abord celui de la causalité traditionnelle. Et puis un niveau qui n'implique pas de force d'un corps sur un autre, pas d'échange d'énergie. Il s'agirait plutôt d'une influence immanente et omniprésente qu'il est difficile de caractériser avec précision *(N 30)*. J'aimerais bien savoir quelles sont les relations entre cette influence et l'évolution cosmique.

Appendices

A 1. La lumière

Il n'est pas facile de parler de la lumière d'une façon à la fois simple et correcte. Je présenterai ici ce qu'il faut savoir de la lumière pour comprendre les pages qui précèdent, sans me soucier de rigueur.

Sur l'eau d'un étang tranquille, un insecte s'agite. Tout autour de lui, des ondes circulaires s'éloignent et se propagent jusqu'à la rive. La distance entre deux crêtes est la « longueur d'onde ». Le nombre de crêtes qui arrivent au bord par seconde est la fréquence de l'onde. *Plus la fréquence est élevée, plus la longueur d'onde est courte.* Les sons qui émergent d'un haut-parleur sont aussi des ondes. C'est l'air qui vibre. Ce ne sont pas des cercles concentriques, mais des sphères concentriques qui se propagent dans toutes les directions. Leur vitesse est d'environ trois cents mètres par seconde. Les longueurs d'onde vont de plusieurs mètres pour les sons les plus graves à quelques centimètres pour les plus aigus. Les fréquences, de quelques dizaines à quelques milliers de cycles par seconde.

D'une bougie qui brûle dans la nuit partent des ondes de lumière. Comme les ondes sonores, ce sont des sphères concentriques. La lumière jaune de la bougie a une longueur d'onde d'environ un demi-micron (un demi-millième de millimètre, l'épaisseur d'une bulle de savon). Les crêtes arrivent au fond de notre œil à la vitesse de la lumière avec une fréquence d'environ six cent mille milliards (6×10^{14}) par seconde. On peut aussi bien décrire le phénomène en disant que la bougie émet des particules de lumière (photons) dans toutes les directions. Ces photons parcourent à la vitesse de la lumière la distance entre la bougie et notre œil.

Comment *concilier* ces deux représentations ?

On dira que l'énergie des photons est proportionnelle à la fréquence de l'onde. Aux ondes lumineuses jaunes seront associés des photons qui auront chacun une énergie de deux électrons-volts (environ). Aux ondes violettes correspondront des photons de quatre électrons-volts. En variant la longueur d'onde (ou l'énergie des photons), on couvre toute la gamme des ondes électromagnétiques. Du kilomètre au centimètre, on est dans le domaine radio. À plus courte longueur d'onde, on passe au millimétrique (utilisé par les

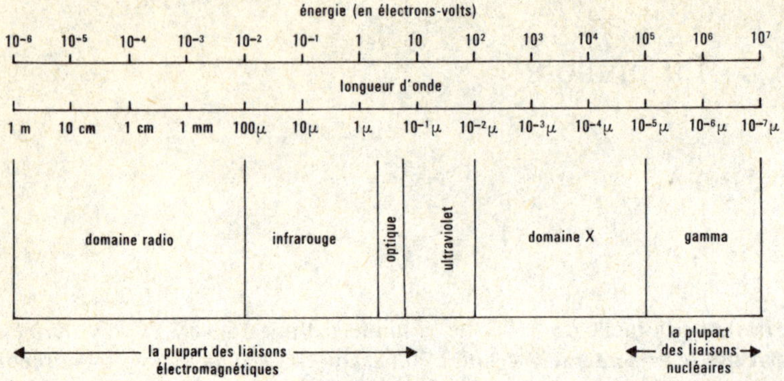

Tableau 1. Le spectre électromagnétique avec ses composantes. Le μ est le micron (un millième de millimètre). Sur l'échelle des énergies, on a aussi indiqué les domaines où se situent en général les liaisons électromagnétiques et les liaisons nucléaires.

radars), puis à l'infrarouge, qui s'étend jusqu'au micron environ. La lumière visible occupe une faible bande entre sept dixièmes et quatre dixièmes de micron. Ensuite, on rencontre successivement l'ultraviolet, les rayons X et les rayons gamma. Dans le *tableau 1*, on trouvera les fréquences et énergies des photons correspondant à chacun de ces domaines de rayonnement.

Comment définit-on la température d'un rayonnement lumineux ? Chauffons un four à mille degrés centigrades. Les murs vont rougeoyer. L'enceinte va se remplir d'un rayonnement rouge, qu'on dira « à mille degrés ». À la surface du Soleil règne une lumière jaune, dite lumière à six mille degrés. Sur Véga il y a un rayonnement bleu à douze mille degrés. Le centre du Soleil, à seize millions de degrés, est le siège d'un intense rayonnement gamma. Le rayonnement à trois degrés (le rayonnement fossile) est celui qui se répandrait dans une enceinte refroidie à cette température. Il est invisible à l'œil nu, mais peut être détecté par des radiotélescopes. Il a une longueur d'onde moyenne de trois millimètres et une énergie moyenne de trois dix-millièmes d'électron-volt.

Grâce à la mécanique quantique, le comportement mystérieux de la lumière est aujourd'hui élucidé. Malheureusement, il n'est pas possible de l'expliciter plus avant dans le cadre de cet ouvrage (il faudrait d'abord faire beaucoup de mathématiques). Il s'avère que les notions d'onde et de particule, bien adaptées à la réalité à notre échelle, le sont beaucoup moins au niveau atomique. On peut tout de même dire d'une façon à peu près correcte que la lumière se comporte parfois comme un train d'ondes, et parfois comme un jet de particules.

A 2. Les neutrinos

Jour et nuit, nous recevons du Soleil environ dix milliards de neutrinos par centimètre carré par seconde. Au même titre que l'électron et le photon, le neutrino est une particule élémentaire. Il n'a pas de charge électrique. Sa masse, si elle n'est (peut-être) pas nulle comme celle du photon, est quand même au moins dix mille fois plus faible que celle de l'électron (moins de cinquante électrons-volts).

Dans la terminologie de la physique moderne, l'électron et le neutrino appartiennent à la même famille : celle des leptons (ou particules légères). Dans notre contexte, la propriété la plus importante des neutrinos, c'est la faiblesse de leur interaction avec le reste de l'univers. Une mince feuille de papier suffit à intercepter les photons de lumière visible. Un écran de plomb capable d'intercepter les neutrinos aurait plusieurs années-lumière d'épaisseur... Le Soleil nous en envoie même dans la nuit, car ils traversent le volume de notre planète sans aucune difficulté... Il faut des centaines de tonnes de détecteurs sensibles pour en arrêter quelques-uns. C'est pour cette raison qu'on a dû attendre 1954 pour les détecter.

Mais on les connaissait déjà. Pour expliquer certaines particularités de la désintégration des neutrons, Pauli avait postulé leur existence dès 1936. L'énergie ne semblait pas se conserver, non plus que d'autres quantités, lors de cette désintégration. La nouvelle particule avait pour rôle de rétablir la situation. Après cette entrée en scène plutôt timide, les neutrinos ont pris de plus en plus de place en physique et en cosmologie. Ils jouent un rôle fondamental au niveau de la structure de la matière. Ils dominent le comportement des derniers âges stellaires. Il n'est pas impossible qu'ils gouvernent l'expansion de l'univers...

En plus de la lumière fossile, la théorie prévoit en effet l'existence d'une population universelle de neutrinos. Comme les photons, on les croyait sans masse. Des expériences récentes ont remis cette thèse en question : les neutrinos ont peut-être une très faible masse. Cette masse pourrait quand même suffire à accroître la densité moyenne au-delà de la densité critique, et ainsi à fermer l'univers.

Le problème ici, c'est que nous nous heurtons à une physique difficile, celle des très hautes énergies. Les réponses nous viendront d'expériences faites au laboratoire auprès des accélérateurs géants, comme celui du CERN à Genève. Déjà, nous avons appris beaucoup de choses sur la physique des neutrinos. On en connaît trois espèces différentes. Chaque espèce joue un rôle particulier dans le comportement de l'univers à ses débuts. Combien d'autres espèces existent ? Quelle est leur influence cosmique ? Aujourd'hui, la cosmologie s'étudie dans les salles d'irradiation des accélérateurs, aussi bien que dans les observatoires astronomiques...

A 3. Inventaire des éléments de la complexité

Notre prime arbre généalogique.

Je voudrais vous présenter à nouveau, mais d'une façon plus systématique, les différents éléments ou « particules » qui jouent un rôle dans notre univers. Ces éléments se groupent naturellement en familles qu'on peut appeler « gigognes » pour signifier qu'elles s'emboîtent les unes dans les autres. Les combinaisons des membres d'une famille forment les éléments d'une nouvelle famille ; chaque famille correspond à un niveau de la complexité cosmique.

Avec sa prodigalité habituelle, la nature a créé beaucoup plus de particules qu'elle n'en utilise vraiment. Du moins à ce qu'il nous semble. Certains rôles nous échappent encore. Pour la concision de l'exposé, je me limiterai à celles qui paraissent compter...

La durée de vie est un facteur important quant au rôle que peut jouer une particule. Le photon (ou grain de lumière) est vraisemblablement éternel. Il est présent à tous les niveaux de la réalité, aussi bien au moment de la formation des noyaux qu'au coucher du Soleil quand il réchauffe votre âme.

La durée de vie des quarks est d'au moins 10^{33} ans. Ils assurent à l'univers une stabilité plus que suffisante pour l'élaboration de la complexité cosmique. À l'inverse, d'autres particules, dont la durée se mesure en millionièmes ou en milliardièmes de seconde, ne semblent représenter que des éléments de transition vers des états plus stables.

Nous allons remonter, niveau par niveau, les plans de la structure matérielle. Nous ferons chaque fois l'inventaire des constituants et nous discuterons leur démographie à l'échelle cosmique.

Cette énumération pourra paraître fastidieuse. Elle mérite pourtant notre attention. C'est, en un certain sens, de notre arbre généalogique qu'il s'agit...

Niveau des quarks et leptons

Au niveau le plus élémentaire de la réalité, cinq grands acteurs dominent la scène : deux quarks nommés U (charge électrique : + 2/3) et D (charge électrique : - 1/3), l'électron et le neutrino (appelés conjointement leptons), et le photon. Toute la matière visible, de notre planète jusqu'au dernier quasar, est constituée d'une combinaison des quarks U et D et des électrons. Les échanges d'énergie sont assurés en majeure partie par les photons et, à un degré moindre, par les neutrinos.

Dans l'optique de la physique contemporaine, la situation est légèrement différente. La « matière » est constituée par les quarks, les électrons et les neutrinos, tandis que les « forces » seraient transportées par une collection de particules qui ont nom : photons (pour l'électromagnétisme), bosons intermédiaires (pour la force faible), gluons (pour le nucléaire) et gravitons (pour la gravité). De toutes ces particules, le photon est le seul à avoir été véritablement détecté. < Les bosons intermédiaires et les gluons ont été détectés. >

Les photons sont les plus abondants. Il y en a environ quatre cents par centimètre cube. La très grande majorité appartient à la lumière fossile. La population des neutrinos n'est pas très bien connue. On s'attend à ce qu'elle soit à peu près semblable à celle des photons. Ici encore, la vaste majorité appartient à un rayonnement de neutrinos fossiles, né aux premières secondes de l'univers.

Les populations de quarks et d'électrons sont pratiquement égales ; un peu moins d'une unité par mètre cube, c'est-à-dire un milliard de fois moins que celles des photons ou des neutrinos.

Un calcul plus exact donne 1,7 quark U et 0,8 quark D pour chaque électron.

Niveau des nucléons

Passons au niveau supérieur. Ici les quarks se combinent trois par trois. Ils engendrent ainsi de vastes familles qu'on appelle les « baryons » (ou particules à interactions fortes). Leur durée de vie se mesure généralement en millièmes de milliardième de seconde. Ils se désintègrent en protons ou en neutrons. Le neutron, isolé, se désintègre en proton en quinze minutes environ. Incorporé dans un noyau, il peut devenir aussi stable que son collègue le proton.

Le proton est formé de deux quarks U et d'un quark D (charge totale : + 1), tandis que le neutron est formé de deux quarks D et d'un quark U (charge totale : 0). Un inventaire de la nature montre qu'il y a autant de protons que d'électrons, et cinq fois plus de protons que de neutrons. La très grande majorité des neutrons qui existent aujourd'hui est incorporée à l'hélium.

Niveau des noyaux et des atomes

Les nucléons se groupent en noyaux. Puis des électrons se mettent en orbite autour du noyau pour former l'atome *(tableau 2)*. Le nombre d'électrons (ou nombre atomique) est égal au nombre de protons. Ce nombre définit la nature chimique de l'atome. 1 représente l'hydrogène, 2 l'hélium, 3 le lithium, etc. Les atomes dont le nombre atomique dépasse 83 sont instables.

Les atomes d'un élément sont souvent représentés par plusieurs isotopes. En page 41, on a parlé du carbone-14. Le nombre 14 indique que le noyau de cet atome comprend six protons et huit neutrons, donc quatorze constituants nucléaires ou « nucléons ». Le carbone est défini par la présence de six protons, indépendamment du nombre de neutrons. Il existe dans la nature deux autres variétés ou « isotopes » du carbone. Le carbone-12 (six protons et six neutrons) et le carbone-13 (six protons et sept neutrons). Tous deux, à l'inverse du carbone-14, sont stables. Il y a, dans notre corps, comme dans le système solaire en général, à peu près quatre-vingt-dix-neuf pour cent de carbone-12 et un pour cent de carbone-13.

Chaque élément chimique, de l'hydrogène à l'uranium, émet, lorsqu'il est soumis à une excitation appropriée (par exemple dans un tube fluorescent), une lumière composée de la superposition d'un ensemble de « raies » lumineuses de couleurs bien définies appelé « spectre ». Au moyen d'un prisme (ou spectroscope), le physicien décompose cette lumière, identifie l'élément par son spectre comme on identifie une personne par sa signature. En analysant la lumière d'une étoile dans un spectroscope, l'astronome arrive à reconnaître les éléments chimiques qui la composent et même à estimer l'abondance relative des éléments à la surface de l'étoile. Grâce à cette méthode, maintenant hautement sophistiquée, on a une bonne idée de la composition chimique des étoiles et des galaxies.

Abondance des éléments dans l'univers

La gestation stellaire et interstellaire des éléments chimiques se poursuit depuis quinze milliards d'années. Dans le *tableau 3*, je présente le résultat de ses œuvres sous la forme des abondances relatives des éléments. Ce tableau donne une bonne moyenne, valable pour l'univers dans son ensemble, aussi bien que pour notre Soleil, les étoiles qui nous entourent ou les galaxies extérieures. Entre ces objets, il y a quelques différences, mais elles sont relativement mineures. Par contre, ce tableau n'est pas applicable aux planètes ou autres corps de petites dimensions.

Dans ce tableau, on a arbitrairement fixé l'abondance de l'hydrogène à mille

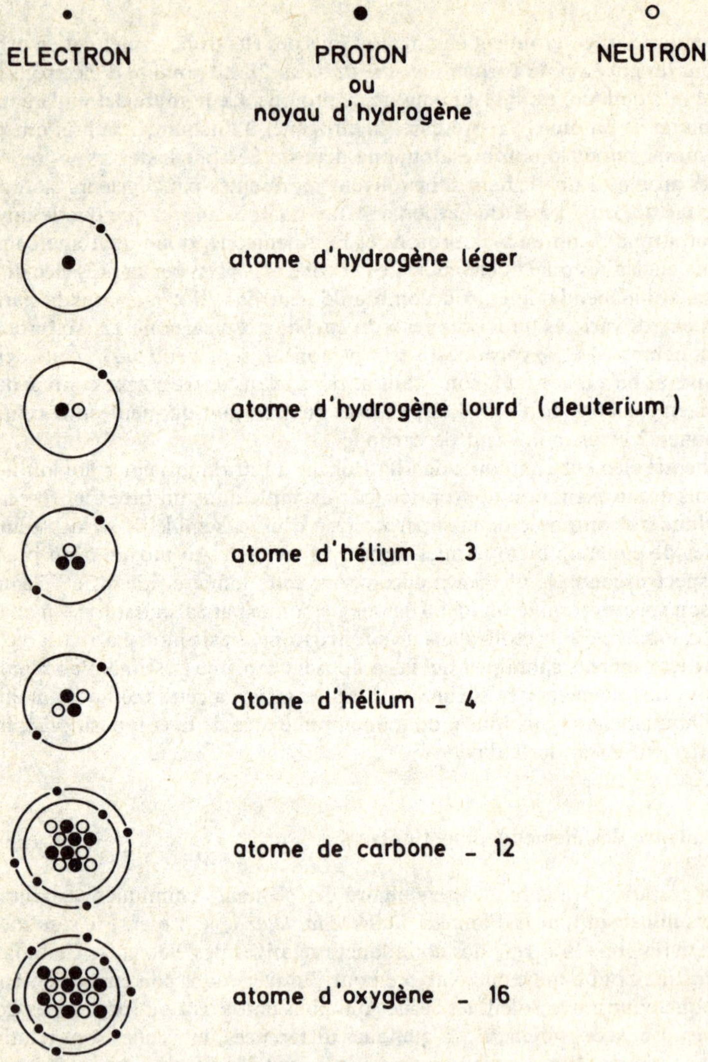

Tableau 2. Quelques atomes simples.

milliards (10^{12}) (données compilées par J.-P. Meyer et A.G.W. Cameron). Les éléments 43, 61, 84 à 89, 91, 93 et plus n'ont que des isotopes instables de durée relativement courte. Leurs abondances naturelles sont trop faibles pour qu'on puisse les mesurer.

On notera que l'hydrogène reste prédominant. Quatre-vingt-dix pour cent des atomes de notre univers sont des atomes d'hydrogène. Moins d'un atome sur mille n'est ni de l'hydrogène ni de l'hélium. Quantitativement, les étoiles n'ont pas fabriqué grand-chose... Mais, qualitativement, cette contribution a suffi à lancer l'univers sur les hautes voies de la complexité.

L'évolution cosmique se poursuit dans des milieux de plus en plus spécialisés. Il est intéressant de voir comment la composition de ces milieux diffère de la valeur universelle moyenne. Dans le *tableau 4*, on présente les éléments les plus abondants (en pourcentage) dans l'univers, dans la croûte terrestre, dans l'eau de mer et dans le corps humain. On notera que l'ordre n'est pas le même dans les différentes listes. L'hydrogène, le carbone et l'azote, par exemple, sont très pauvrement représentés dans la croûte terrestre. Le fait que H et O arrivent en première place dans le corps humain nous rappelle l'importance de l'eau (H_2O) pour l'édification des grandes structures. Le fait que le chlore, le sodium, le magnésium et le potassium apparaissent dans les deux dernières listes nous rappelle que la vie s'est d'abord développée dans les océans. Les différences entre les deux listes sont particulièrement importantes pour le carbone et l'azote, éléments privilégiés, avec l'hydrogène et l'oxygène, des grands édifices moléculaires.

Quelques fruits de l'évolution chimique

L'activité chimique qui se poursuit dans les nuages de matière interstellaire a pour résultat l'élaboration d'un certain nombre de « molécules interstellaires ». Le *tableau 5* donne la liste de celles qu'on a identifiées avant 1980. Elles sont groupées d'après le nombre d'atomes qu'elles contiennent. < La liste a été mise à jour en 1987. >

Les grands acteurs de l'évolution biologique

Parmi la très grande diversité des molécules qui se sont élaborées dans l'océan primitif, deux groupes vont retenir notre attention : les acides aminés, dont la séquence forme les protéines, et les bases nucléiques, dont la séquence forme l'ADN. Le *tableau 6* donne la liste des vingt acides aminés utilisés dans la transmission du code génétique, ainsi que la disposition des atomes qui les constituent.

Tableau 3. Abondance des éléments chimiques dans l'univers

Nom	**Symbole chimique**	**Nombre d'électrons ou de protons**	**Abondance relative**
Hydrogène	H	3	10^{12}
Hélium	He	2	$8{,}5 \times 10^{10}$
Lithium	Li	3	1 000
Béryllium	Be	4	15
Bore	B	5	200
Carbone	C	6	$4{,}8 \times 10^{8}$
Azote	N	7	$8{,}5 \times 10^{7}$
Oxygène	O	8	8×10^{8}
Fluor	F	9	$3{,}4 \times 10^{4}$
Néon	Ne	10	1×10^{8}
Sodium	Na	11	$2{,}1 \times 10^{6}$
Magnésium	Mg	12	$3{,}9 \times 10^{7}$
Aluminium	Al	13	$3{,}1 \times 10^{6}$
Silicium	Si	14	$3{,}7 \times 10^{7}$
Phosphore	P	15	$3{,}5 \times 10^{5}$
Soufre	S	16	$1{,}7 \times 10^{7}$
Chlore	Cl	17	$1{,}7 \times 10^{5}$
Argon	Ar	18	$3{,}3 \times 10^{6}$
Potassium	K	19	$1{,}3 \times 10^{5}$
Calcium	Ca	20	$2{,}3 \times 10^{6}$
Scandium	Sc	21	$1{,}3 \times 10^{3}$
Titanium	Ti	22	10^{5}
Vanadium	V	23	10^{4}
Chrome	Cr	24	$4{,}8 \times 10^{5}$
Manganèse	Mn	25	$2{,}9 \times 10^{5}$
Fer	Fe	26	$3{,}3 \times 10^{7}$
Cobalt	Co	27	$7{,}8 \times 10^{4}$
Nickel	Ni	28	$1{,}8 \times 10^{6}$
Cuivre	Cu	29	$1{,}9 \times 10^{4}$
Zinc	Zn	30	5×10^{4}
Gallium	Ga	31	$1{,}8 \times 10^{3}$
Germanium	Ge	32	$4{,}3 \times 10^{3}$
Arsenic	As	33	240
Sélénium	Se	34	$2{,}5 \times 10^{3}$
Brome	Br	35	520

Abondance des éléments chimiques dans l'univers

Nom	Symbole chimique	Nombre d'électrons ou de protons	Abondance relative
Krypton	Kr	36	$1{,}7 \times 10^3$
Rubidium	Rb	37	220
Strontium	Sr	38	10^3
Yttrium	Y	39	185
Zirconium	Zr	40	10^3
Niobium	Nb	41	52
Molybdène	Mo	42	150
Technétium	Tc	43	—
Ruthénium	Ru	44	70
Rhodium	Rh	45	15
Palladium	Pd	46	48
Argent	Ag	47	17
Cadmium	Cd	48	56
Indium	In	49	7,4
Étain	Sn	50	130
Antimoine	Sb	51	11
Tellurium	Te	52	240
Iode	I	53	41
Xénon	Xe	54	200
Césium	Cs	55	15
Barium	Ba	56	180
Lanthane	La	57	15
Cérium	Ce	58	44
Praséodymium	Pr	59	5,5
Néodymium	Nd	60	30
Prométhium	Pm	61	—
Samarium	Sm	62	7,4
Europium	Eu	63	3,0
Gadolinium	Gd	64	11
Terbium	Tb	65	1,8
Dysprosium	Dy	66	13
Holmium	Ho	67	3,0
Erbium	Er	68	7,4
Thulium	Tm	69	1,3
			...

Abondance des éléments chimiques dans l'univers

Nom	Symbole chimique	Nombre d'électrons ou de protons	Abondance relative
Ytterbium	Yb	70	8,1
Lutérium	Lu	71	1,5
Hafnium	Hf	72	7,8
Tantalum	Ta	73	0,7
Tungstène	W	74	5,9
Rhénium	Re	75	1,8
Osmium	Os	76	28
Iridium	Ir	77	27
Platine	Pt	78	52
Or	Au	79	7,4
Mercure	Hg	80	15
Thallium	Tl	81	7,0
Plomb	Pb	82	111
Bismuth	Bi	83	5,2
Polonium	Po	84	—
Astatine	At	85	—
Radon	Rn	86	—
Francium	Fr	87	—
Radium	Ra	88	—
Actinium	Ac	89	—
Thorium	Th	90	1,8
Proactinium	Pa	91	—
Uranium	U	92	1,1
Neptunium	Np	93	—
Plutonium	Pu	94	—
Américium	Am	95	—
Curium	Cm	96	—
Berkélium	Bk	97	—
Californium	Cf	98	—
Einsteinium	Es	99	—
Fermium	Fm	100	—
Mendélévium	Md	101	—
Nobélium	No	102	—
Lawrencium	Lw	103	—

Tableau 4. Abondance comparée des éléments

Univers		Croûte terrestre		Eau de mer		Corps humain	
H	90	O	47	H	66	H	63
He	9	Si	28	O	33	O	25,5
O	0,10	Al	8	Cl	0,33	C	9,5
C	0,06	Fe	4,5	Na	0,28	N	1,4
Ne	0,012	Ca	3,5	Mg	0,033	Ca	0,31
N	0,01	Na	2,5	S	0,017	P	0,22
Mg	0,005	Mg	2,2	Ca	0,006	Cl	0,03
Si	0,005	Ti	0,46	K	0,006	K	0,06
Fe	0,004	H	0,22	C	0,0014	S	0,05
S	0,002	C	0,19	Br	0,005	Na	0,03
						Mg	0,01

Tableau 5. Molécules interstellaires (mises à jour en 1987)

Nombres d'atomes	Symboles chimiques
2	H_2, CH, OH, C_2, CN, CO (monoxyde de carbone), NO, CS, SiO, SO, NS, SiS, *HC_1*, *CH^+*, *SO^+*.
3	H_2O (eau), C_2H, HCN, HNC, HCO, NH_2, H_2S, HNO, OCS, SO_2, *SIC_2*, *H_2D^+*, *$HN_2{}^+$*, *HCS^+*, *HOC^+*, *HCO^+*.
4	NH_3 (ammoniac), C_2H_2 (acétylène), H_2CO (formol), HNCO, C_3N, HCNS, *C_3O*, *H_2CS*, *SiC_2*, *$HOCO^+$*.
5	CH^4 (méthane), CH_2NH, CH_2CO, NH_2CN, HCOOH (acide formique), C^4H, HC_3N, *SiH_4*, C_3H_2, C_4H.
6	CH_3OH (alcool méthylique), CH_3CN, NH_2CHO, CH_3SH (méthyl mercaptan), *C^5H*, *C_2H_4*.
7	CH_3NH_2, CH_3C_2H, CH_3CHO, CH_2CHCN, HC_5N.
8	$HCOOCH_3$, *H_3C_4N*.
9	CH_3CH_2OH (alcool éthylique), CH_3CH_2CN, HC_7N, $(CH_3)_2O$, *C_5H_4*.
10	*C_6H_3N*.
11	HC_9N.
13	*$HC_{11}N$*.

Note : les molécules découvertes depuis 1980 sont en italique.

Tableau 6. Les acides aminés.

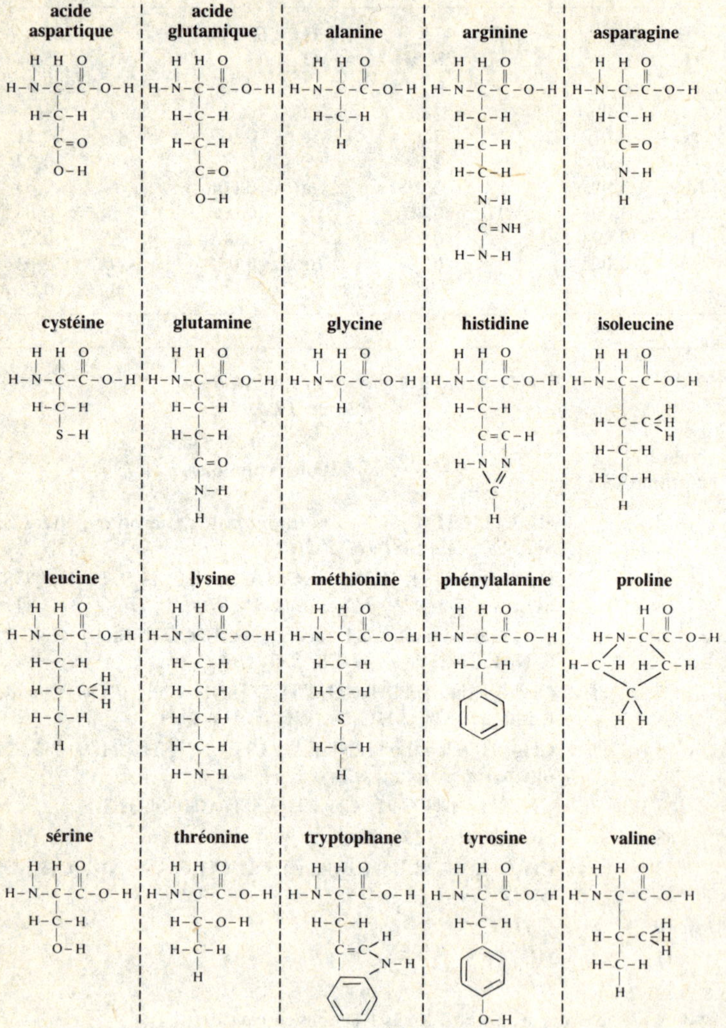

l'*adénine* (A)

La *thymine* (T)

La *guanine* (G)

la *cytosine* (C)

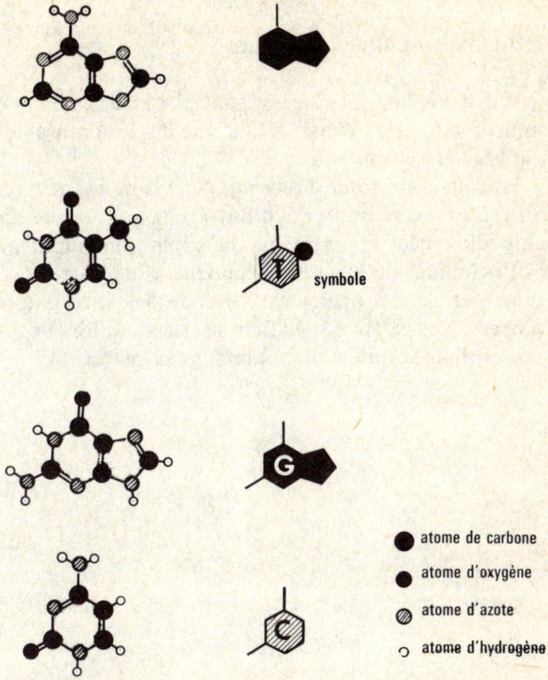

Tableau 7. Les bases nucléiques.

Quelques détails sur la typographie du code génétique : les lettres A, C, G, T désignent quatre bases nucléiques, l'adénine, la cytosine, la guanine et la thymine *(tableau 7)*. Les gènes sont de longues chaînes moléculaires dont les quatre bases forment les chaînons. La chaîne entière s'appelle ADN (acide désoxyribonucléique). Elle se dispose en forme d'une double hélice. Des maquettes sont généralement visibles dans les musées de sciences naturelles.

Il existe une convention naturelle selon laquelle, à chaque triplet de bases, correspond un certain acide animé. Par exemple, au triplet AGT correspond la valine, et au triplet TGC l'aspartine. Dans les ribosomes de la cellule, les protéines des fonctions vitales sont assemblées à partir des acides aminés. Le choix de ces acides aminés est fixé par la séquence des bases dans la molécule d'ADN. Chaque animal, chaque individu possède sa séquence propre grâce à laquelle sa nourriture ne le déforme pas et ses enfants lui ressemblent.

L'architecture d'une protéine

L'ordre et la disposition spatiale des acides aminés dans une protéine déterminent la nature précise de chacune des innombrables opérations qu'exige la vie végétale et animale.

Extraite d'un cœur de cheval, voici la molécule nommée « cytochrome-C ». Son rôle est de capturer et d'introduire dans la circulation sanguine les molécules d'oxygène apportées par la respiration pulmonaire. Composée des vingt acides aminés décrits précédemment, elle illustre la complexité de la disposition spatiale des protéines. Le code des abréviations est donné au bas du schéma. Les chiffres spécifient les sites où, lors de l'assemblage, chacun des acides aminés doit obligatoirement se placer.

Schéma 15 (ci-contre). La molécule de cytochrome-C (d'après Richard E. Dickerson, *Scientific American*, avril 1972).

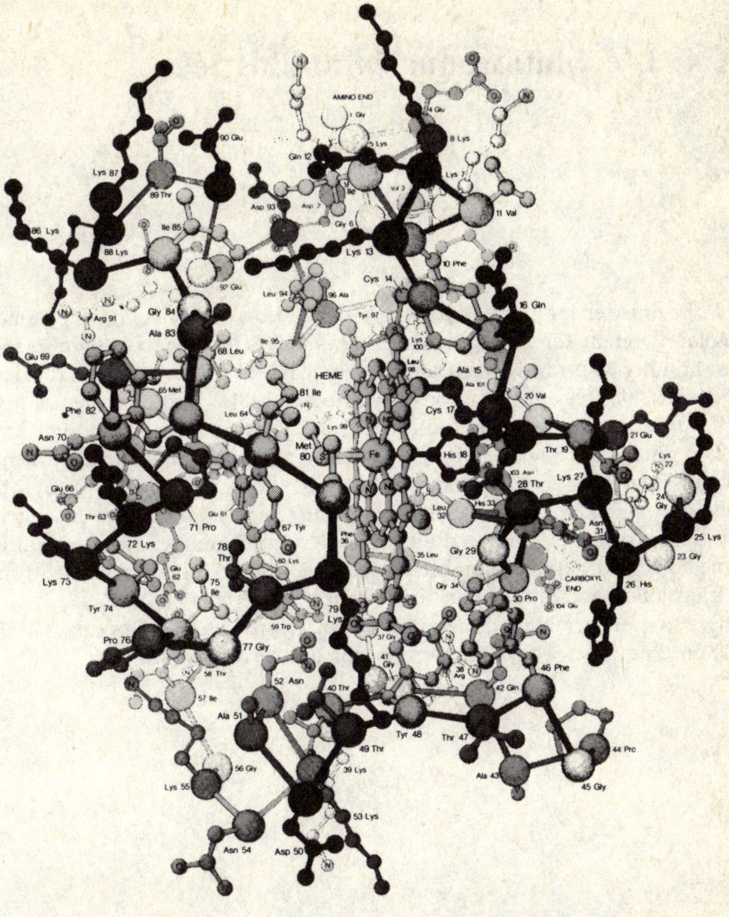

Asp	Acide aspartique	Leu	Leucine
Glu	Acide glutamique	Lys	Lysine
Ala	Alanine	Met	Méthionine
Arg	Arginine	Phe	Phénylalanine
Asn	Asparagine	Pro	Proline
Cys	Cystéine	Ser	Sérine
Glu	Glutanine	Thr	Thréonine
Gly	Glycine	Trp	Tryptophane
His	Histidine	Tyr	Tyrosine
Ile	Isoleucine	Val	Valine

A 4. L'évolution nucléaire illustrée

Pour illustrer les grandes étapes de l'évolution nucléaire, il est commode de placer comme sur un grand damier *(schéma 16)* les noyaux atomiques selon leur nombre de protons (verticalement) et leur nombre de neutrons (horizontalement). Ici, on a disposé tous les isotopes stables jusqu'au silicium (plus deux instables, le neutron et le carbone-14). Les stables se disposent à peu près sur une diagonale (nombre de protons à peu près égal au nombre de neutrons). Pour les nombres atomiques plus élevés, la zone des noyaux stables s'éloigne lentement de la diagonale vers une région où il y a plus de neutrons que de protons. Les isotopes d'un même élément chimique sont situés sur une ligne horizontale (même nombre de protons, nombre différent de neutrons).

L'évolution nucléaire se joue sur ce damier *(schémas 17 à 24)*. Chaque phase amène la transformation de certains noyaux (représentés par des carrés hachurés) en d'autres noyaux (représentés par des carrés blancs).

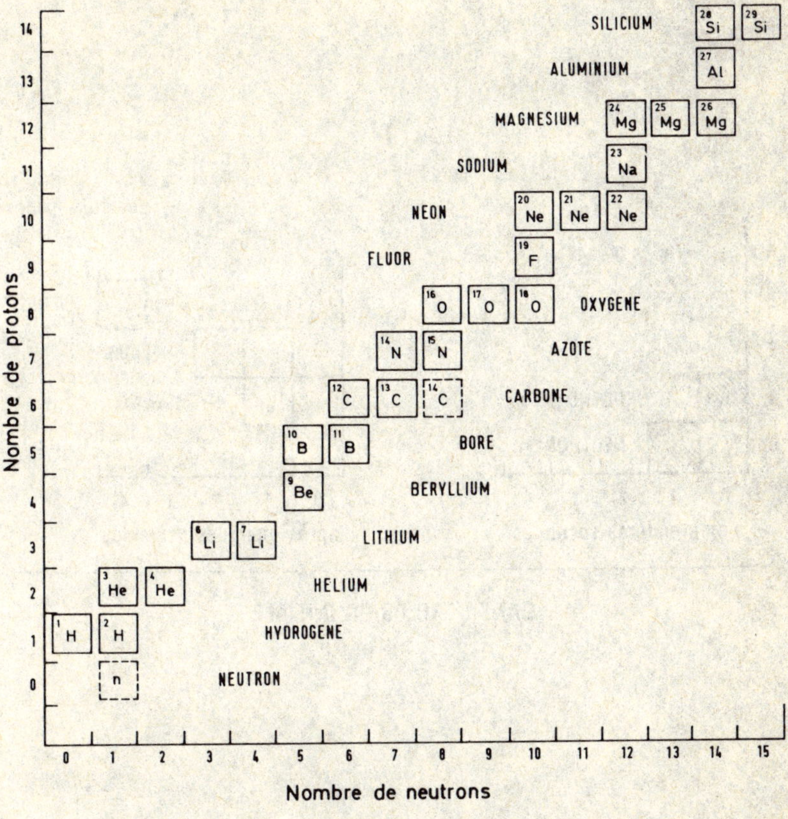

Schéma 16. Le damier nucléaire.

I

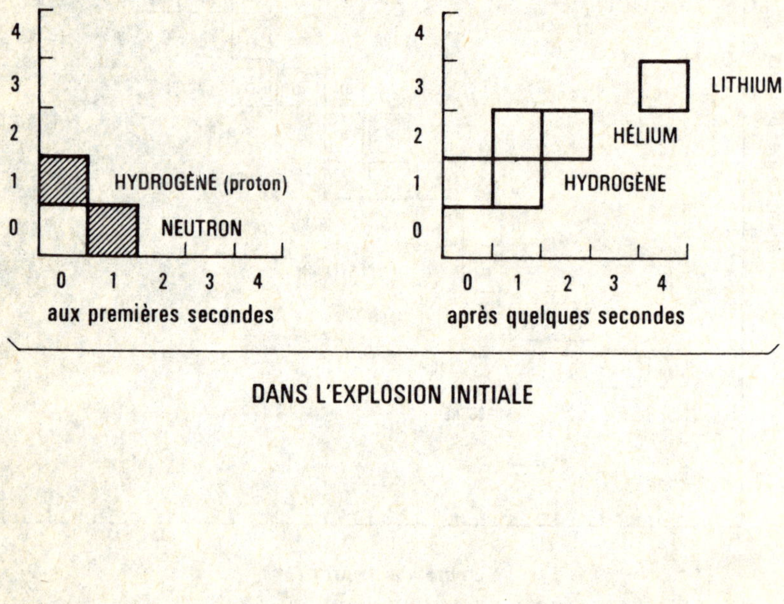

Schéma 17. L'évolution nucléaire dans l'explosion initiale. Issus du grand éclair dans lequel l'univers est né, les protons et les neutrons interagissent. Quelques minutes après sa naissance, l'univers est composé d'hydrogène, d'hélium et de lithium-7. Ce sont les plus vieux atomes du monde…

II

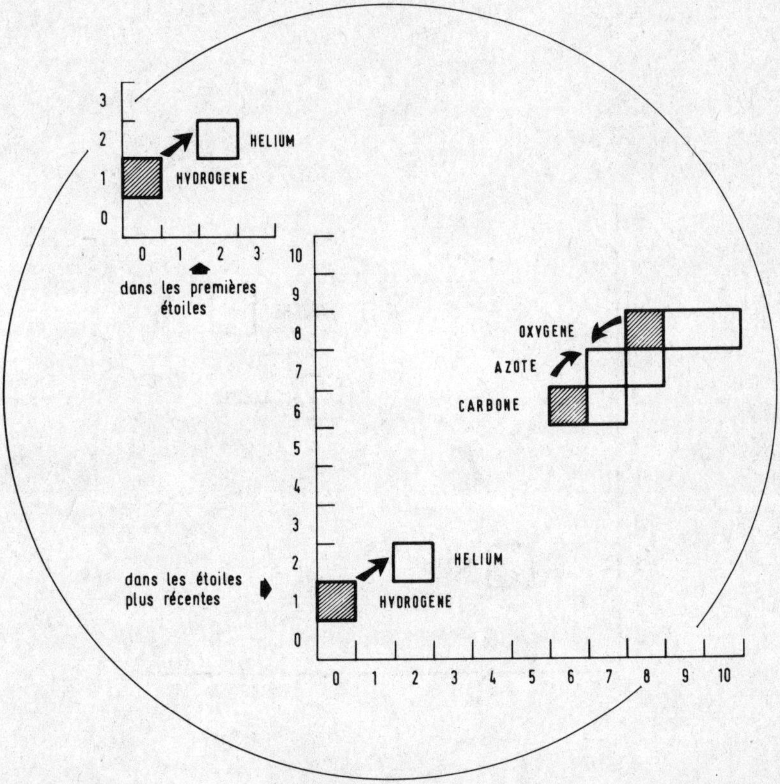

Schéma 18. L'évolution nucléaire dans les étoiles de la « série principale ». Les étoiles de la « série principale » obtiennent leur énergie en fusionnant l'hydrogène en hélium. Les premières étoiles de la Galaxie, dépourvues d'atomes lourds, transformaient directement l'un en l'autre. Les étoiles plus récentes réalisent cette fusion d'une façon plus efficace qui implique la transmutation en azote des atomes de carbone et d'oxygène formés par des générations d'étoiles antérieures. Cette nouvelle fusion utilise le noyau de carbone comme catalyseur, selon un schéma nommé « cycle de Bethe ».

III

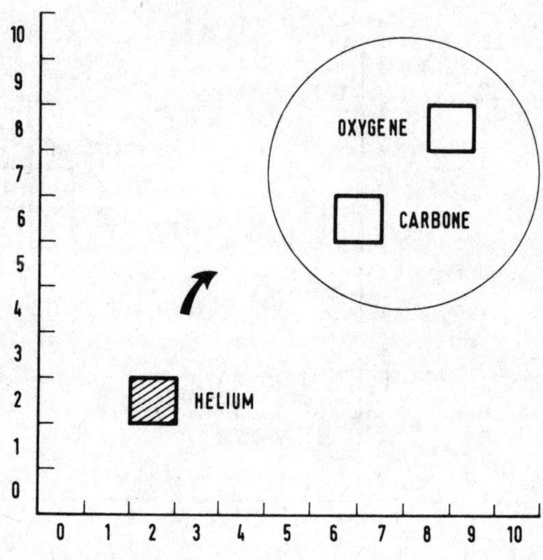

Schéma 19. L'évolution nucléaire dans les géantes rouges. L'hélium du noyau central est transformé en carbone-12 et en oxygène-16. Dans une couche entourant le noyau central se poursuit, comme au cœur des étoiles de la « série principale », la fusion de l'hydrogène en hélium.

IV

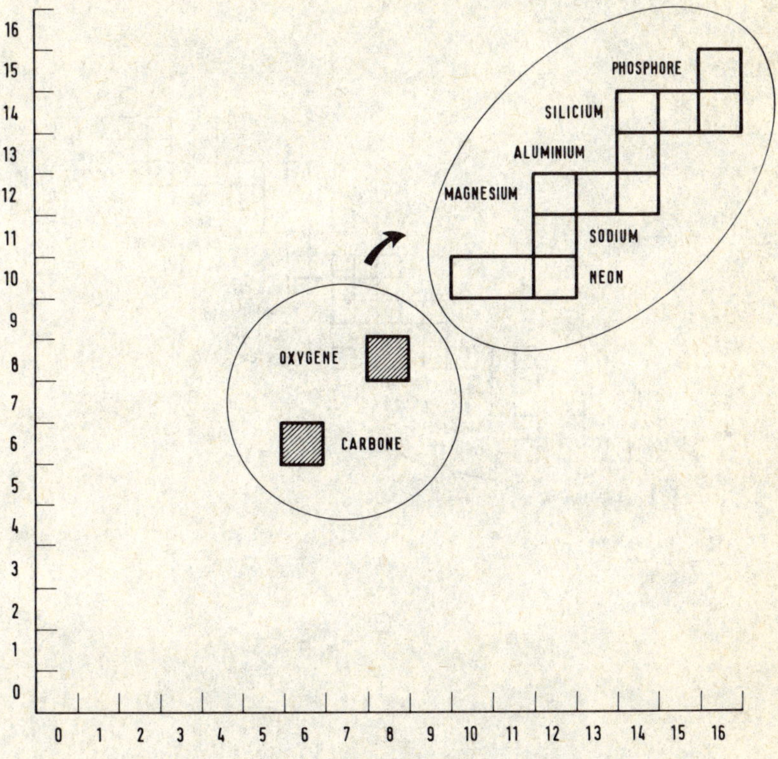

Schéma 20. L'évolution nucléaire dans les phases stellaires plus tardives. La fusion du carbone et de l'oxygène en néon, sodium, magnésium, aluminium et silicium se fait au cœur d'une étoile, au cours des phases stellaires plus tardives. Dans les couches supérieures brûlent l'hélium, puis, au-dessus encore, l'hydrogène.

V

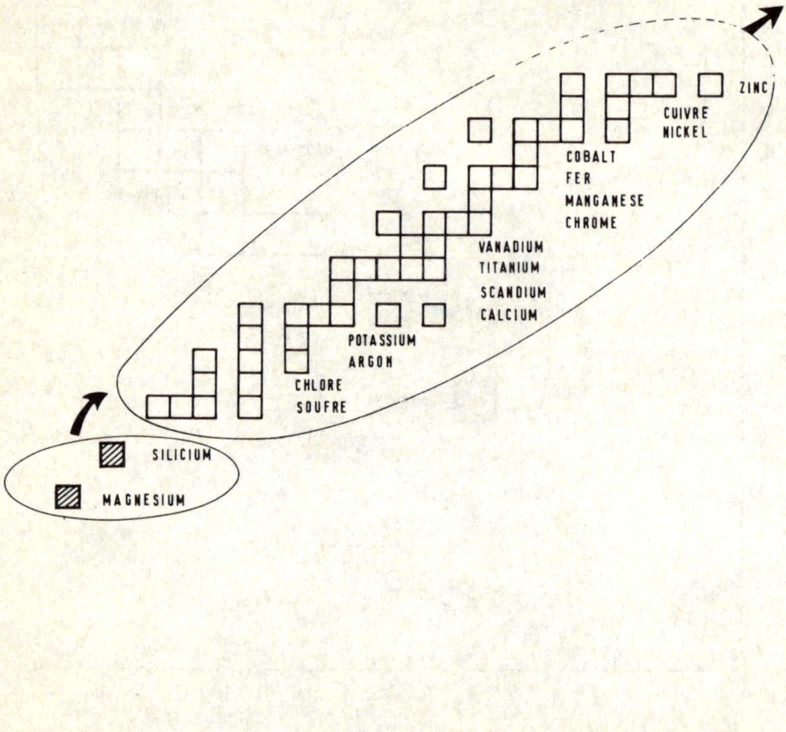

Schéma 21. L'évolution nucléaire dans les phases ultimes. Avant que l'étoile n'explose en supernova, le magnésium et le silicium entrent en combustion et engendrent les métaux : chrome, manganèse, fer, nickel, cobalt, cuivre, zinc, etc. Des neutrons produits par ces réactions se combinent avec ces métaux pour compléter la table des éléments chimiques.

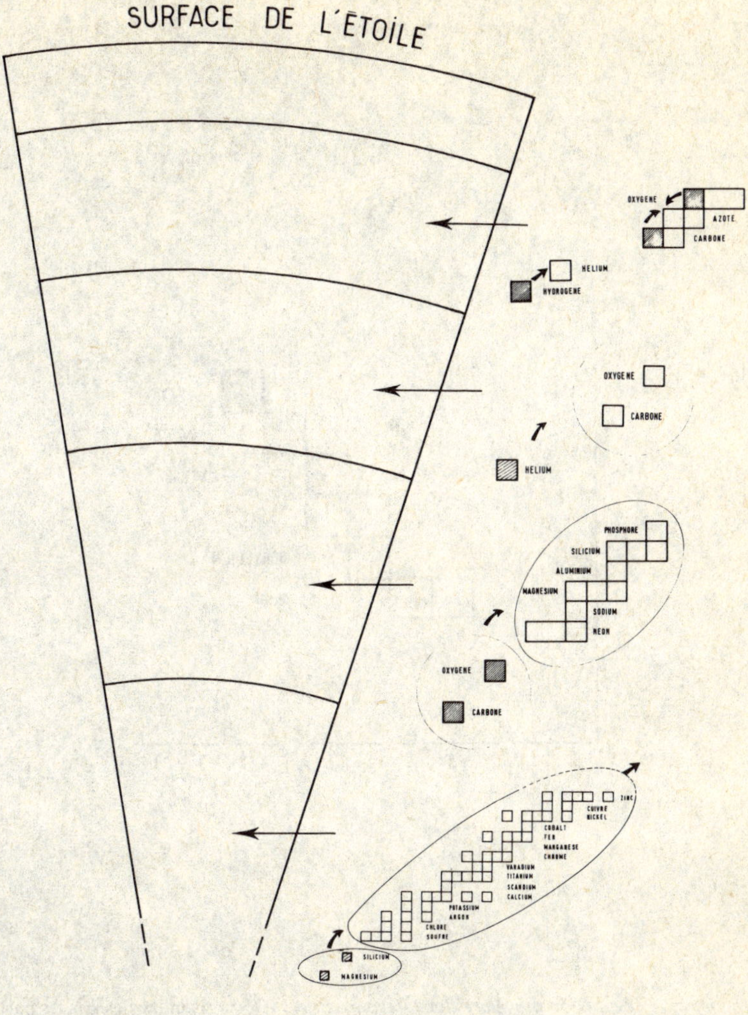

Schéma 22. Profil des transmutations nucléaires à l'intérieur d'une étoile massive et très évoluée. Les réactions qui requièrent les plus hautes températures (fusion du silicium et du magnésium) ont lieu au centre de l'étoile. À mesure qu'on s'éloigne du centre, la température décroît jusqu'à la surface, beaucoup trop froide pour le jeu des interactions nucléaires.

VI

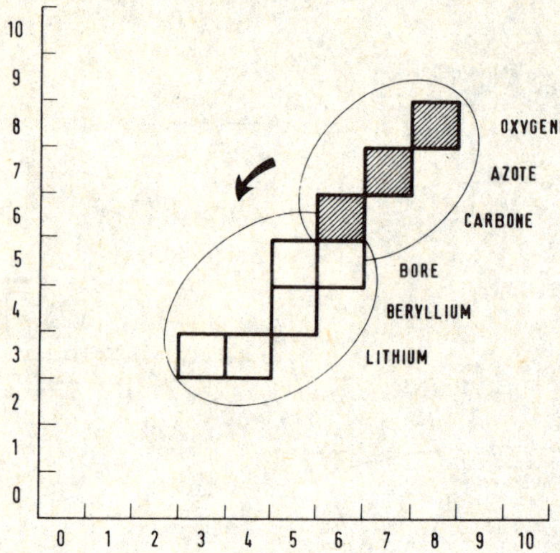

Schéma 23. L'évolution nucléaire dans l'espace interstellaire. Bombardés par les particules rapides du rayonnement cosmique, les atomes du milieu interstellaire sont brisés et laissent en résidu les noyaux de lithium, de béryllium et de bore.
Pour former un gramme d'acide borique acheté à la pharmacie, il a fallu recueillir tous les atomes de bore formés depuis la naissance de la Galaxie dans un volume d'espace interstellaire aussi vaste que notre Soleil. C'est un des processus les plus lents de notre univers...

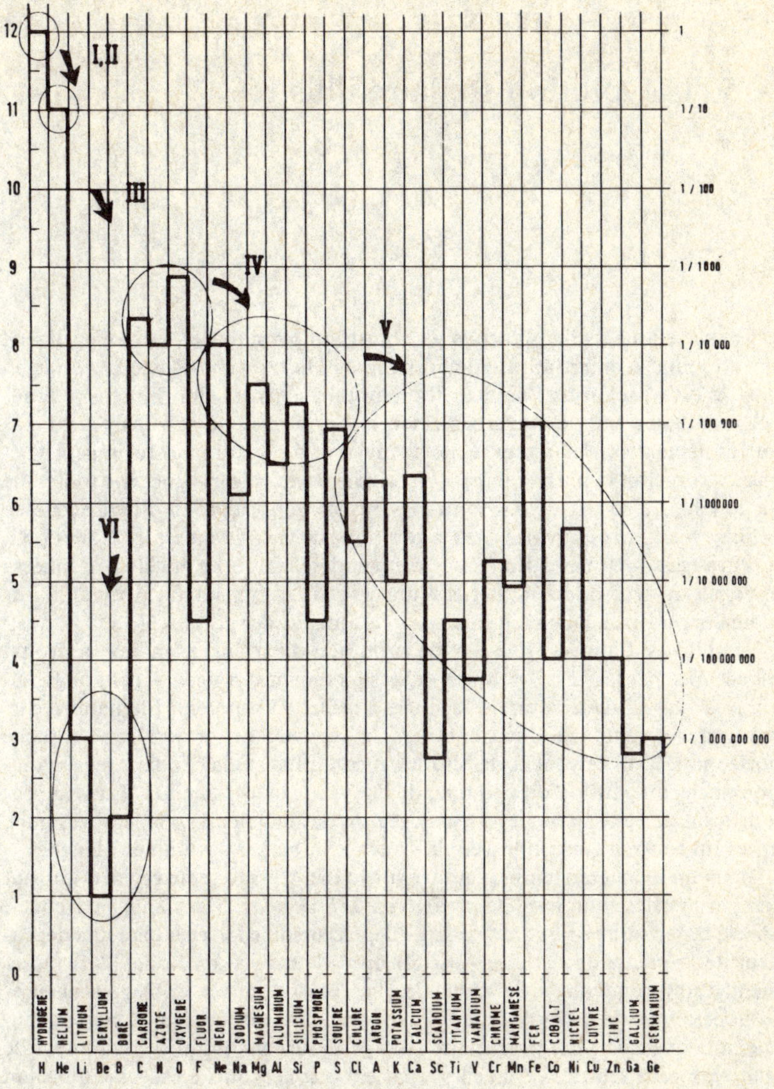

Schéma 24. L'abondance des trente-trois premiers éléments. Dans l'échelle de gauche, l'hydrogène a l'abondance 10^{12} ou 1 000 000 000 000. Dans l'échelle de droite, l'hydrogène reçoit l'abondance unité. Les flèches rappellent les grandes phases de l'évolution nucléaire décrites précédemment.

A 5. L'évolution stellaire illustrée

Le jeu se joue de deux façons. D'abord, on place toutes les étoiles du ciel sur un grand damier (appelé diagramme de Hertzsprung-Russell, *voir schémas 25 et 26*) selon leur couleur (horizontalement) et selon l'intensité lumineuse qu'elles émettent (verticalement). Les étoiles ne se répartissent pas uniformément sur le damier. Elles s'entassent dans certaines régions privilégiées. La région la plus peuplée — la « série principale » — occupe toute une diagonale. Là se retrouvent toutes les étoiles qui brûlent de l'hydrogène en hélium, à un taux qui varie avec la position sur la diagonale : les étoiles petites et rouges — en bas à droite — y mettent des dizaines de milliards d'années ; le Soleil, au centre, dix milliards d'années ; Sirius, plus haut, deux milliards d'années ; et Rigel, en haut à gauche — le domaine des géantes bleues —, quelques millions d'années. La seconde région du diagramme, en haut à droite, est occupée par les géantes rouges et les supergéantes rouges — comme Bételgeuse, Antarès, Aldébaran — occupées à brûler en leur cœur l'hélium en carbone et oxygène. En revenant vers la gauche, on trouve la « branche horizontale » où se situent des étoiles encore plus avancées dans leur évolution nucléaire : fusion du carbone, de l'oxygène ou du silicium. Dans la prolongation de cette branche, il y a la région des nébuleuses planétaires, puis, après un tournant brusque vers la gauche, la bande des naines blanches.

Dans un deuxième temps, on met sur le damier une seule étoile et on suit son parcours tout au long de sa vie *(voir les schémas 27 et 28)*. Le parcours, appelé trajectoire H-R, et la vitesse de déplacement le long du parcours dépendent de la masse de l'étoile. Aussitôt après leur naissance dans l'effondrement d'un grand nuage interstellaire, les étoiles rouges et très lumineuses — appelées aussi étoiles de type T Tauri — se dirigent rapidement vers la gauche, atteignent la série principale. Elles y séjournent jusqu'à épuisement de leur hydrogène central. De là, elles repartent vers la droite, épuisent leur hélium dans la zone des géantes rouges et s'engagent dans la branche horizontale en accédant à des phases plus avancées de fusion nucléaire. Les étoiles très massives atteindront, vers ce stade, les températures fatidiques — quatre ou cinq milliards de degrés — qui amènent l'explosion de l'étoile en supernova. Les étoiles d'environ une masse solaire ou moins parcourent toute la branche horizontale, atteignent le stade des nébuleuses planétaires, font demi-tour derrière la série principale, et glissent sur la pente des naines blanches vers la voie sans issue des étoiles privées de sources d'énergie nucléaire, agonisant en naines noires.

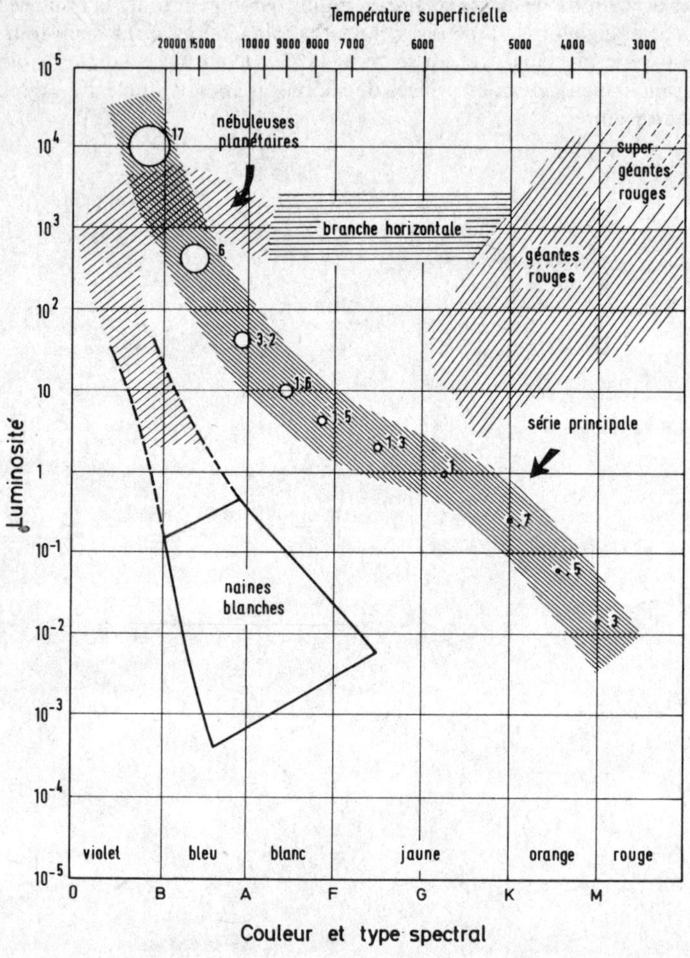

Schéma 25. Diagramme couleur-luminosité des étoiles (diagramme de Hertzsprung-Russell). L'échelle verticale est graduée en luminosité stellaire absolue (en unité de luminosité solaire), tandis que l'échelle horizontale est en « couleur stellaire » ou, ce qui est équivalent, en température superficielle. Les astronomes utilisent une classification plus détaillée appelée « type spectral », et à laquelle correspondent les lettres O, B, A, F, G, K, M, inscrites sur l'échelle du bas. Sur la région hachurée de la série principale, le diagramme donne la masse des étoiles qui s'y trouvent situées, en unités de masse solaire.

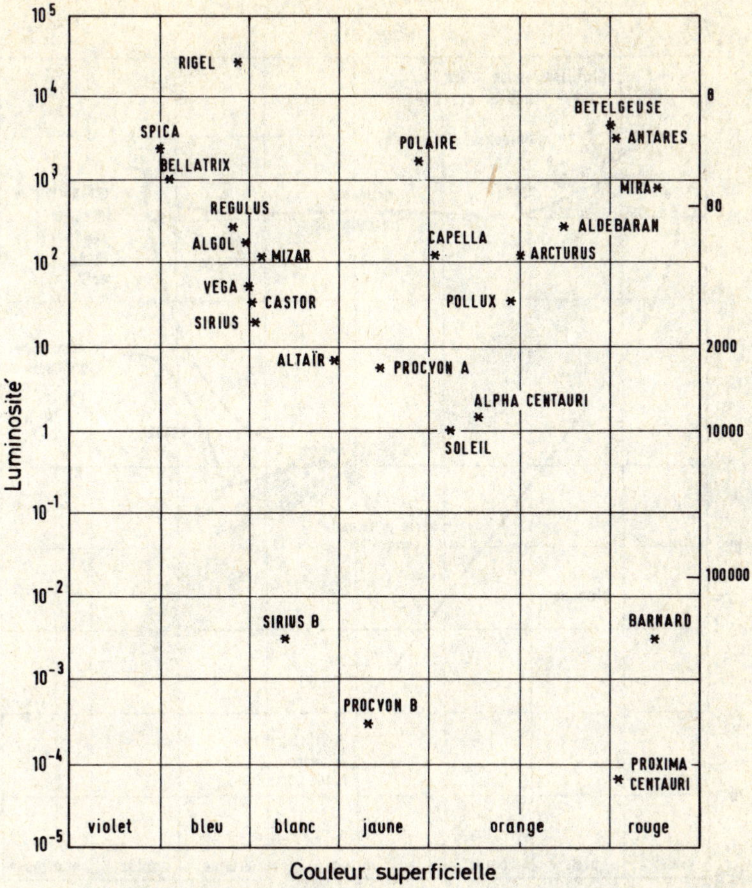

Schéma 26. Nos étoiles familières sur le diagramme H-R. Chaque étoile est disposée selon sa luminosité et sa couleur superficielle. On voit bien apparaître la série principale, la région des géantes rouges et deux naines : Sirius B et Procyon B. Sur l'échelle de gauche, on a indiqué, en millions d'années, le temps de séjour sur la série principale — ou le temps requis pour brûler l'hydrogène en hélium. Ce temps représente, à peu de chose près, la vie totale de l'étoile, puisque les autres phases stellaires se passent beaucoup plus rapidement.

Spica et Bellatrix, par exemple, vivront toutes les étapes de leur vie en quelques dizaines de millions d'années, tandis que l'étoile de Barnard ou Proxima du Centaure brilleront encore longtemps après que le Soleil sera devenu une naine noire.

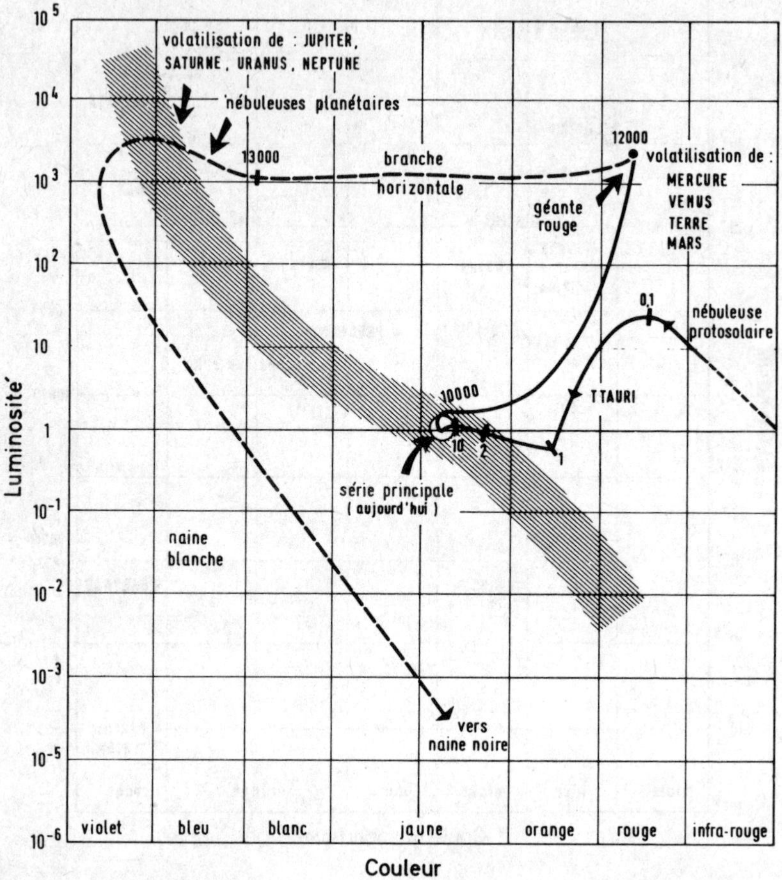

Schéma 27. Le destin du Soleil. Dans le plan H-R, on a marqué la trajectoire assignée au Soleil. Les chiffres, en millions d'années, désignent le temps écoulé depuis sa naissance dans l'effondrement d'un grand nuage interstellaire. Après la transformation de la nébuleuse protosolaire en « système solaire », après la traversée de la phase T Tauri, il s'est installé sur la série principale où il se trouve encore aujourd'hui. Dans cinq milliards d'années, il reprendra sa course vers la région des géantes rouges, puis le long de la branche horizontale, et, après être passé par la zone des nébuleuses planétaires, il ira mourir lentement sur la voie des naines blanches et des naines noires.

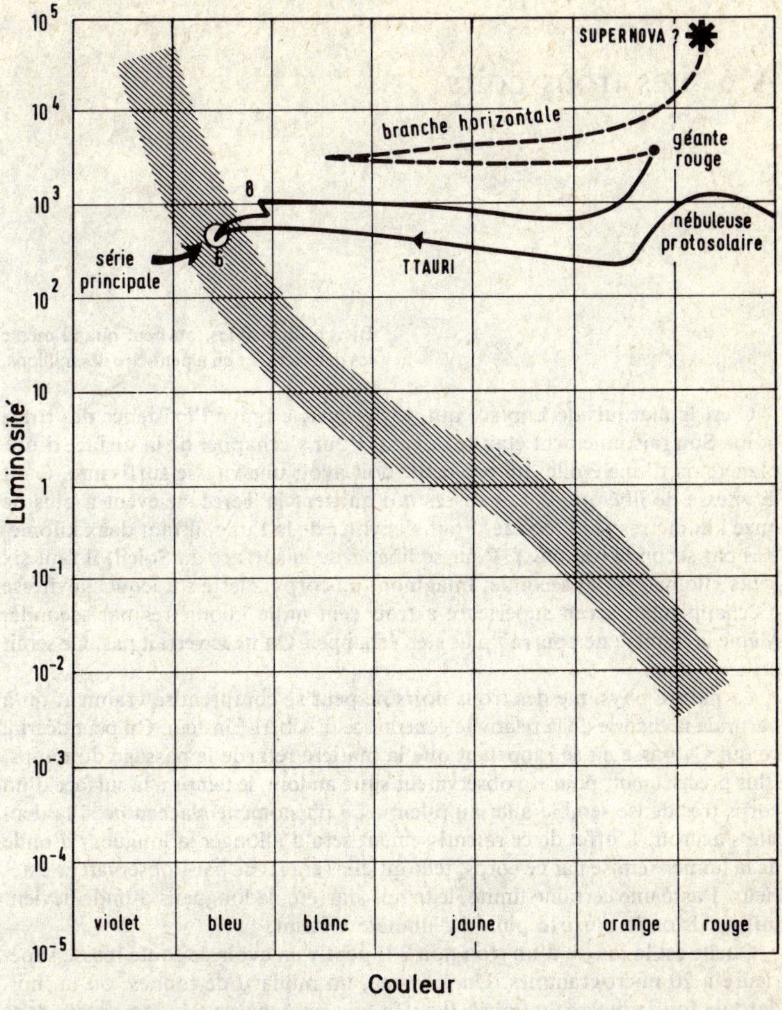

Schéma 28. Le destin d'une étoile massive. La trajectoire d'une étoile beaucoup plus massive que le Soleil est parcourue à une allure autrement plus rapide. L'arrivée sur la série principale se fait en moins d'un million d'années et le séjour dans cette phase stellaire est terminé — par exemple pour Rigel — en moins de dix millions d'années. Les étapes « géante rouge » et « branche horizontale » sont encore plus brèves. On soupçonne, sans en avoir la certitude, que l'explosion finale en supernova se produit quelque part dans la région des supergéantes rouges.

A 6. Les trous noirs

Bien qu'invisibles, on peut quand même les détecter. Il y en a peut-être des millions.

C'est le marquis de Laplace qui, le premier, a prévu l'existence des trous noirs. Son raisonnement était le suivant. Pour s'échapper de la surface d'une planète ou d'une étoile, un projectile doit avoir une vitesse suffisante. C'est la vitesse de libération. Les fusées qui quittent la Terre s'élèvent à plus de onze kilomètres par seconde. Pour s'envoler de la Lune, il faut deux kilomètres par seconde (ou plus). Pour se libérer de la surface du Soleil, il faut six cents kilomètres par seconde. Imaginons un corps céleste sur lequel la vitesse d'échappement serait supérieure à trois cent mille kilomètres par seconde. Même la lumière ne pourrait plus s'en échapper. On ne le verrait pas. Ce serait un trou noir.

La nature physique des trous noirs ne peut se comprendre vraiment qu'à partir de la théorie de la relativité généralisée d'Albert Einstein. On peut décrire ce qui s'y passe en se rappelant que la matière retarde le passage du temps. Plus précisément, pour un observateur situé au loin, le temps à la surface d'un corps très dense semble aller au ralenti. Le phénomène s'accentue si la densité s'accroît. L'effet de ce ralentissement sera d'allonger la longueur d'onde de la lumière émise par ce corps, telle qu'elle sera reçue par l'observateur extérieur. Passé une certaine limite, le temps s'arrête, la longueur d'onde devient infinie. L'onde n'existe plus. La lumière s'éteint.

Quelle est la masse d'un trou noir ? Il peut y en avoir de toute masse supérieure à 20 microgrammes. Un gramme, un milliard de tonnes, ou un milliard de fois la masse du Soleil. Il suffit que cette masse soit concentrée dans un volume assez petit. Un trou noir aussi massif que le mont Blanc prendrait place à l'intérieur du volume d'un atome d'hydrogène. Un trou noir aussi « volumineux » que le mont Blanc aurait la masse du Soleil...

Même si la physique théorique leur permet d'exister, rien ne prouve qu'il y *ait* des trous noirs dans la nature. Il faut encore les fabriquer. Quel mécanisme pourrait engendrer de telles condensations ? On en connaît au moins

Schéma 29.

un : la mort des étoiles massives. À cet instant, la matière stellaire subit à la fois une explosion dans ses couches extérieures (supernova) et un effondrement de sa partie centrale. Cette implosion pourrait donner naissance à un trou noir. D'autres trous noirs auraient pu se former au sein des densités extrêmes qui régnaient au début de l'univers.

Comment détecter un trou noir ? L'absence de rayonnement ne facilite certes pas la chose. Il faut compter sur le puissant champ de gravité qui l'entoure. Imaginons que, cette nuit, des mains géantes viennent écraser notre Soleil. Imaginons qu'elles le réduisent à un rayon de moins d'un kilomètre. La gravité à sa surface deviendrait si intense qu'aucune lumière ne le quitterait. Demain, pas de lever de Soleil. Mais rien ne changerait à l'attraction que le Soleil exerce sur les planètes. Rien ne changerait à leur mouvement. La Terre poursuivrait sa révolution annuelle. Le mouvement des constellations dans le ciel suffirait à nous le prouver.

Il existe dans le ciel quantité d'étoiles doubles. Il s'agit d'une paire d'étoiles très rapprochées qui tournent l'une autour de l'autre. Elles décrivent une sorte de ronde autour d'un point situé entre elles. Si une de ces étoiles est un trou noir, on ne verra que sa compagne qui décrira un cercle toute seule *(schéma 29)*. On connaît déjà quelques cas analogues où il pourrait bien s'agir de trous noirs.

Parmi les galaxies, les quasars sont les plus puissants émetteurs de rayonnement *(photo de couverture)*. Mille fois plus qu'une galaxie normale, c'est-à-dire autant que cent mille milliards de Soleils. La source de ce rayonnement est concentrée dans une région minuscule (pas plus grande que le système solaire) au centre de la galaxie. Quel mécanisme extravagant peut émettre une telle quantité d'énergie à partir d'un volume aussi petit ? Un trou noir pourrait s'y trouver, de plusieurs millions de masses solaires… Il peut sembler paradoxal d'invoquer l'effet d'un trou noir (dont rien ne peut émerger) pour expliquer un tel rayonnement. Mais ce trou noir attire et dévore tout ce qui se trouve près de lui : nuages interstellaires, planètes, étoiles entières. Ces corps, violemment accélérés, tombent sur lui à une vitesse prodigieuse. Choqués, bousculés par leur chute, ils se réchauffent et brillent puissamment. Leur « chant du cygne» s'arrête brusquement quand la gueule du trou noir les engloutit irrémédiablement. Le même mécanisme expliquerait l'émission d'énergie des galaxies cannibales qui occupent la partie centrale des super-amas de galaxies *(voir A 2)*. Si tel est le cas, les trous noirs, loin d'être rares, seraient très nombreux. Ils formeraient un élément commun de notre univers au même titre que les étoiles ou les galaxies.

L'étude des propriétés des trous noirs n'en finit pas de nous étonner. L'astrophysicien anglais Hawking a montré récemment que les trous noirs s'évaporent lentement. Nouveau paradoxe, puisque rien ne peut s'en échapper... C'est encore un tour de passe-passe de la mécanique quantique. Les lois n'y sont plus absolues. Des transgressions s'y produisent, qui sont responsables de cette évaporation. L'évaporation du trou noir entraîne une diminution de sa masse, qui entraîne une évaporation plus rapide encore. Si bien qu'à la fin il explose en un éclair fulgurant visible à des milliards d'années-lumière...

A 7. Le second horizon

Le début de l'univers, comme le cœur du Soleil, est voilé à nos yeux.

J'ai parlé de l'horizon cosmologique. Il est relié au mouvement des galaxies. Il vient du fait que les plus lointaines se déplacent presque aussi vite que la lumière. Cet horizon existerait même si l'univers était éternel, dans le cas des cosmologies de type « création continue » par exemple. Il n'est pas directement relié à l'existence d'une explosion initiale, mais uniquement à l'expansion, quelle qu'en soit la cause. À cette barrière infranchissable s'en ajoute une seconde. Elle vient du fait qu'à l'origine l'univers était « opaque ». C'est cette opacité des premiers temps qui limite en fait notre vision du monde.

Pour illustrer la nature de cette frontière, je vais dresser une analogie entre le Soleil et l'univers *(schéma 30)*. Dans cette analogie, le centre du Soleil sera comparé au « début de l'univers », et le rayonnement de la surface solaire au rayonnement fossile. On ne peut pas voir le centre du Soleil parce que la matière du Soleil est opaque. On peut voir sa surface parce que la matière située entre nous et cette surface est transparente. Le cœur du Soleil en est le point le plus dense et le plus chaud. Seize millions de degrés. L'énergie y est engendrée. Elle est émise sous forme de photons énergétiques appelés « rayons gamma ». La matière solaire est très opaque à ces rayonnements. Chaque photon est émis, puis absorbé, puis réémis, puis réabsorbé, un très grand nombre de fois, avant d'atteindre la surface. Mais à mesure qu'on progresse du centre vers l'extérieur, la matière solaire devient de moins en moins dense, de moins en moins opaque. Le trajet entre chaque absorption s'allonge. Un photon met des centaines de milliers d'années à procéder du centre à la surface. De là, il rejoint directement la Terre, en huit minutes. [Le langage imagé que j'emploie ici néglige le fait que les photons n'ont pas d'identité propre. De plus, la dégradation en énergie entraîne une prolifération du nombre de photons.] Dans cette optique, *la surface solaire est le lieu d'où les photons ont pris leur appel une dernière fois pour arriver jusqu'à nous*.

Imaginons maintenant un voyage vers le Soleil dans une capsule fictive composée de matériaux parfaitement réfractaires. D'abord, on voit la surface apparente du Soleil s'accroître progressivement jusqu'à couvrir la moitié du ciel. À ce moment-là, la capsule atteint la surface et pénètre dans le Soleil. Elle passe d'un milieu transparent à un milieu opaque. Elle progresse dans une matière de plus en plus dense et de plus en plus chaude.

Dans notre analogie, la matière du Soleil devient la matière de l'univers quand, au début, il était très dense ; l'une et l'autre sont opaques. Cette période, pour l'univers, a duré un million d'années, jusqu'à l'émission de la lumière maintenant fossile. L'espace entre le Soleil et la Terre représente la matière de l'univers depuis le premier million d'années. L'une et l'autre sont transparentes. Le voyage vers le Soleil figure un voyage dans le passé. Le passage à la surface du Soleil devient le moment où l'univers passe de la transparence à l'opacité. Le rayonnement fossile est l'analogue de la lumière visible du Soleil. Il est fait de tous les photons qui ont été émis lors de la transition opacité-transparence et qui se propagent librement depuis. Ce sont les plus vieux photons de l'univers. Ils ont l'âge de l'univers moins un million d'années.

Pour éviter toute confusion, je signale qu'entre les deux éléments de l'analogie, début de l'univers, centre du Soleil, il y a une différence importante. Elle est en relation avec la géométrie des lieux. Le centre du Soleil est un point ; *le début de l'univers est partout*. En conséquence, les photons du rayonnement fossile nous arrivent de toutes les directions, alors que les photons solaires arrivent d'une direction bien déterminée. En d'autres mots, la matière qui a émis le rayonnement fossile a la forme d'une coquille sphérique qui nous entoure à quinze milliards d'années-lumière, tandis que la matière qui émet le rayonnement du Soleil (également disposée en coquille sphérique) ne nous entoure pas. L'expansion a ensuite dégradé ces photons rouges en ondes radio. C'est sous cette forme que Penzias et Wilson les ont détectés.

Nous avons donc rencontré deux horizons à notre exploration. Le premier est dû à la récession des galaxies. Cet horizon est indépendant de l'histoire du monde. Le second est strictement de nature historique. Il est causé par l'opacité des premiers instants. Les deux sont à peu près à la même distance. Ce n'est pas un hasard. C'est la distance parcourue, pendant la durée de vie de l'univers, par une galaxie qui se meut à la vitesse de la lumière par rapport à nous.

Schéma 30 (ci-contre). Le second horizon (l'univers et le Soleil). En haut : coupe schématique de l'univers. La couche de matière (cercle intérieur) qui a émis la lumière fossile il y a quinze milliards d'années est située à quinze milliards d'années-lumière et s'éloigne à neuf cent quatre-vingt-dix-neuf millièmes de la vitesse de la lumière. La matière au-delà de ce cercle est opaque, dense et chaude. Attention : ce dessin peut donner l'impression que nous sommes le centre du monde. Il n'en est rien, chaque observateur dans n'importe quelle galaxie peut tracer, pour lui, exactement le même dessin. En bas : notre Soleil vu de la Terre. Ici c'est la surface solaire qui émet la lumière que nous recevons. La matière intérieure à cette surface nous est opaque.

l'univers

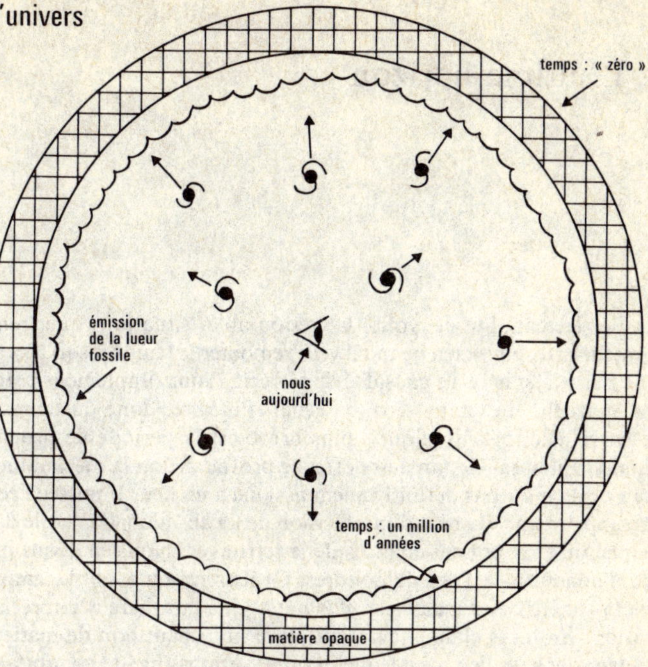

le Soleil

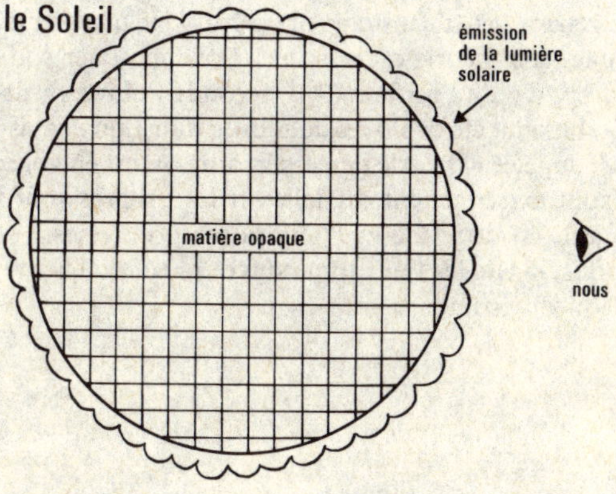

A 8. L'ultime horizon

Pour le lecteur initié, voici la redoutable situation que rencontre l'explorateur-astrophysicien quand il veut remonter le temps jusqu'à sa source.

D'une part, la sphère de causalité se rétrécit. Tout simplement parce que, plus on approche du temps zéro (en échelle linéaire, donc du temps moins l'infini en échelle logarithmique), plus brève est la période de propagation des signaux. En parallèle, un autre effet se profile. Selon la mécanique quantique, un objet n'est pas définitivement assigné à un lieu. Il possède ce qu'on pourrait appeler une « sphère d'imprécision de localisation ». C'est le domaine dans lequel on a de bonnes chances de le retrouver. Nous en avons parlé au sujet du diamant de la Tour de Londres. Or il arrive qu'avant le temps 10^{-43} seconde la sphère de causalité est *plus petite* que la sphère d'imprécision de localisation. En mots clairs, cela signifie qu'un échantillon de matière peut se retrouver dans un lieu avec lequel il lui est impossible de communiquer... La connaissance rencontre ici son ultime horizon, le physicien lève les bras en l'air en disant : « J'aurais dû devenir plombier. »

Ce drame révèle en fait une lacune profonde de la physique contemporaine. Personne jusqu'ici n'a su établir une théorie cohérente qui incorpore, à la fois, la théorie de la relativité généralisée d'Einstein et la mécanique quantique. Personne ne sait même si une telle théorie est possible. Pour masquer son ignorance, l'astrophysicien décrète qu'à l'instant 10^{-43} seconde l'univers « naît »...

<Des efforts considérables ont été déployés dans cette direction depuis 1980. Une théorie prometteuse, appelée « théorie des supercordes », est en voie d'élaboration. Les travaux sont extrêmement difficiles et les progrès sont lents. Personne ne sait, à ce jour, si cette théorie tiendra ses promesses.

Peut-être pourrons-nous, si elle les tient, poursuivre plus loin encore dans le passé notre exploration du cosmos.>

Notes

N 1 (p. 21). C'est une citation de Baltasar Gracian par Vladimir Jankélévitch.

N 2 (p. 21). Lire par exemple *Trois Voies de la sagesse asiatique* de Nancy Wilson Ross, Paris, Stock, 1966.

N 3 (p. 28). *La mesure des distances en astronomie* : Pour explorer et sonder notre monde, il nous faut d'abord apprendre à mesurer des distances. Dans le ciel, je vois les étoiles plus ou moins brillantes. Je ne peux pas savoir, à première vue, si une étoile me paraît plus brillante qu'une autre parce qu'elle l'est en fait, ou parce qu'elle est plus rapprochée de moi. De même, la nuit, une lumière qui se dirige vers moi sur la route peut provenir soit d'une bicyclette à faible distance, soit d'une moto plus lointaine. Tant que je n'ai pas identifié l'objet, je ne peux pas connaître sa distance. L'art de mesurer les distances, c'est donc, d'abord, l'art de reconnaître la nature et la puissance lumineuses propres des objets que l'on observe. La lumière doit contenir des renseignements qui nous permettent de l'identifier. En certains cas, ce sera simplement la couleur. On sait aujourd'hui que tel type d'étoiles bleues brille comme cent mille fois notre Soleil. En d'autres cas, on utilisera le fait que certaines étoiles sont variables : leur intensité croît et décroît au long d'un cycle de période bien déterminée. Plus le cycle est long, plus l'étoile est brillante. De la même façon, le fait que certaines étoiles meurent en une fulgurante explosion nous permet de jeter notre sonde encore plus loin. Pendant quelques jours, elles atteignent *cent millions* de fois l'éclat du Soleil. Presque aux confins de l'univers, elles sont encore visibles... Au départ, il faut naturellement « calibrer » les bougies standard, c'est-à-dire connaître leur luminosité propre. Les techniques sont multiples et complexes. Les décrire nous mènerait trop loin.

N 4 (p. 56). Voir *la Recherche*, n° 93, octobre 1978, p. 928.

N 5 (p. 56). Edgar Morin, *Sciences humaines et Sciences de la nature*, cassette France-Culture dans la série « Connaissance de l'univers », octobre 1978.

N 6 (p. 59). Publication du CNRS, 15, quai Anatole-France, 75007 Paris.

N 7 (p. 66). *Le vieillard de l'Himalaya* : Supposons une montagne dont la base soit d'environ dix mille kilomètres carrés et la hauteur moyenne de dix kilomètres (l'Everest s'élève à huit kilomètres). La roche ayant une densité voisine de trois, on arrive à environ 10^{44} atomes dans la montagne. On sait, par ailleurs, qu'au sein de la pierre chaque atome est lié par à peu près un demi-électron-volt. L'effleurement le plus léger développe des milliers d'ergs. Mais le mouchoir de soie n'est pas l'instrument idéal pour polir la pierre… On peut admettre que chaque effleurement extrait une centaine d'ergs d'énergie de liaison, c'est-à-dire environ 10^{14} atomes. À ce rythme, la montagne sera rasée en 10^{30} voyages du vieil homme, c'est-à-dire 10^{32} ans. L'incertitude sur ce nombre est inférieure à deux dans l'exposant, comme d'ailleurs l'incertitude sur la vie moyenne du quark.

N 8 (p. 67). *Paradoxe d'Olbers* : Je résume le raisonnement. Subdivisons, par la pensée, le ciel autour de nous en couches concentriques d'égale épaisseur (par exemple de dix années-lumière chacune). Dans le ciel, on compte, en moyenne, une étoile pour chaque volume de cent années cubes. En faisant le produit de cette densité par le volume correspondant, on obtient le nombre d'étoiles dans chaque couche. Dans la sphère inté-

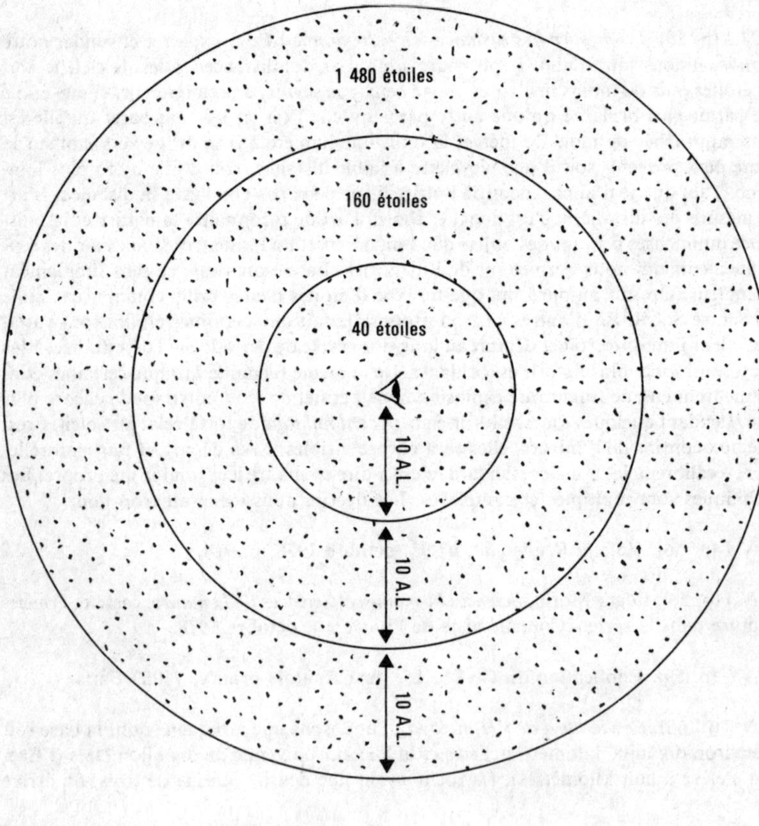

rieure (de dix années-lumière de rayon à partir de nous), il y a 40 étoiles. Dans la première couche, il y en a 280 ; dans la seconde 760 ; dans la troisième 1 480 ; etc. Ce nombre croît comme le carré du rayon de la couche. Par ailleurs, ces étoiles sont de plus en plus loin, donc de moins en moins brillantes pour nous. Leur luminosité décroît comme le carré de la distance. Cet effet compense donc *exactement* le gain dû au nombre d'étoiles dans chaque couche. Résultat : chaque couche contribue de la même quantité de lumière à l'éclat du ciel nocturne. Or, dans un univers sans limites, le nombre de couches est infini... Cela ne signifie pas, pour autant, que l'éclat du ciel soit infini. À partir d'une certaine distance, les surfaces des étoiles paraissent se toucher et se faire écran. On obtient, dans ces conditions, un flux total cent mille fois plus intense que celui du Soleil.

Schéma : En supposant qu'il y ait le même nombre d'étoiles par unité de volume (un cube d'une année-lumière par exemple), on voit que le nombre d'étoiles par couche de dix années-lumière d'épaisseur croît à mesure que l'on s'éloigne du centre. Cet accroissement compense très exactement le fait que plus les étoiles sont loin, plus elles nous apparaissent faibles.

N 9 (p. 68). L'astronome Harrison a insisté sur ce point dans *Cosmology, the Science of the Univers*, Cambridge University Press.

N 10 (p. 85). *La liaison moléculaire* : Je voudrais décrire la nature de cette force résiduelle qui permet à deux atomes d'hydrogène de s'associer électriquement, bien que chaque atome soit globalement neutre. Le même genre de phénomène interviendra au niveau des molécules complexes et jouera un rôle fondamental dans l'élaboration des structures organiques. Chacun des atomes est composé d'un proton (positif) et d'un électron (négatif). Éloignés l'un de l'autre, les 2 atomes s'ignorent, en vertu de leur neutralité électrique globale. Mais qu'arrive-t-il quand ils s'approchent ? Les charges positives et négatives n'ont pas la même distribution dans l'espace. Les charges positives sont ponctuelles (les noyaux) tandis que les charges négatives s'étalent en ce qu'on appelle des « nuages électroniques ». Les protons se repoussent. Les nuages électroniques se repoussent. Mais chaque proton attire le nuage électronique de l'autre atome. En conséquence, les nuages se déforment jusqu'à ce qu'attraction et répulsion se compensent. La nouvelle structure ainsi constituée est la molécule d'hydrogène. Son énergie de liaison est de 4,5 électrons-volts.

N 11 (p. 101). Le phénomène n'est pas simple. Il y a des effets de compensation. La réduction, bien que partiellement compensée, subsiste.

N 12 (p. 128). Pour de plus amples détails, je vous conseille la cassette intitulée *le Passage de l'inerte au vivant* par Joël de Rosnay, dans la série « Les après-midi de France-Culture ».

N 13 (p. 132). Ce terrain porte le nom d'Isua, mot esquimau qui signifie « le plus loin que vous puissiez aller... ».

N 14 (p. 133). Je vous conseille en particulier les cassettes de Radio-France, dans la série « Connaissance de l'univers ».

N 15 (p. 139). Voir Earl Freedom, « The Chemical Elements of Life », *Scientific American*, juillet 1972.

N 16 (p. 143). Pour une discussion plus approfondie, voir *la Nouvelle Alliance*, d'I. Prigogine et E. Stengers, Paris, Gallimard, 1980.

N 17 (p. 153). C'est à Pierre Solié que je dois ce renseignement et ce rapprochement.

N 18 (p. 163). Dans sa version la plus récente, la physique moderne fait naître les forces de la nécessité, pour une théorie, d'être invariante vis-à-vis d'une perturbation locale. Ces théories portent le nom de « théories de jauges non abéliennes », et les perturbations sont des transformations de symétries. En peu de mots, les forces et les structures sont reliées à des symétries de la nature. C'est Henri Poincaré qui, le premier, a mis la physique sur cette piste. Elle est la base de la recherche en physique des particules élémentaires. Nous sommes loin d'en avoir exploré tout le contenu.

N 19 (p. 166). On parle alors de la « dégénérescence » des niveaux d'énergie. En fait, ces niveaux n'ont pas besoin d'être strictement identiques. Il suffit que la différence entre eux soit inférieure à l'énergie thermique ambiante (kT).

N 20 (p. 167). Vous en trouverez une belle description dans *le Sexe et l'Innovation*, d'André Langaney, Paris, Le Seuil, 1979.

N 21 (p. 168). Analogie que j'emprunte à Richard Dawkins, dans *le Gène égoïste*, Paris, Mengès, 1978.

N 22 (p. 173). Cette idée a été développée par Brandon Carter de l'observatoire de Meudon.

N 23 (p. 174). Je cite à cet égard des extraits d'un texte significatif écrit par Alfred Kastler, publié dans *le Monde* de mai 1977. L'article s'intitule « Une machine devenue folle » : « Au cours des années qui viennent de s'écouler, les deux Grands ont poursuivi et intensifié la course aux armements à un rythme devenu aujourd'hui — je pèse mes mots — monstrueux et démentiel. Par le terme "monstrueux", j'entends exprimer un jugement de valeur moral ; par le terme "démentiel", j'entends caractériser un défi à l'intelligence humaine. En effet, possédant l'une et l'autre, déjà en 1970, un armement nucléaire suffisant et les vecteurs appropriés en nombre surabondant pour se détruire mutuellement, les deux grandes puissances développent, depuis cette date, les missiles à têtes multiples appelées MIRV. Elles se sont adjugé le droit mutuel, par l'accord de Vladivostok en 1974, de se doter chacune de mille trois cent vingt missiles stratégiques intercontinentaux à têtes multiples. Un missile américain Poséidon peut être muni d'une dizaine de têtes. Les Soviétiques construisent des missiles à huit têtes. Chacune de ces têtes est constituée par une bombe à hydrogène dont la puissance destructrice est variable et peut aller d'une quarantaine de kilotonnes à une ou deux mégatonnes de TNT, c'est-à-dire à cent fois celle de la bombe d'Hiroshima (qui était de dix-huit kilotonnes TNT). À la place d'une centaine de ces têtes nucléaires, les deux Grands se sont attribué mutuellement le droit d'en fabriquer plus d'une dizaine de mille chacun. Nous savons, de source sûre, que les États-Unis disposaient, au début de 1976, d'un stock de plus de neuf mille de ces engins de la mégamort, l'URSS de plus de quatre mille ; et qu'ils avaient fabriqué également chacun un nombre de missiles intercontinentaux surabondant capables d'être transformés en MIRV (deux mille quatre cents en URSS, deux mille deux cents aux États-Unis). En vertu des accords conclus, cette course insensée se poursuit actuellement. »

N 24 (p. 175). Je vous renvoie, pour de plus amples détails, au livre de Roger Garaudy, *L'Appel aux vivants*, Paris, Le Seuil, 1979.

N 25 (p. 185). Un mot, pour le lecteur initié, sur la fameuse « courbure » de l'univers. Dans un univers fermé, l'univers se replierait sur lui-même parce qu'à cause de la grande densité de matière les rails de l'espace décriraient un cercle. L'univers resterait quand même illimité.

N 26 (p. 199). *Particule élémentaire*. La notion de « particule élémentaire » est tout à fait relative à l'environnement. Tout dépend de la quantité d'énergie qui s'y déploie. Au cœur des étoiles, les atomes se dissocient, tandis que les nucléons deviennent « élémentaires ». Aux premières microsecondes de l'univers, les quarks étaient élémentaires. Pour un enfant, les appareils de télévision sont des particules élémentaires. Elles ne le sont plus pour le technicien muni de ses outils.

N 27 (p. 204). Laplace, *Essai philosophique sur les probabilités*, Paris, Gauthier-Villars, 1921, p. 3.

N 28 (p. 204). Voir en particulier les discussions de Michel Serres à ce sujet. Par exemple, dans l'introduction à *la Philosophie première d'Auguste Comte*, Paris, Hermann, 1975.

N 29 (p. 207). Voir les travaux de B. d'Espagnat sur ce sujet : *A la recherche du réel*, Paris, Gauthier-Villars, 1979.

N 30 (p. 224). C'est sur ce plan que se situe l'idée de synchronicité de C.G. Jung. Voir C.G. Jung, *Synchronicity*, Londres, Routledge and Kegan Paul, 1954.

Quelques chiffres à retenir

Une année-lumière : dix mille milliards de kilomètres (1×10^{13} km).

L'âge de l'univers : approximativement quinze milliards d'années (15×10^9).

L'âge du Soleil : quatre mille six cents millions d'années ($4{,}6 \times 10^9$).

Nombre d'étoiles dans une galaxie : approximativement cent milliards (10^{11}).

Vitesse de la lumière : trois cent mille kilomètres par seconde (3×10^5 km/s).

Bibliographie

Allègre Claude, *De la pierre à l'étoile*, Fayard, 1985.
Barrow J., Tipler F., Montchicourt M.-O., *L'Homme et le Cosmos*, Imago, 1984.
Bateson Gregory, *La Nature et la Pensée*, Le Seuil, 1984.
Bourge P., Lacroux J., *A l'affût des étoiles*, Dunod, 1980.
Caro Paul, *L'Oiseau-jardinier*, Belfond, 1986.
Cassé Michel, *La Vie des étoiles*, Nathan, « Coll. pour les jeunes », 1986.
— *La Nostalgie de la lumière*, Belfond, 1987.
Cazenave Michel, *Sciences et Symboles*, colloque de Tsukuba, 1986.
Clarke Robert, *Naissance de l'homme*, Le Seuil, 1980 et coll. « Points Sciences », 1982.
Doom Claude, *La Vie des étoiles*, Éditions du Rocher, 1985.
Dubos René, *Nous n'avons qu'une terre*, Denoël, 1972 et coll. « J'ai lu », 1974.
Dyson Freeman, *Les Dérangeurs de l'univers*, Payot, 1987.
Gatty Bernard, *Les Comptes du temps passé*, Hermann, 1985.
Gould Stephen Jay, *Le Pouce du Panda*, Grasset, 1982.
Heidmann Jean, *L'Odyssée cosmique*, Denoël, 1986.
Jacquard Albert, *Inventer l'homme*, Bruxelles, Ed. Complexe, 1984.
— *L'Héritage de la liberté*, Le Seuil, 1986.
Lachièze-Rey Marc, *Connaissance du cosmos*, Albin Michel, 1987.
Langaney André, *Le Sexe et l'Innovation*, Le Seuil, 1979 et coll. « Points Sciences », 1987.
Lewis Thomas, *Le Bal des cellules*, Stock, 1977.
Norel G., *Histoire de la matière et de la vie*, Maloine, 1984.
Nuridsany Cl., Perennou M., *La Planète des insectes*, Arthaud, 1983.
Reeves H., Lachièze-Rey M., Cassé M., Montmerle M., Fayet P., Schaffer R., Cazenave M., Montchicourt M.-O., *Chaos et Cosmos*, Le Mail, 1986.
Sagan Carl, *Cosmos*, Mazarine, 1981.
Schatzman Evry, *Les Enfants d'Uranie*, Le Seuil, 1986.
Spiro M., Cohen-Tannoudji G., *La Matière espace-temps*, Fayard, 1986.
Weinberg Steven, *Les Trois Premières Minutes de l'univers*, Le Seuil, 1978, et coll. « Points Sciences », 1980.

Nouvelle Encyclopédie Diderot :
— « Aux confins de l'Univers », Éd. J. Schneider, Fayard, 1987.
— « Physique et astrophysique », Éd. J. Audouze, Fayard, 1988.

Schémas

Tableaux

Références des illustrations

Fig. 1. Shiva (photo Rijkmuseum, Amsterdam).
Fig. 2. La Voie lactée.
Fig. 3. Notre Galaxie vue de face.
Fig. 4. La galaxie d'Andromède (photo Lick Observatory).
Fig. 5. Le Grand Nuage de Magellan (photo Lick Observatory).
Fig. 6. Une galaxie spirale dans la Chevelure de Bérénice (photo Hale Observatories).
Fig. 7. Une galaxie elliptique (photo Kitt Peak National observatory).
Fig. 8. Trois galaxies (photo Observatoire de Haute-Provence).
Fig. 9. La galaxie *Messier 87* (photo Lick Observatory).
Fig. 10. Un super-amas (photo Observatoire de Haute-Provence).
Fig. 11. La nébuleuse du Crabe (photo Lick Observatory).
Fig. 12. Cartographie céleste chinoise (photo Miller, Lick Observatory).
Fig. 13. *Ic 443* (photo Mount Wilson and Palomar Observatories).
Fig. 14. La nébuleuse de Gum (photo S. Van den Bergh, Hale Observatories).
Fig. 15. La Dentelle du Cygne (photo Lick Observatory).
Fig. 16. Une supernova dans une autre galaxie (photo Lick Observatory).
Fig. 17. La nébuleuse planétaire de la Lyre (photo Hale Observatories).
Fig. 18. Sirius et son compagnon (photo Lick Observatory).
Fig. 19. Les Pléiades (photo Lick Observatory).
Fig. 20. L'amas *M 3* (photo Lick Observatory).
Fig. 21. Orage sur le Soleil (photo Sacramento Peak Observatory, AFCRL).
Fig. 22. Mercure (photo NASA).
Fig. 23. Vénus (photo NASA).
Fig. 24. La Lune (photo NASA).
Fig. 25. Un volcan sur la planète Mars (photo NASA).
Fig. 26. Laboratoire automatique à la surface de Mars (photo NASA).
Fig. 27. Callisto (photo NASA).
Fig. 28. L'éruption du volcan Surtsey en Islande (photo Solarfilma, Reykjavik, Islande).
Fig. 29. Le volcan Surtsey (photo Solarfilma, Reykjavik, Islande).
Fig. 30. Un spermatozoïde humain (photo laboratoire d'histologie, hôpital de Bicêtre).
Fig. 31. Schéma de cellule (photo British Museum).

COMPOSITION : CHARENTE-PHOTOGRAVURE À ANGOULÊME
IMPRESSION : HÉRISSEY À ÉVREUX (12-88)
DÉPÔT LÉGAL 3e TRIM. 1988. No 10170-2 (47046)

COLLECTION « SCIENCE OUVERTE »
DIRIGÉE PAR JEAN-MARC LÉVY-LEBLOND

Pierre Achard et Alii, *Discours biologique et Ordre social, 1977*

Jean-Pierre Adam, *Le Passé recomposé, 1988*

Alexander Alland, *La Dimension humaine, 1974*

Jacques Arsac, *Les Machines à penser, 1987*

Henri Atlan, *A tort et à raison, 1986*

Madeleine Barthelemy-Madaule
Lamarck ou le Mythe du précurseur, 1979

Stella Baruk, *Échec et Maths *, 1973*
Fabrice ou l'École des mathématiques, 1977
L'Age du capitaine, 1985

Basil Booth & Franck Fitch, *La Terre en colère, 1980*

William Broad & Nicholas Wade, *La Souris truquée, 1987*

Henri Broch, *Le Paranormal, 1985*

Mario Bunge, *Philosophie de la physique, 1975*

Giovanni Ciccotti et Alii, *L'Araignée et le Tisserand, 1979*

Robert Clarke, *Naissance de l'homme *, 1982*

Paul Colinvaux, *Les Manèges de la vie, 1982*

Benjamin Coriat, *Science, Technique et Capital, 1976*

Michel Crozon, *La Matière première, 1987*

William C. Dement, *Dormir, Rêver, 1981*

Alain Dupas, *La Lutte pour l'espace, 1977*

Albert Einstein & Max Born, *Correspondance 1916-1955, 1988*

Ivar Ekeland, *Le Calcul, l'Imprévu *, 1984*

Paul Feyerabend, *Contre la méthode *, 1979*

Peter T. Furst, *La Chair des dieux, 1974*

Martin Gardner, *L'Univers ambidextre, 1985*

Bertrand Gille, *Les Mécaniciens grecs, 1980*

Stephen J. Gould, *Le Sourire du flamant rose, 1988*

Georges Greenstein, *Le Destin des étoiles, 1987*

P. Huard, J. Bossy, G. Mazars, *Les Médecines de l'Asie, 1978*

* L'astérisque indique les ouvrages disponibles dans la série de poche « Points Sciences ».

Albert Jacquard, *Éloge de la différence *, 1981*
*Au péril de la science ? *, 1984*
L'Héritage de la liberté, 1986

Jean Jacques, *Les Confessions d'un chimiste ordinaire, 1981*

Patrick Lagadec, *La Civilisation du risque, 1981*
États d'urgence, 1988

André Langaney, *Le Sexe et l'Innovation *, 1979*

Tony Lévy, *Figures de l'infini, 1987*

Jean-Marc Lévy-Leblond & Alain Jaubert
*(Auto)critique de la science *, 1973*

Eugène Linden, *Ces singes qui parlent, 1979*

Georges Menahem, *La Science et le Militaire, 1976*

Agata Mendel, *Les Manipulations génétiques, 1980*

P.-A. Mercier, F. Plassard, V. Scardigli, *La Société digitale, 1984*

Hubert Reeves, *Patience dans l'azur *, 1981*
Poussières d'étoiles, 1984
L'Heure de s'enivrer, 1986

Jacques-Michel Robert, *Comprendre notre cerveau *, 1982*

Colin Ronan, *Histoire mondiale des sciences, 1988*

Philippe Roqueplo, *Le Partage du savoir, 1974*
Penser la technique, 1983

Steven Rose, *Le Cerveau conscient, 1975*

Hilary Rose, Steven Rose et Alii, *L'Idéologie de/dans la science, 1977*

Joël de Rosnay, *L'Aventure du vivant, 1988*

Rudy Rucker, *La Quatrième Dimension, 1985*

Carl Sagan, *Les Dragons de l'Eden, 1980*

Evry Schatzman, *Les Enfants d'Uranie, 1986*

Michel Schiff, *L'Intelligence gaspillée, 1982*

Dominique Simonnet, *Vivent les bébés !, 1986*

William Skyvington, *Machina sapiens, 1976*

Solomon H. Snyder, *La Marijuana, 1973*

Isabelle Stengers et Alii, *D'une science à l'autre, 1987*

Peters S. Stevens, *Les Formes dans la nature, 1978*

Pierre Thuillier, *Le Petit Savant illustré, 1980*
Les Savoirs ventriloques, 1983

Steven Weinberg, *Les Trois Premières Minutes de l'univers *, 1978*

[illegible] manifestation de l'éternelle énergie cosmique. Sculpture de l'Inde [illegible] après J.-C. Dans sa main droite supérieure, il tient le [illegible]. Dans sa main gauche supérieure, il tient une [illegible] ses autres mains traduisent l'équilibre éternel de [illegible]

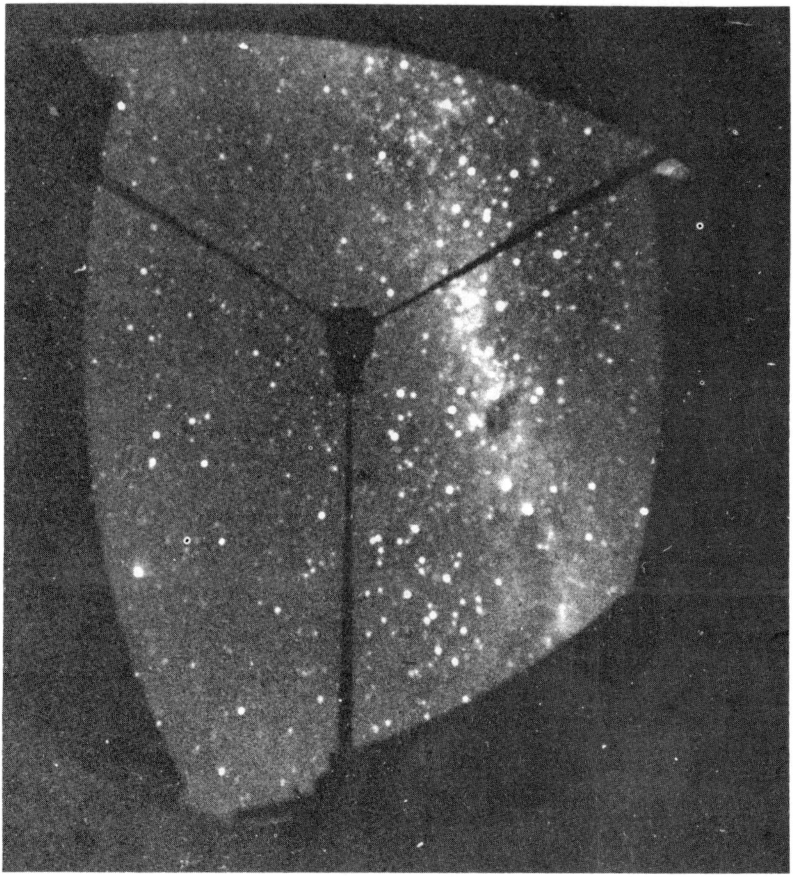

Fig. 2. La *Voie lactée* est cette grande arche lumineuse au-dessus de nos têtes, par les belles nuits d'été. Elle est constituée des milliards d'étoiles de notre Galaxie, vue par la tranche. Ici, on l'observe au télescope.

Fig. 3. Notre Galaxie vue de face. Cette reconstitution — encore très incertaine — de la structure spiralée de notre Galaxie a été obtenue à l'aide d'un ensemble complexe de données optiques et radioastronomiques. Comme chacun sait, il est beaucoup plus difficile de se connaître soi-même que de connaître les autres...
On a indiqué par une flèche la position approximative de notre Soleil. Il gravite autour du centre de la Galaxie et effectue une rotation en environ deux cents millions d'années. Notre système solaire, né il y a quatre milliards six cents millions d'années, a donc à peu près vingt-cinq « années galactiques ».
L'absence de bras dans la partie inférieure du dessin ne reflète que notre ignorance de la structure galactique dans cette région...

Fig. 4. La galaxie d'Andromède. À deux millions et demi d'années-lumière, cette galaxie est semblable à la nôtre. À partir d'un centre extrêmement brillant dans lequel est concentré un très grand nombre d'étoiles âgées (jaunies ou rougies) se développent des bras spiraux qui font plusieurs tours autour du centre avant d'atteindre la périphérie. Sur leur face interne, les bras sont surtout marqués par les nuages de poussière, tandis que, vers l'extérieur, ce sont les étoiles géantes bleues lumineuses qui les dessinent.
À gauche et à droite de la galaxie se trouvent deux autres petites galaxies dites « satellites d'Andromède ». Leur structure amorphe ne contient ni étoiles jeunes ni bras spiraux. On suppose que, nées en même temps qu'Andromède, elles ont traversé leur vie à un rythme très rapide et déjà atteint une sénilité précoce *(ci-contre)*.

Fig. 5. Le *Grand Nuage de Magellan* est une galaxie irrégulière. Il contient beaucoup de matière nébulaire et d'étoiles très jeunes. Ici, la transformation du gaz en étoiles n'est pas très avancée *(ci-dessus)*.

Fig. 6. Une galaxie spirale dans la Chevelure de Bérénice. On la voit par la tranche. Son disque mince sur les bords s'enfle légèrement vers le centre. Les taches sombres et brillantes le long du disque sont des « nuages de matière interstellaire ». Notre Galaxie, la Voie lactée, ressemble beaucoup à celle-ci.

Fig. 7. Cette galaxie, de type *elliptique,* a transformé pratiquement toute sa substance gazeuse en étoiles. Elle ne présente pas de nuages interstellaires ni d'étoiles en formation. Elle a vieilli prématurément *(en haut).*

Fig. 8. Trois galaxies groupées dans la constellation du Lion. Les galaxies s'éloignent les unes des autres. Dans quinze milliards d'années, les distances entre les galaxies auront doublé par rapport à ce qu'elles sont aujourd'hui *(en bas).*

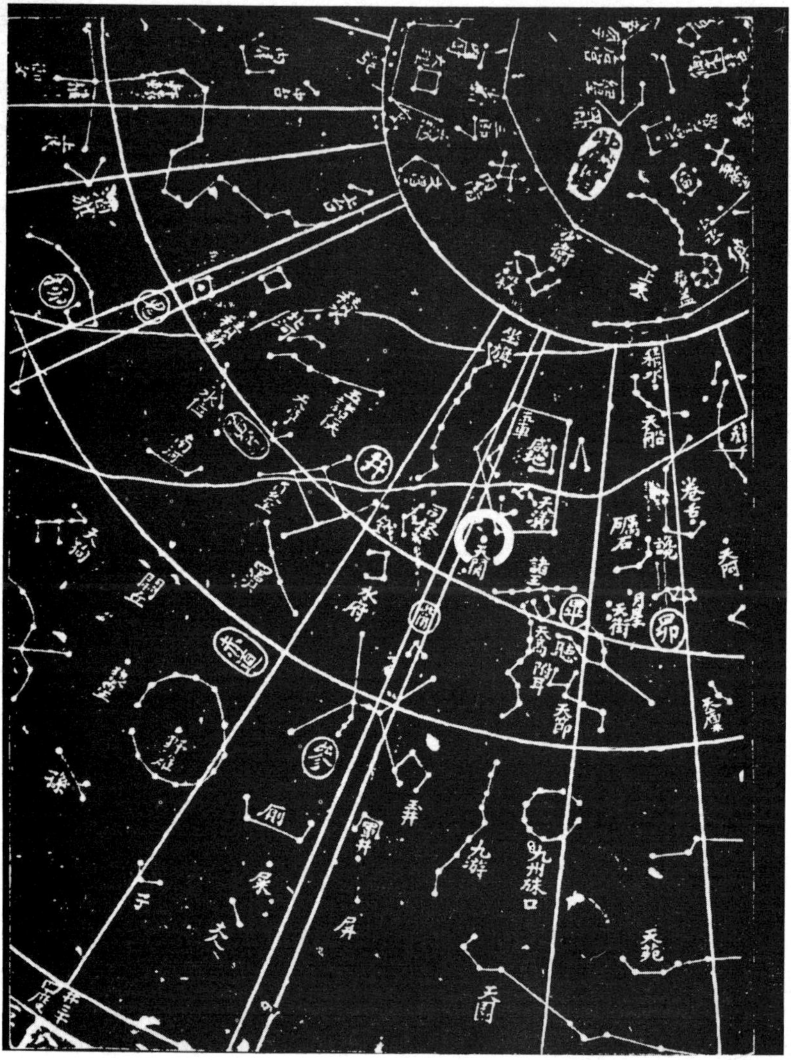

Fig. 12. Cartographie céleste chinoise. Méticuleux dans leur travail, les astrologues chinois enregistraient sur leurs cartes tous les événements célestes. L'apparition de l'« étoile Hôte » en juillet 1054 ne leur a naturellement pas échappé. Elle est entourée d'un cercle blanc à peu près au centre de l'image.

Fig. 13. Ic 443. Débris d'une étoile qui a explosé il y a plusieurs milliers d'années.

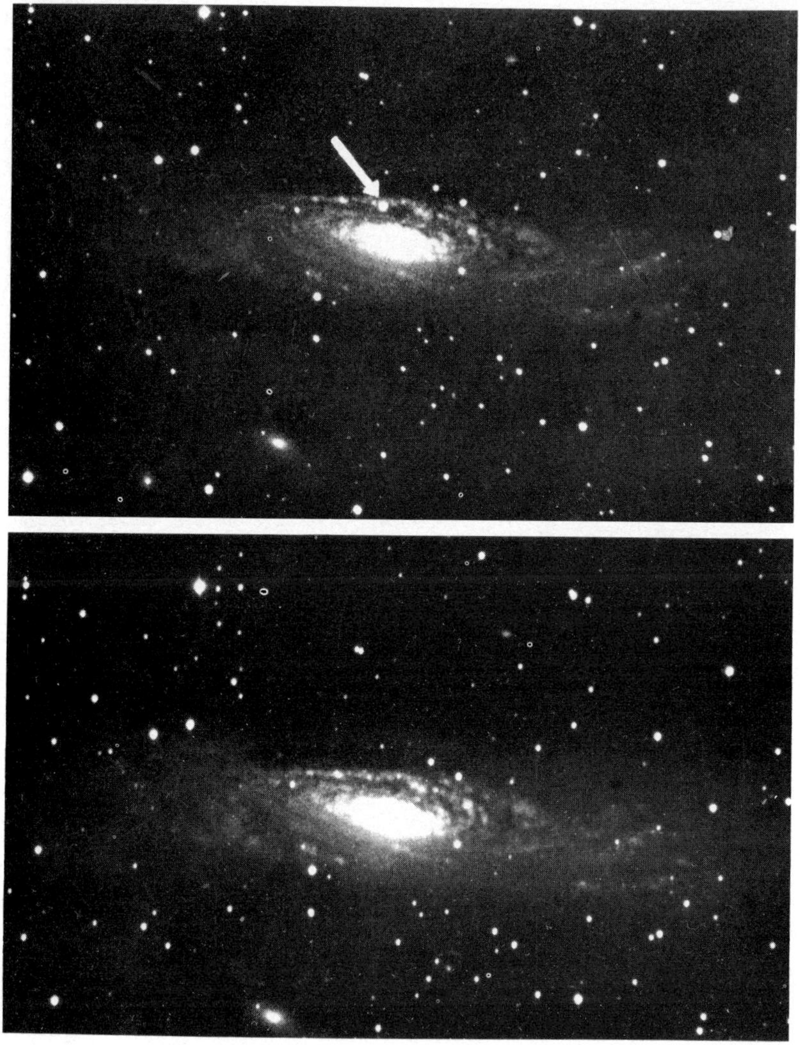

Fig. 16. Une supernova dans une autre galaxie. Le point lumineux indiqué par une flèche est apparu subitement dans cette galaxie spirale, de l'explosion d'une étoile massive en supernova. Il n'existe pas dans la photo du bas, prise quelque temps auparavant. Son éclat équivaut à celui de plusieurs centaines de millions de Soleils. Il persistera pendant quelques mois puis disparaîtra comme l'étoile Hôte

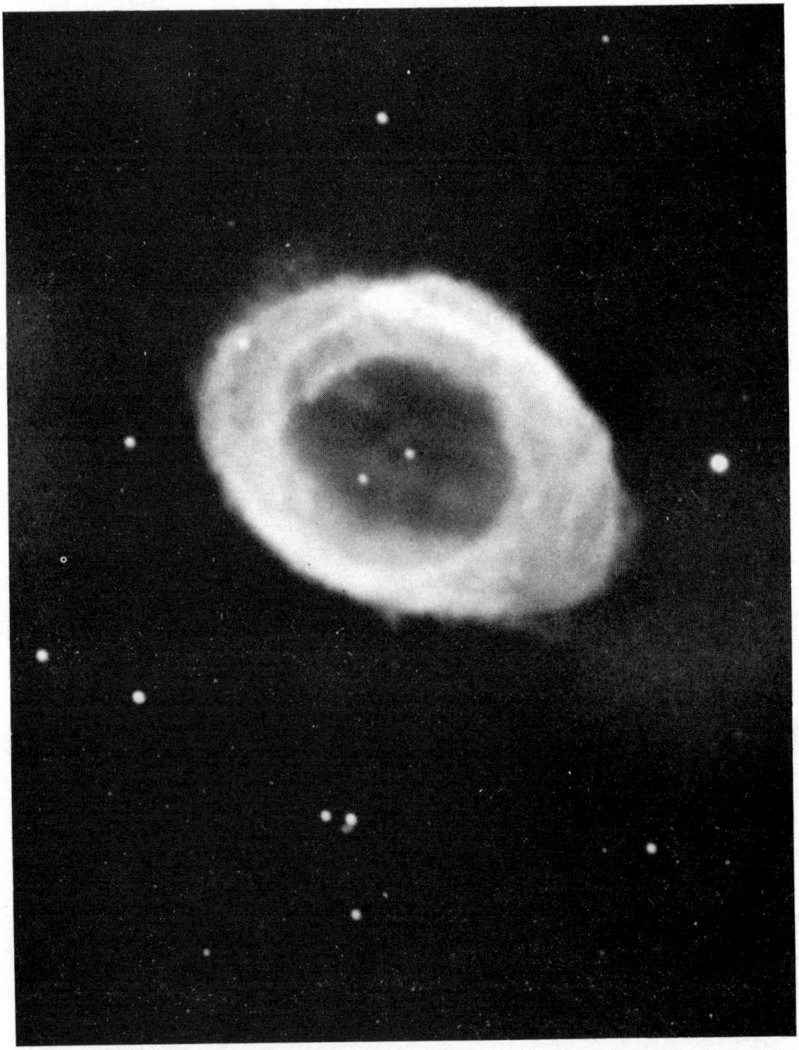

Fig. 17. La nébuleuse planétaire de la Lyre. L'agonie d'une petite étoile. C'est celle qui se situe à peu près au centre de cet anneau blanc. Elle évacue au loin sa propre matière. L'anneau est fait d'atomes qui se trouvaient auparavant *dans* l'étoile. C'est le retour de la matière stellaire, enrichie en éléments nouveaux, à la matière interstellaire. La dimension de l'anneau est de mille milliards de kilomètres, soit environ cent fois le diamètre du système solaire. Si cette étoile possédait un cortège planétaire, il n'a pas résisté au vent brûlant qui a transporté ces gaz. Les planètes ont été désagrégées et vaporisées. C'est, à ce que l'on croit, le sort qui attend le Soleil et le système solaire dans cinq milliards d'années.

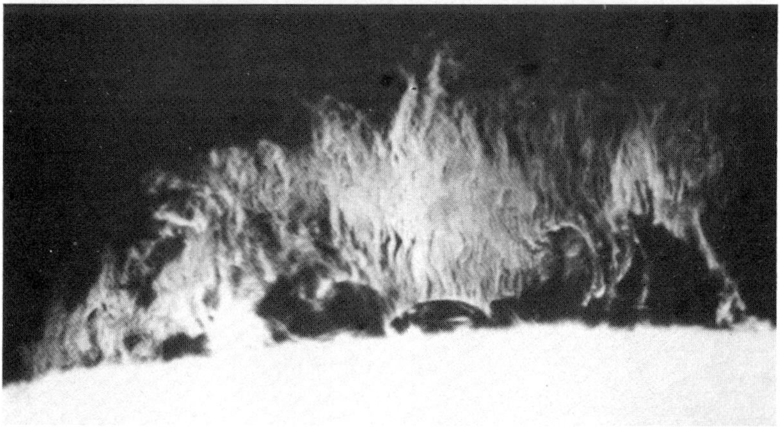

Fig. 20. L'amas M 3. Toutes ces étoiles sont nées ensemble. Elles ont environ quinze milliards d'années. Ce sont les plus vieilles étoiles de notre Galaxie *(en haut).*

Fig. 21. Orage sur le Soleil. Pendant quelques heures, certaines régions de la surface solaire s'activent et projettent dans l'espace d'immenses langues gazeuses. D'intenses flux de particules rapides émergent de ces orages et se répandent au loin, jusqu'à la Terre et bien au-delà. Voilà une des sources du rayonnement cosmique qui joue un rôle si important dans l'évolution cosmique *(en bas).*

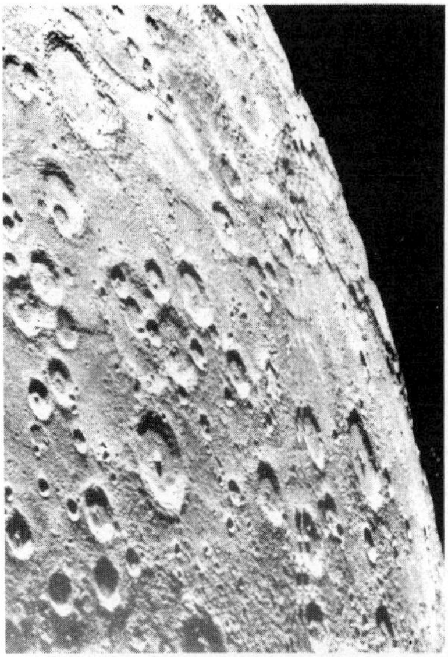

Fig. 22. La surface de *Mercure* est criblée de cratères. Ce sont les cicatrices laissées par les collisions de la planète avec des corps plus petits au début du système solaire *(en haut, à gauche).*

Fig. 23. Vénus. De l'espace, on ne voit pas le sol vénusien. On ne voit que les mouvements des nuages entraînés par la rotation de la planète. La Terre, à ses premiers temps, devait présenter une allure semblable, avant que l'eau ne se condense en pluie et ne s'assemble dans les fosses océaniques *(en haut, à droite).*

Fig. 24. Les astronautes n'ont trouvé sur la *Lune* qu'aridité et sécheresse. Trop légère, elle n'a pas gardé les substances gazeuses qu'elle possédait initialement *(en bas).*

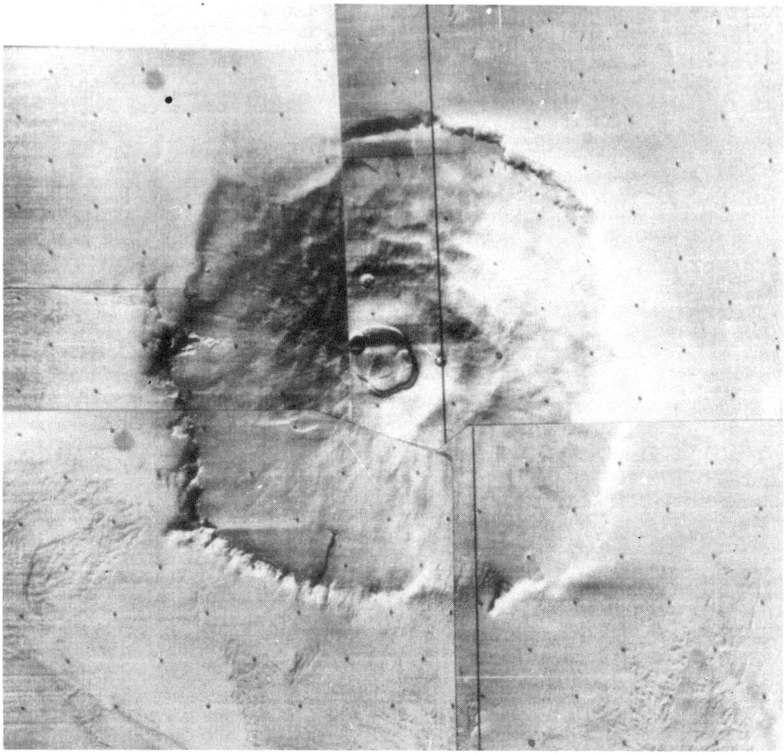

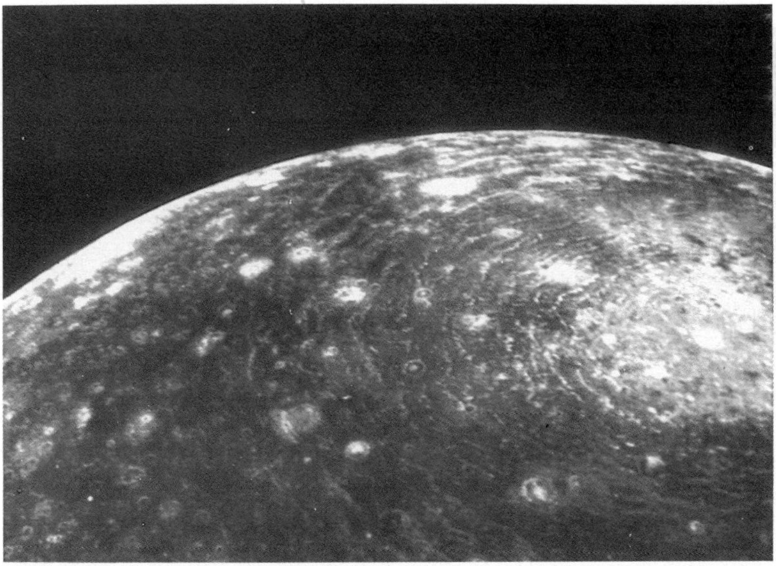

Fig. 25. Les *volcans sur Mars* sont rares, mais beaucoup plus gros que ceux de notre Terre. Celui-ci, Nix Olympica, s'élève à vingt-cinq kilomètres et sa base s'étend sur une surface plus grande que la Belgique et la Hollande réunies. Ces volcans achèvent de dissiper la chaleur intérieure accumulée à la formation de la planète (le réseau de points alignés est un système de référence purement conventionnel) *(ci-contre, en haut).*

Fig. 26. Laboratoire automatique à la surface de Mars. Ces caillasses analysées par les méthodes chimiques ne montrent pas trace d'une vie martienne même primitive. Les molécules complexes y sont pratiquement inexistantes *(ci-contre, en bas).*

Fig. 27. Callisto, satellite de Jupiter, contient d'importantes quantités d'eau sous forme de glaces *(ci-dessus).*

Fig. 28-29. L'éruption du volcan Surtsey en Islande. On se représente ainsi les premières centaines de millions d'années de la Terre. Des myriades de volcans laissaient s'échapper de la pierre en fusion ainsi que de la vapeur d'eau. Les glaces déposées sur les poussières interstellaires se vaporisent quand la planète se forme. Elles s'échappent et retombent au sol pour constituer les océans à perte de vue. L'océan primitif est un haut lieu de la fertilité cosmique.

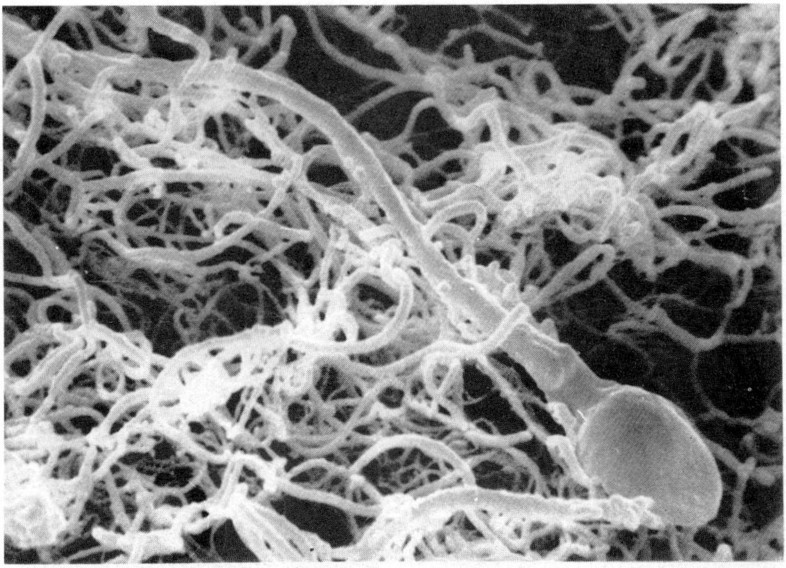

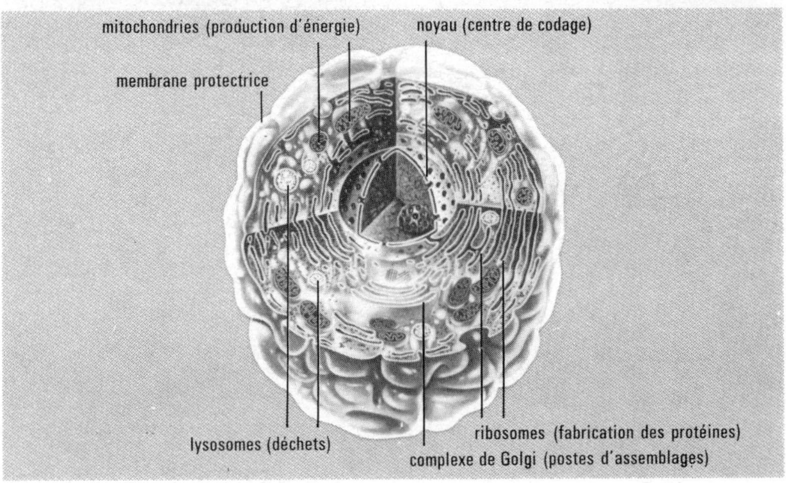

Fig. 30. Un spermatozoïde humain. Malgré sa faible dimension (quelques centièmes de millimètre), cette cellule contient toute l'information héréditaire paternelle *(en haut).*

Fig. 31. Schéma de cellule. Au centre le noyau ; il renferme les molécules d'ADN : le code génétique. Les mitochondries engendrent l'énergie, les ribosomes fabriquent les protéines. Elles sont ensuite stockées dans les « postes d'assemblage ». Les lysosomes éliminent les déchets *(en bas).*

Fig. 32-33. Les étapes les plus avancées de l'évolution cosmique. En bas à gauche, un lémurien. Ce petit animal aux grands yeux est un de nos cousins. De la lignée de ses ancêtres, il y a environ 60 millions d'années, sont nés les singes, les primates et les hommes. Par les yeux du petit garçon, l'univers prend conscience de lui-même. L'accession à l'intelligence implique l'agencement d'environ 3×10^{28} (30 000 000 000 000 000 000 000 000 000) particules élémentaires.

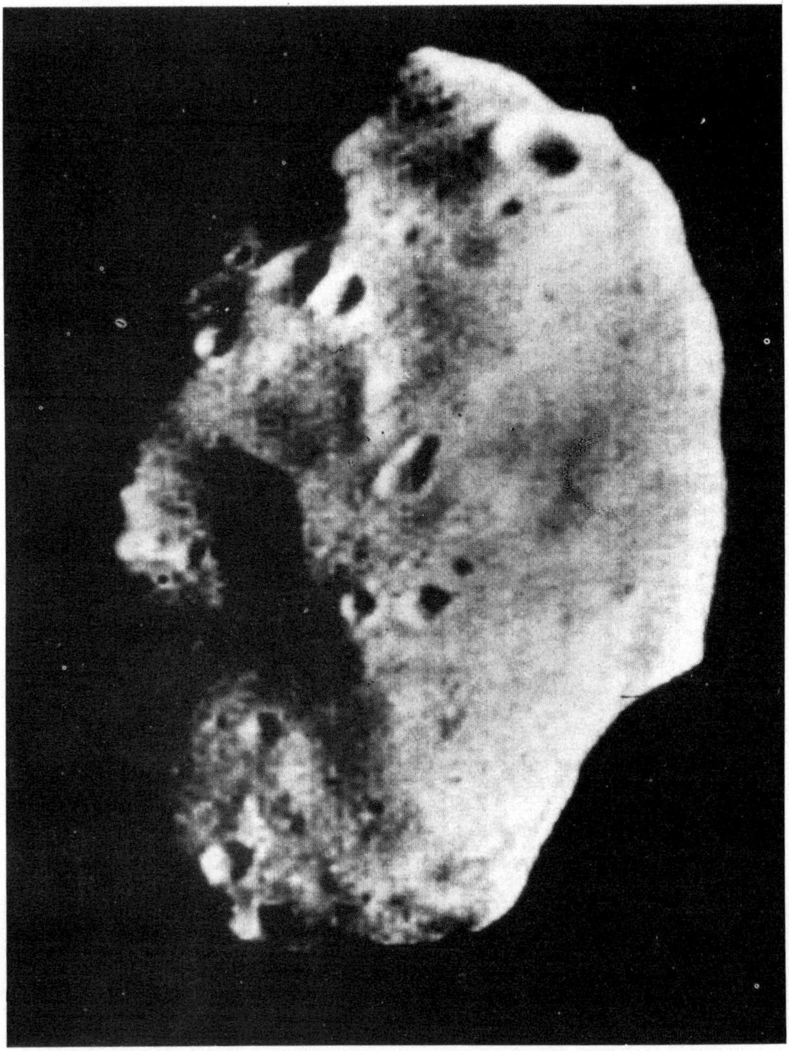

Fig. 34. Phobos, satellite de mars. Les météorites proviennent vraisemblablement de petites planètes comme Phobos. Elles ont été réduites en pièces par des collisions avec d'autres bolides du système solaire.

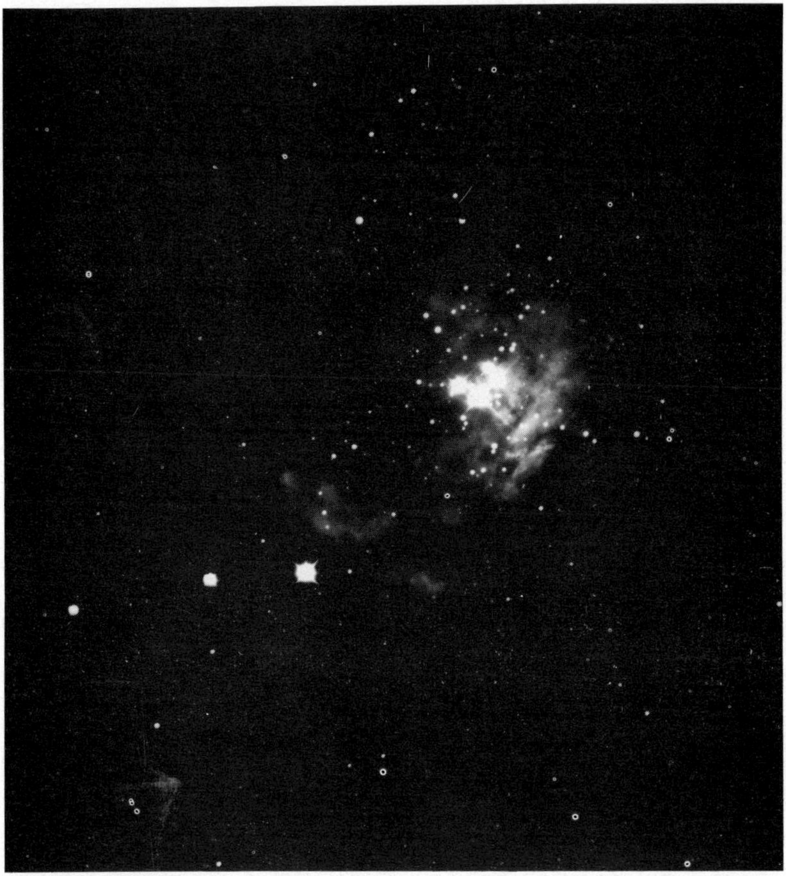

Fig. 39. Quasi visible à l'œil nu, la *nébuleuse d'Orion* présente au télescope un des plus beaux spectacles du ciel. Au cœur de la nébuleuse, quatre étoiles bleues — formant un « trapèze » — illuminent à grande distance la matière dispersée dans l'espace. Les atomes absorbent la lumière stellaire et la réémettent selon leurs couleurs propres : l'oxygène dans le vert, l'hydrogène et l'azote dans le rouge. Les observations radioastronomiques nous révèlent que la nébuleuse d'Orion n'est qu'une infime partie du « grand nuage opaque d'Orion », comme la masse émergente d'un iceberg caché. De la contraction de ce nuage sont nées les étoiles du Trapèze, de même qu'un groupe de nébuleuses protostellaires (détectées au télescope infrarouge) situé derrière la nébuleuse d'Orion *(ci-contre).*

Fig. 40. La nébuleuse d'Orion en infrarouge. À cette longueur d'onde, la partie nébulaire s'efface et laisse voir les quatre étoiles du Trapèze. Très resserrées presque au centre de la photo, elles sont nimbées de lumière diffuse sur le côté droit *(ci-dessus).*

Fig. 41-42. La *bombe atomique (Bikini)* et *Hiroshima,* ou comment tuer la musique